普通高等教育"十二五"规划教材

普通化学

第 2 版

哈尔滨工程大学普通化学课程组

景晓燕　主编

化学工业出版社

·北京·

《普通化学》第2版为适应新的教学要求，在减少学时的情况下，既要保证化学知识体系的完整性，又要在短时间内使学生对化学有一个系统的准确的认识；既要满足教学要求，又要便于学生自学。因此在第一版的基础上对内容做了较大调整。内容分为三篇：第一篇化学基本原理，包括化学热力学与动力学基础、水溶液中的化学平衡和电化学基础3章；第二篇物质结构基础，包括原子结构和分子结构两章；第三篇化学的应用，包括环境保护与化学、材料与化学、能源与化学、生活与化学4章。既讲述了最基本的化学原理，又介绍了化学在国民经济发展至关重要的各个领域中的应用，让学生了解化学在这些领域的重要性和最前沿研究成果。

《普通化学》第2版可作为理工科各专业少学时普通化学课程的教材，也可供对化学感兴趣的普通读者阅读。

图书在版编目（CIP）数据

普通化学/景晓燕主编. —2版. —北京：化学工业
出版社，2015.7（2025.1重印）
普通高等教育"十二五"规划教材
ISBN 978-7-122-24141-2

Ⅰ.①普…　Ⅱ.①景…　Ⅲ.①普通化学-高等学校-
教材　Ⅳ.①O6

中国版本图书馆CIP数据核字（2015）第115214号

责任编辑：刘俊之　　　　　　　　　　　装帧设计：关　飞

出版发行：化学工业出版社（北京市东城区青年湖南街13号　邮政编码100011）
印　　装：大厂回族自治县聚鑫印刷有限责任公司
787mm×1092mm　1/16　印张12¾　彩插1　字数318千字　2025年1月北京第2版第11次印刷

购书咨询：010-64518888　　　　　　　　　售后服务：010-64518899
网　　址：http://www.cip.com.cn
凡购买本书，如有缺损质量问题，本社销售中心负责调换。

定　　价：32.00元　　　　　　　　　　　　　　版权所有　违者必究

前　言

《普通化学》第一版是根据哈尔滨工程大学2009版大类专业培养计划编写的。经过五年的教学实践和新版培养方案的修订,在各专业面临学时、学分不断减少的形势下,普通化学作为一门化学基础课程,如何在这种情况下,既能让学生掌握化学学科的基本概念、原理及其应用,又能结合学校的定位及办学理念,坚持"三海一核"的办学方略,坚持依托船舶、立足国防、面向国民经济建设,为培养具有坚定信念与创新精神,视野宽、基础厚、能力强、素质优的可靠顶用之才,提供体系框架更加合理、内容更加精炼、教学适用性更强、专业适用面更宽的教材。因此,对第一版进行了如下修订:

1. 将教材内容分为三部分:第一篇为化学基本原理部分,包括化学热力学、动力学、化学平衡、电化学基础等内容;第二篇为物质结构部分,包括原子结构和分子结构;第三篇为化学应用部分,包括化学与环境、化学与材料、化学与生活等内容。

2. 增加了现代化学新理论、知识和科技成果。

3. 注重联系工程实际和社会、生活有关的化学热点问题,提高了教材学以致用的针对性和学生的学习兴趣。

4. 本教材适用于高等工科非化学、化工类专业,可根据学时的多少,增减教学内容。

本书内容由普通化学课程组的任课教师集体讨论确定。根据教学过程中发现的问题及学生们的反馈意见,对原教材进行了删减和补充,编写工作由以下教师完成:李梅(第一篇,第1章),朱春玲(第一篇,第2章),殷金玲(第一篇,第3章),刘琦(第二篇,第4、5章),殷金玲、冯静(第三篇,第6章),刘婧媛(第三篇,第7、8、9章),其中材料与化学部分内容为哈尔滨工程大学材料科学与化学工程学院教授张密林、姜风春、张中武、杨飘萍等的科研成果,景晓燕负责全书统稿和定稿。

本书的编写征求了吉林大学宋天佑教授、大连理工大学孟长功教授的意见。他们以深厚的理论功底、丰富的教学经验给出了全力支持和指导性的建议,受益匪浅。对本书的修订顺利完成及保证教材的质量起到了关键作用,在此表示由衷的谢意!

再次感谢第一版所提及的各位专家、同行及化学工业出版社的编辑。

本书此次修改力度较大,不足和缺点在所难免,恳请使用本书的教师和学生提出批评指正。

编者
2015 年 5 月

第一版前言

　　本书是在哈尔滨工程大学材料科学与化学工程学院多年教学实践的基础上编写的。2002年第1版《大学化学》由张密林、王君、董国君、李茹民执笔撰写，2005年第2版《大学化学》由张密林、景晓燕、王君、董国君、李茹民共同修订，并编写了与教材相配套的《大学化学实验与习题解析》。

　　2009年，由景晓燕、王君、李梅等组成新版修订组，依据"厚基础、宽专业、重素质、强能力"的指导性大类专业培养计划制定了《普通化学》教学大纲，参考相关教材、著作及论文于2009年7月编写了《普通化学》初稿并在2009级全校理工科本科专业试用。在保留前两版教材核心内容的基础上进行了适当的精简和调整补充，在各章增加了与化学学科相关领域，如能源、环境、金属腐蚀与防护等方面的阅读内容。新版《普通化学》力求内容精练、深入浅出、通俗易懂，使本书成为教师便于教、学生便于学的教材。

　　鉴于化学在自然科学中的核心地位，面向全校理工科本科生开设《普通化学》课程的教学目标，是使学生掌握化学的基本理论和基本知识，培养学生科学的思维方法，能够运用化学的基本理论、观点和方法审视公众关注的环境污染、能源危机以及新型材料等社会热点问题。

　　本书第1章介绍化学热力学基础。第2章介绍化学反应的方向、限度和速率，旨在帮助学生了解和掌握化学的基本原理和基本概念。第3章介绍酸碱平衡、沉淀平衡及配位平衡。第4章介绍电化学基础知识，使学生能够运用化学的基本原理解决化学中的计算问题。第5章为物质结构基础部分，旨在强化学生的微观概念，使学生从原子分子层次上思考化学问题。第6章的元素及其化合物和第7章的高分子化学简介，属于一般性的知识介绍，可以作为学生的阅读材料。

　　本书由普通化学课程组组织编写，参加编写的人员有：李梅（第1、2章），袁艺（第2章），朱春玲（第3章），殷金玲（第4章），王君（第5章），陈云涵（第6章），郭艳宏（第7章）。全书由景晓燕教授统稿并最后定稿。

　　本书的修订参考了国内外大学一年级的化学教材，在此对这些教材的作者表示衷心的感谢！感谢张秀媚教授的精心审阅，感谢普通化学课程组各位老师的大力支持和帮助！化学工业出版社的编辑为本书的出版付出了辛勤劳动，编者在此表示最诚挚的谢意！

　　由于编者学识水平所限，书中疏漏之处在所难免，恳请广大读者给予批评指正。

哈尔滨工程大学普通化学课程组
2010 年 4 月

目　　录

第一篇　化学基本原理

第二篇　物质结构基础

第一篇

化学基本原理

第1章 化学热力学与动力学基础

在生产和科学研究中，经常会遇到这样一些问题：一个化学反应能否进行？反应进行的最佳条件是什么？化学反应是放热反应还是吸热反应？完成一个化学反应需要提供或者能得到多少能量？解决这些问题的理论基础就是热力学。热力学是专门研究能量相互转化规律的一门科学。应用热力学的基本理论研究化学反应的学科，称为化学热力学。化学热力学可以解决化学反应中能量的变化、化学反应的方向以及化学反应进行的程度等问题，但不能解决化学反应的速率问题。

研究化学反应涉及化学热力学和化学动力学两方面的问题。化学热力学主要研究化学变化的方向、能达到的最大限度以及外界条件对平衡的影响。化学热力学只能预测反应的可能性，但无法预料反应能否发生？反应的速率如何？反应的机理如何？例如：氮气和氢气化合生成氨、氢气和氧气化合生成水，热力学只能判断这两个反应都能发生，但如何使它发生，热力学无法回答。化学动力学主要研究化学反应的速率和反应的机理以及温度、催化剂等因素对反应速率的影响，把热力学的反应可能性变为现实性。例如：合成氨的反应需要一定的温度、压力和催化剂。氢气和氧气生成水的反应需要点火、加温或催化剂。动力学研究能够揭示化学反应的历程（或机理），通过调节反应条件实现对化学反应过程的控制，使化学反应以适宜的速率来进行。对于反应速率太小、工业生产无法实现的反应，降低反应阻力，加快反应速率，缩短达到平衡的时间；对于速率较快的化学反应（例如，铁生锈、金属腐蚀等），降低反应速率以减少损失。

1.1 热力学基本概念

1.1.1 体系和环境

客观世界是由多种物质构成的，但我们可能只研究其中一种或若干种物质。为了明确讨论的对象,人为地将所研究的这部分物质或空间与其周围的物质或空间分开。被划分出来作为研究对象的这部分物质或空间,称为**体系**(又称为**系统**)。除体系以外与体系密切相关的其他部分,称为**环境**。例如,研究盐酸和氢氧化钠在水溶液中的反应,含有这两种物质的水溶液就是体系,而溶液之外的一切东西(如烧杯、溶液上方的空气等)都是环境。根据体系与环境间有无物质和能量的交换,可将体系分为三种类型。

(1)**敞开体系**:体系与环境间既有物质交换,又有能量交换。

(2)**封闭体系**:体系与环境间没有物质交换,只有能量交换。

(3)**孤立体系**(也称隔离体系):体系与环境间既无物质交换,也无能量交换。

例如:在一个敞口的保温瓶中装有一瓶热开水,瓶内的水除了与外界环境有热量交换外,还不断有水蒸气蒸发,故此时为敞开体系;如果用一块金属片盖住瓶口,瓶内的物质与外界不再有交换,但仍然与外界有热量交换,此体系就成了一个封闭体系;如果将金属片换成一个隔热的塞子,此体系为孤立体系。

世界上一切事物总是有机地相互联系、相互依赖、相互制约的,因此不可能有绝对的孤立体系。但是,为了研究的方便,在适当的条件下可以近似地把一个体系看成是孤立体系。

1.1.2 状态和状态函数

任何体系都可以用一系列宏观可测的物理量,如物质的质量、体积、温度、压力、密度等来描述体系的状态,决定体系状态的那些物理量称为**体系的性质**。在热力学中用体系的性质来规定其状态。体系的状态是由其一系列宏观性质所确定的。当体系的所有性质都有确定值时,就说体系处于一定的状态。这些能够表征体系特征的宏观性质,称为**状态函数**。状态函数都具有相互联系的**三个特性**。

(1)体系的状态一定,状态函数的值就一定;体系的任意一个或几个状态函数发生了变化,则体系的状态发生变化。

(2)状态函数的改变量仅取决于始态和终态而与变化的具体途径无关。

(3)循环过程状态函数的变化值为零。

例如:气体的状态可由温度(T)、压力(p)、体积(V)及各组分的物质的量(n)等宏观性质确定。上述的T、p、V、n等都是状态函数。体系的状态一定,状态函数的数值就有一个相应的确定值(状态一定,状态函数值一定)。如果状态发生变化,只要始态和终态一定,状态函数的变化量就只有唯一的数值,不会因始态至终态所经历的途径不同而改变。例如,体系温度从始态(T_1)经不同途径到达终态(T_2)时,状态函数温度的变化量($\Delta T = T_2 - T_1$)是相同的(殊途同归变化等)。如果变化的结果是仍回到了始态,则其变化量为零(周而复始变化零)。状态函数的三个特性对后面将要介绍的状态函数如热力学能(U)、焓(H)、熵(S)、吉布斯自由能(G)等数据的处理有着重要的作用。

1.1.3 过程和途径

体系由始态到终态,状态发生了变化,则称体系经历了一个**热力学过程**,简称过程。例如,液体的挥发、固体的溶解、化学反应、气体的膨胀或压缩等,均称体系进行了一个热力学过程。

在状态发生了变化过程中,若体系的始态和终态温度相等并且等于恒定的环境温度,称为"**恒温过程**";同样,若体系的始态和终态压力相等并且等于恒定的环境压力,称为"**恒压过程**";若体系的体积保持不变,称为"**恒容过程**"。若体系变化时和环境之间无热量交换，则称之为"**绝热过程**"。

完成一个热力学过程，可以采取多种不同的方式，把每种具体的方式称为**途径**。应当注意，过程着重于始态和终态；而途径着重于具体方式。例如，一定量的理想气体由始态（$p_1 = 100\text{kPa}$，$T_1 = 298\text{K}$）变到终态（$p_2 = 200\text{kPa}$，$T_2 = 398\text{K}$），它可以通过许多途径来完成。图 1.1 所示的两个途径都可以实现由始态到终态的变化。

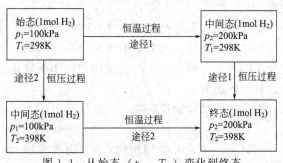

图 1.1　从始态（p_1，T_1）变化到终态（p_2，T_2）的两个不同途径

由此可知，**只要体系的始态和终态一定，无论体系变化的途径如何，其状态函数的变化值是相同的**。实际的变化过程往往比较复杂，但根据状态函数的性质，可以设计出比较简单的途径来计算状态函数的改变量。状态函数的这种特性可使复杂问题大大简化。

1.1.4　热力学能

热力学能是热力学体系内各种形式的能量总和，所以也称为**内能**。它包括组成体系的各种粒子（如分子、原子、电子、原子核等）的动能（如分子的平动能、振动能、转动能等）以及粒子间相互作用的势能（如分子的吸引能、排斥能、化学键能等）。热力学能用符号 U 表示，单位为 J 或 kJ。

热力学能的大小与体系的温度、体积、压力以及物质的量有关。温度反映体系中各粒子运动的激烈程度，温度越高，粒子运动越激烈，体系的能量就越高。体积（或压力）反映粒子间的相互距离，因而反映了粒子间的相互作用势能。物质与能量两者是不可分割的，在一定条件下，体系的热力学能与体系中物质的量成正比，即热力学能具有加和性。可见，热力学能是温度、体积（或压力）及物质的量的函数，因而是状态函数。

虽然热力学能是体系的状态性质，由于体系内部质点的运动及相互作用很复杂，因此无法知道一个体系热力学能的绝对值，但体系状态变化时，热力学能的改变量（ΔU）则可以从过程中体系和环境所交换的能量的数值来确定，而这正是解决热力学实际问题的基本方法。

1.1.5　热和功

体系处于一定状态时，具有一定的热力学能。体系状态发生变化的过程中，体系与环境之间可能发生能量交换或传递，使体系和环境的热力学能发生变化。这种能量的交换通常有热和功两种形式。

体系和环境之间由于温差的存在而传递的能量称为**热**。例如：两个不同温度的物体相接触，高温物体将能量传递至低温物体，以这种方式传递的能量即是热。热的单位为 J 或 kJ，符号用 Q 来表示。热力学以体系得失能量为标准，规定体系从环境吸收的热量为正值，释放给环境的热量为负值。

除热以外，体系与环境间传递的能量统称为**功**，单位为 J 或 kJ。功的符号用 W 来表示，环境对体系做功（体系得到能量）为正值，体系对环境做功（体系失去能量）为负值。

热和功都是体系的状态发生改变时与环境之间发生的能量交换或传递的两种形式，因此热和功不仅与体系的始态和终态有关，而且与过程的具体途径有关。所以热和功不是状态函数。

体系的状态发生变化时常伴有体积的改变。体系在抵抗外压的条件下体积发生变化而引起的功称为体积功。热力学中将功分为体积功和非体积功两类。体积功是由于体系的体积变化时反抗外力所做的功。由于液体和固体在变化过程中体积变化较小，因此体积功的讨论经常是对气体而言。

在有气体参加的反应中，体系反抗恒外力所做的体积功为：

$$W = -p_{外} \Delta V \tag{1.1}$$

式(1.1) 中，W 为体积功；$p_{外}$ 为外界压力；ΔV 为终态气体体积 V_2 与始态气体体积 V_1 之差 (V_2-V_1)。由于规定体系向环境做功为负，故上式中应增添一负号。

热力学中把除体积功以外的各种形式的功统称为非体积功，如电功、表面功等。非体积功一般用 W' 表示。对于研究的体系，若不加以特别说明，可以认为只有体积功。

1.2 化学反应的能量守恒与反应热效应

1.2.1 热力学第一定律

人们经过长期的科学实验和生产实践，在 19 世纪中叶总结出了**能量守恒和转化定律**："自然界的一切物质都具有能量，能量有各种不同的形式，能够从一种形式转化为另一种形式，在转化过程中，能量总值不变"。把能量守恒与转化定律应用于热力学体系，就称为**热力学第一定律**。

热和功是热力学中能量交换的两种形式，在封闭体系中，若环境对体系做功 W，体系从环境吸热 Q，则体系的能量必有增加。根据能量守恒与转化定律，这部分能量必然使体系的热力学能增加。体系热力学能的改变值 ΔU 为 W 与 Q 之和。

$$\Delta U = Q + W \tag{1.2}$$

式(1.2) 为封闭体系中**热力学第一定律的数学表达式**。Q 和 W 分别表示变化过程中体系与环境交换或传递的热和功。热力学能的绝对值虽然难以确定，但可以通过热和功求出热力学能改变值。

例 1.1 设能量状态为 U_1 的体系，体系输出 200J 的热量，环境对体系做了 350J 的功，求体系能量变化和终态能量 U_2。

解：由题意　　　　　$Q = -200J；W = +350J$

由热力学第一定律：　$\Delta U = Q + W = -200J + 350J = 150J$

　　　　　　　　　　$\Delta U = U_2 - U_1$

　　　　　　　　　　$U_2 = U_1 + \Delta U = U_1 + 150J$

答：体系的能量变化是 150J，终态能量是 $(U_1 + 150)$J。

1.2.2 化学反应的热效应

化学反应所释放的热量是日常生活和工农业生产所需能量的主要来源。化学反应的热量问题在化工生产上有重要的意义。例如，在合成氨的反应中要释放出许多热量，而在制造其原料 H_2 的水煤气反应中要吸收热量。做化工设计时，前者设法把热量传走，后者要设法供应所需的热量。把热力学第一定律具体应用到化学反应中，讨论和计算化学反应的能量变化问题的学科，称为**热化学**。**化学反应的热效应**定义为：当生成物与反应物的温度相同时，体系不做非体积功，化学反应过程中吸收或放出的热量。化学反应热效应一般称为反应热。由于热与过程有关，在讨论反应热时，不但要明确体系的始态和终态，还应指明具体的过程。通常最重要的过程是恒容过程和恒压过程。

1.2.2.1　恒容反应热

若一个封闭体系进行化学反应，体积保持不变，就是恒容反应，其热效应称为恒容反应热，用 Q_V 表示，右下角"V"表示恒容过程。恒容反应过程中 $\Delta V = 0$，由于体系只做体积功，故 $W = 0$，根据热力学第一定律，则：

$$\Delta U = Q + W = Q_V \tag{1.3}$$

式(1.3)的意义是：在恒容条件下进行的化学反应，其反应热等于该体系中热力学能的改变量。恒容反应热也取决于体系的始态和终态，这是恒容反应热的特点。但恒容反应热并非状态函数。

1.2.2.2　恒压反应热与焓

在恒压过程中完成的化学反应称为恒压反应，其热效应称为恒压反应热，用 Q_p 表示，右下角字母"p"表示恒压过程。由于恒压过程 $\Delta p = 0$，即 $p_2 = p_1 = p_外 = p$，对于有气体参加或生成的反应，体系对环境所做的体积功

$$W = -p(V_2 - V_1) = -p\Delta V$$

对于体系只做体积功的恒压过程，热力学第一定律可写成

$$\Delta U = Q_p + W = Q_p - p(V_2 - V_1)$$

整理后得：

$$Q_p = (U_2 + pV_2) - (U_1 + pV_1) \tag{1.4}$$

由于 U、p 和 V 都是状态函数，故它们的组合 $U + pV$ 也是状态函数，定义一个新的状态函数以符号 H 表示，称作焓，即

$$H \equiv U + pV \tag{1.5}$$

因此，当体系的状态改变时，根据焓的定义式(1.5)，式(1.4)就可写为

$$Q_p = H_2 - H_1 = \Delta H \tag{1.6}$$

ΔH 是状态函数焓的改变量，叫做焓变。ΔH 只与体系的始态和终态有关，而与变化途径无关。式(1.6)表明，对于一封闭体系，在恒压反应过程中体系所吸收的热量全部使体系的焓增加。即恒压条件下，反应热等于体系的焓变。如果反应是放热反应，ΔH 为负值；如果反应是吸热反应，ΔH 为正值。

由焓的定义式(1.5)可知，焓和热力学能具有相同的量纲和单位。亦具有加和性，ΔH 的数值大小与体系物质的量成正比。

由于一般化学反应是在大气压下敞口容器中进行的，许多化学反应伴随着明显的体积变化。也就是说一般化学反应是在恒压条件下进行的，所以焓比热力学能更有实用价值。与热力学能一样，焓的绝对值也无法求得，一般情况下，可以不需要知道焓的绝对值，只需要知道体系状态发生变化时的焓变（ΔH）即可。

1.2.2.3　恒容反应热效应的测量

反应热的多少与实际生产中的机械设备、热量交换以及经济价值、常规能源（如煤、天然气等）中燃料的燃烧和热效率等问题有关；另一方面，反应热的数据在计算平衡常数和其他热力学函数时很有用处。因此，即使对于工科学生，初步了解热效应的测量是十分有意义的。

当需要测定某个热化学过程所放出或吸收的热量时，一般可通过测定一定组成和质量的某种介质（如溶液或水）的温度改变 ΔT，再利用下式求得：

$$Q = -cm(T_2 - T_1) = -cm\Delta T \tag{1.7}$$

式(1.7)中，Q 表示一定量反应物在给定条件下的反应热效应，负号表示放热，正号表示吸热；c 表示介质的比热容；m 表示介质的质量；ΔT 表示介质终态温度 T_2 与始态温度 T_1 之差。

现代常用的量热设备是弹式热量计，如图 1.2 所示。图 1.2(a) 为弹式热量计，图 1.2(b) 为弹式热量计的结构图。测量反应热时，将已知质量的反应物（固态或液态，若需通入氧气使其氧化或燃烧，氧气按仪器说明书充到一定的压力）全部装入该钢弹内，密封后将钢弹安放在一金属（钢质）容器中，然后往此金属容器内加入足够的已知质量的水，将钢弹淹没在金属容器的水中，并应与环境绝热。精确测定体系的起始温度 T_1 后，用电火花引发反应，反应放出的热会使体系（包括钢弹及内部物质、水和金属容器等）的温度升高。温度计所示最高读数即为体系的终态温度 T_2。

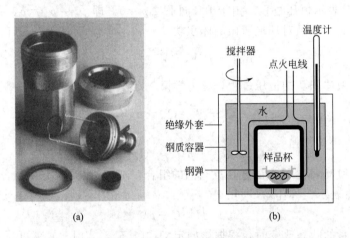

图 1.2 弹式热量计（a）及弹式热量计的结构图（b）

弹式热量计所吸收的热可分为两个部分：一部分是加入的水所吸收的，另一部分是钢弹及内部物质和金属容器等（简称钢弹组件）所吸收的。前一部分的热，以 $Q_水$ 表示，仍可按式(1.7)计算，介质为水，且由于是吸热，用正号表示，即 $Q_水 = c_水 m_水 \Delta T$，后一部分的热以 $Q_弹$ 表示，钢弹及内部物质和金属容器等的比热容以符号 $c_弹$ 表示，则 $Q_弹 = c_弹 m_弹 \Delta T$。显然，反应所放出的热等于水所吸收的热和钢弹组件所吸收的热，从而可得：

$$Q = -(Q_水 + Q_弹) = -(c_水 m_水 \Delta T + c_弹 m_弹 \Delta T)$$

这样根据温度计的读数、水和钢弹的比热容就可以计算反应热。由于密闭的钢制弹室内部的体积是恒定的，体系不会由于膨胀或压缩而做功。所以用弹式热量计可以测出 Q_V。由于 $Q_V = \Delta U$，因此尽管反应物和产物热力学能的绝对数值无法测定，但是反应前后热力学能的变化值可以用这个方法测定出来。

1.2.3 热化学方程式与盖斯定律

1.2.3.1 热力学标准状态

化学反应热效应的数值随反应温度、压力、物质聚集状态的不同而不同，一些热力学函数（如 H、U 以及第 2 章中要讲到的 G 等）的绝对值也无法测得，为了比较它的相对值，需要规定一个状态作为比较的标准。根据国际上的共识以及我国的国家标准，现在规定：所谓的标准状态是在温度 T 和标准压力 $p^{\ominus}$（$p^{\ominus}=100\text{kPa}$）下的该物质的状态，简称标准态。在标准态下，体系的热力学函数 U 和 H 的改变量用 $\Delta U^{\ominus}$、$\Delta H^{\ominus}$ 表示，标准态的符号是"$\ominus$"。下面列出各类物质的标准态。

（1）气体的标准态：在指定温度下，压力为 $p^{\ominus}$（在气体混合物中，各物质的分压均为 $p^{\ominus}$），且具有理想气体性质的气体。这是一种假想的状态。

（2）纯液体（或纯固体）的标准态：在指定温度下，压力为 $p^{\ominus}$ 的纯液体（或纯固体）。

（3）溶液中溶质的标准态：在指定温度 T 和标准压力 $p^{\ominus}$ 下，质量摩尔浓度 $b^{\ominus}=1\text{mol}\cdot\text{kg}^{-1}$ 的状态。因压力对液体和固体的体积影响很小，故可将溶质的标准态浓度改用 $c^{\ominus}=1\text{mol}\cdot\text{dm}^{-3}$ 代替。

应当注意，由于标准态只规定了压力 $p^{\ominus}$，而没有指定温度，所以与温度有关的状态函数的标准状态应注明温度，但通常采用 $T=298.15\text{K}$。

1.2.3.2　反应进度

化学反应是个过程，在过程中放热或吸热多少都与反应进行的程度有关。因此，需要有一个物理量以表示反应进行的程度，这个物理量就是反应进度。

反应进度：用来描述任一时刻反应进展程度的量称为反应进度，可用符号 ξ 表示。

对于化学反应：

$$d\text{D}+e\text{E}=\!=\!=g\text{G}+h\text{H}$$

式中，d、e、g、h 称为化学计量数，是无量纲的量，可以是正整数，也可以是正分数。反应未发生时，即 $t=0$ 时，各物质的物质的量分别为 $n_0(\text{D})$，$n_0(\text{E})$，$n_0(\text{G})$ 和 $n_0(\text{H})$，反应进行到 $t=t$ 时，各物质的量分别为 $n(\text{D})$，$n(\text{E})$，$n(\text{G})$ 和 $n(\text{H})$，则 t 时刻的反应进度 ξ 定义式为：

$$\xi=\frac{n_0(\text{D})-n(\text{D})}{d}=\frac{n_0(\text{E})-n(\text{E})}{e}=\frac{n(\text{G})-n_0(\text{G})}{g}=\frac{n(\text{H})-n_0(\text{H})}{h} \tag{1.8}$$

由式（1.8）可知，反应进度 ξ 的量纲是物质的量的量纲。用反应体系中任一物质来表示反应进度，在同一时刻所得的 ξ 值完全一致。

ξ 值可以是正整数、正分数，也可以是零。

$\xi=0$ 表示反应开始时刻的反应进度。

最需要理解的是 $\xi=1\text{mol}$ 的实际意义：$\xi=1\text{mol}$ 表示从 $\xi=0\text{mol}$ 时计算已经有 d mol 的 D 和 e mol 的 E 消耗掉，生成 g mol 的 G 和 h mol 的 H，即按反应计量方程进行了一次完整的反应。当 $\xi=1\text{mol}$ 时，称为 **1mol 化学反应**或简称**摩尔反应**。

对于同一化学反应，若反应方程式的化学计量数不同，如

$$\text{N}_2+3\text{H}_2=\!=\!=2\text{NH}_3 \tag{1}$$

$$1/2\text{N}_2(\text{g})+3/2\text{H}_2(\text{g})=\!=\!=\text{NH}_3(\text{g}) \tag{2}$$

同样 $\xi=1\text{mol}$ 时，反应（1）表示有 1mol N_2 与 3mol H_2 反应生成 2mol NH_3，而反应（2）则指消耗了 1/2mol N_2 和 3/2mol H_2，生成了 1mol 的 NH_3。同一化学反应，反应计量方程式写法不同，进行摩尔反应时化学计量数就不同。因此，当涉及反应进度时，必须指明化学反应方程式。

1.2.3.3　热化学方程式

热化学方程式是表示化学反应与反应热效应关系的化学方程式。

例如：$2H_2(g)+O_2(g)\!=\!=\!2H_2O(g)$，$Q_p=\Delta_r H_m^\ominus(298.15K)=-483.6kJ\cdot mol^{-1}$。该热化学方程式的含义：在温度为 298.15K 的恒压过程中，诸气体压力均为 100kPa 下，按反应方程式进行 1mol 反应时，放出热量 483.6kJ。$\Delta_r H_m^\ominus(T)$ 称为**标准摩尔反应焓变**，上角标"$\ominus$"表示物质处于标准状态（可读作"标准"）；下角标"r"是"reaction"的字头，有"反应"之意；下角标"m"是"mole"，表示按指定反应进行 1mol 的化学反应。例如：

$$C(石墨)+O_2(g)\!=\!=\!CO_2(g)，\Delta_r H_m^\ominus(298.15K)=-393.5kJ\cdot mol^{-1}$$

因为化学反应的热效应与反应进行时的条件（温度、压力、恒压还是恒容）有关，也与反应物和生成物的聚集状态及数量有关。所以书写热化学方程式需注意以下几点。

(1) 标明反应的温度和压力。如果是 298.15K 和标准压力，习惯上不予注明。

(2) 必须在化学式的右侧标明物质之聚集状态。可分别用小写的 s、l、g 三个英文字母表示固、液、气。如果该物质有几种晶型，也应该注明是哪一种。如：

$$2H_2(g)+O_2(g)\!=\!=\!2H_2O(g)，\Delta_r H_m^\ominus(298.15K)=-483.6kJ\cdot mol^{-1}$$

$$2H_2(g)+O_2(g)\!=\!=\!2H_2O(l)，\Delta_r H_m^\ominus(298.15K)=-571.6kJ\cdot mol^{-1}$$

(3) 化学式前的计量数只表示物质的量，不表示分子数。因此，热化学方程式中的计量数可以是分数。现以氢气与氧气化合生成水的反应为例书写热化学方程式如下：

$$2H_2(g)+O_2(g)\!=\!=\!2H_2O(g)，\Delta_r H_m^\ominus(298.15K)=-483.6kJ\cdot mol^{-1}$$

$$H_2(g)+\frac{1}{2}O_2(g)\!=\!=\!H_2O(g)，\Delta_r H_m^\ominus(298.15K)=-241.8kJ\cdot mol^{-1}$$

因此，同一化学反应用不同的热化学反应方程式表达时，其 $\Delta_r H_m^\ominus$ 不同。

例 1.2　已知 $T=298.15K$，$p=100kPa$ 时，$N_2(g)+3H_2(g)\!=\!=\!2NH_3(g)$ 反应的 $\Delta_r H_m^\ominus=-91.8kJ\cdot mol^{-1}$，计算在同样条件下，下列反应的 $\Delta_r H_m^\ominus$。

(1) $\frac{1}{2}N_2(g)+\frac{3}{2}H_2(g)\!=\!=\!NH_3(g)$

(2) $\frac{1}{3}N_2(g)+H_2(g)\!=\!=\!\frac{2}{3}NH_3(g)$

(3) $NH_3(g)\!=\!=\!\frac{3}{2}H_2(g)+\frac{1}{2}N_2(g)$

解：据反应 $N_2(g)+3H_2(g)\!=\!=\!2NH_3(g)$ 知，有 2mol NH_3 生成的 $\Delta_r H_m^\ominus=-91.8kJ\cdot mol^{-1}$。而焓值与物质的量成正比，因此，

(1) $\frac{1}{2}N_2(g)+\frac{3}{2}H_2(g)\!=\!=\!NH_3(g)$

$$\Delta_r H_{m,1}^\ominus=\frac{1}{2}\Delta_r H_m^\ominus=\frac{1}{2}\times(-91.8kJ\cdot mol^{-1})=-45.9kJ\cdot mol^{-1}$$

(2) $\frac{1}{3}N_2(g)+H_2(g)\!=\!=\!\frac{2}{3}NH_3(g)$

$$\Delta_r H_{m,2}^\ominus=\frac{1}{3}\Delta_r H_m^\ominus=\frac{1}{3}\times(-91.8kJ\cdot mol^{-1})=-30.6kJ\cdot mol^{-1}$$

(3) $NH_3(g)\!=\!=\!\frac{3}{2}H_2(g)+\frac{1}{2}N_2(g)$

$$\Delta_r H_{m,3}^\ominus=-\frac{1}{2}\Delta_r H_m^\ominus=-\frac{1}{2}\times(-91.8kJ\cdot mol^{-1})=45.9kJ\cdot mol^{-1}$$

式（3）是式（1）的逆反应，故有 $\Delta_r H_{m,3}^{\ominus} = -\Delta_r H_{m,1}^{\ominus}$。可见，对于可逆反应，$\Delta_r H_m^{\ominus}$ 数值相同，符号相反。在给出 $\Delta_r H_m^{\ominus}$ 时，必须同时指明反应方程式，因为 $\Delta_r H_m^{\ominus}$ 的数值与反应计量系数有关。

本书中，有时对常温常压下的热化学方程式不注明反应条件，多以 $\Delta_r H_m^{\ominus}$（298.15K）表示。

1.2.3.4　盖斯定律

反应的热效应可以通过实验测定，但有些复杂反应的热效应难以直接用实验测定，则这些反应的热效应又如何得知？

1840 年，盖斯（Hess）从实验中总结出如下规律："在恒压或恒容条件下，化学反应的反应热只与物质的始态和终态有关，而与变化的途径无关"。即一个化学反应若能分解几步来完成，总反应的反应热等于各步反应的反应热之和。这就是**盖斯定律**。盖斯定律的提出略早于热力学第一定律，但它实际上是第一定律的必然结论。因为化学反应通常是在恒压且不做非体积功的条件下进行的，因此 $Q_p = \Delta H$，而 H 又是状态函数，故反应热只取决于始态和终态，与变化的途径无关。盖斯定律是热化学的基本定律，其用处很多，它使热化学方程式可以像普通代数方程那样进行加减运算，利用已经精确测定的反应热数据求算难以测定的反应热。例如，石墨在常温常压下很难转变为金刚石，其反应热无法直接从实验得到，但是，石墨和金刚石在常温常压下都可直接氧化为 CO_2，反应为：

（1）$C(石墨) + O_2(g) \Longrightarrow CO_2(g)$，$\Delta_r H_{m,1}^{\ominus}$（298.15K）$= -393.5 kJ \cdot mol^{-1}$

（2）$C(金刚石) + O_2(g) \Longrightarrow CO_2(g)$，$\Delta_r H_{m,2}^{\ominus}$（298.15K）$= -395.4 kJ \cdot mol^{-1}$

（3）$C(石墨) \Longrightarrow C(金刚石)$，$\Delta_r H_{m,3}^{\ominus}$（298.15K）$= ?$

图 1.3 是计算石墨转化为金刚石的反应热的途径。始态为 C(石墨)，终态为 CO_2。由始态到终态有两种途径，根据盖斯定律，$\Delta_r H_{m,1}^{\ominus} = \Delta_r H_{m,2}^{\ominus} + \Delta_r H_{m,3}^{\ominus}$，即：

$$\Delta_r H_{m,3}^{\ominus}(298.15K) = \Delta_r H_{m,1}^{\ominus}(298.15K) - \Delta_r H_{m,2}^{\ominus}(298.15K)$$
$$= -393.5 kJ \cdot mol^{-1} - (-395.4 kJ \cdot mol^{-1})$$
$$= 1.9 kJ \cdot mol^{-1}$$

所以，$C(石墨) \Longrightarrow C(金刚石)$ 的 $\Delta_r H_{m,3}^{\ominus}$（298.15K）$= 1.9 kJ \cdot mol^{-1}$。

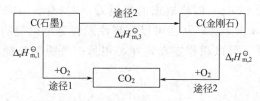

图 1.3　计算石墨转化为金刚石的反应热的途径

通过上述讨论可知，**如果一个化学反应可以由其他化学反应相加减而得，则这个化学反应的热效应也可以由这些化学反应的热效应相加减而得到。**但要注意，物质的聚集状态必须一致。

例 1.3　已知 25℃时，

（1）$2C(石墨) + O_2(g) \Longrightarrow 2CO(g)$，$\Delta_r H_{m,1}^{\ominus}$（298.15K）$= -221.0 kJ \cdot mol^{-1}$

（2）$3Fe(s) + 2O_2(g) \Longrightarrow Fe_3O_4(s)$，$\Delta_r H_{m,2}^{\ominus}$（298.15K）$= -1118.4 kJ \cdot mol^{-1}$

求反应 $Fe_3O_4(s) + 4C(石墨) \Longrightarrow 3Fe(s) + 4CO(g)$ 在 25℃时的反应热。

解：根据盖斯定律

式(1)×2－式(2) 得式(3)

$$Fe_3O_4(s)+4C(石墨) = 3Fe(s)+4CO(g)$$

$$\Delta_r H_{m,3}^{\ominus}=2\Delta_r H_{m,1}^{\ominus}-\Delta_r H_{m,2}^{\ominus}=2\times221.0kJ\cdot mol^{-1}-(-1118.4kJ\cdot mol^{-1})$$

$$=676.4kJ\cdot mol^{-1}$$

例 1.4　在煤气生产过程中，$C(石墨)+\dfrac{1}{2}O_2(g) = CO(g)$ 是很重要的反应。工厂设计或工艺改革时需要该反应的热效应数值，由于单质碳与氧不能直接生成纯粹的一氧化碳，总会有一些二氧化碳生成，因此实验很难准确测定该反应的热效应数值。请根据所掌握的知识求该反应的热效应？

解：因为 1mol C(石墨) 完全燃烧生成 $CO_2(g)$，可以有两种途径，如图 1.4 所示。

途径（Ⅰ）：一步反应，即反应（1），将 1mol C（石墨） 直接完全燃烧生成 $CO_2(g)$，$C(石墨)+O_2(g) = CO_2(g)$，其反应热效应为 $Q_{p,1}=\Delta_r H_{m,1}^{\ominus}=-393.5kJ\cdot mol^{-1}$，这是可以测知的。

途径（Ⅱ）：分步反应，先假设 1mol C（石墨） 不完全燃烧但均生成 CO(g)，$C(石墨)+\dfrac{1}{2}O_2(g) = CO(g)$，即反应（2），其反应热效应为 $Q_{p,2}=\Delta_r H_{m,2}^{\ominus}$，这是难以直接测量的。

然后再由 CO(g) 完全燃烧成为 $CO_2(g)$，$CO(g)+\dfrac{1}{2}O_2(g) = CO_2(g)$，即反应（3），其反应热效应为 $\Delta_r H_{m,3}^{\ominus}=-283.0kJ\cdot mol^{-1}$，这是可以测知的。

根据盖斯定律，可得：

$$\Delta_r H_{m,1}^{\ominus}=\Delta_r H_{m,2}^{\ominus}+\Delta_r H_{m,3}^{\ominus}$$

即

$$\Delta_r H_{m,2}^{\ominus}=\Delta_r H_{m,1}^{\ominus}-\Delta_r H_{m,3}^{\ominus}$$

$$=-393.5kJ\cdot mol^{-1}-(-283.0kJ\cdot mol^{-1})=-110.5kJ\cdot mol^{-1}$$

石墨不完全燃烧生成 CO(g) 时所放出的热量 $Q_{p,2}$ 只有石墨完全燃烧生成 $CO_2(g)$ 时所放出的热量 $Q_{p,1}$ 的 1/4 多一些，从而可以理解使燃料完全燃烧的经济意义。但这需设计出不同的途径，较为麻烦。可以根据盖斯定律，用另一种更为简捷的方法来计算反应热效应，将在下一节介绍。

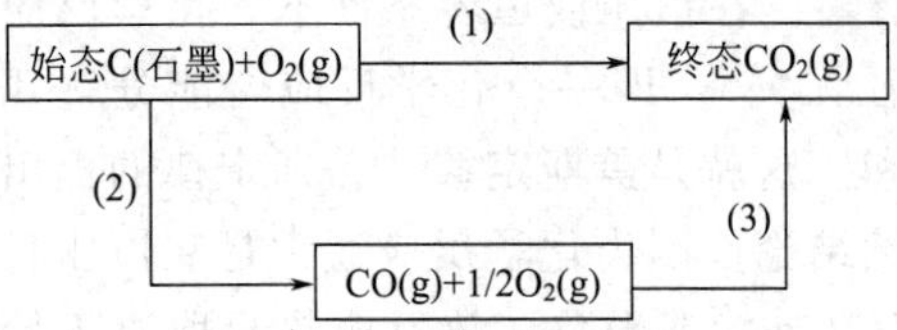

图 1.4　石墨氧化生成二氧化碳的两种不同途径

1.3　化学反应热效应的理论计算

1.3.1　物质的标准摩尔生成焓

热力学规定，在标准状态时，由元素的稳定单质生成 1mol 纯物质时的反应焓变称为该**物质的标准摩尔生成焓**，用符号 $\Delta_f H_m^{\ominus}(T)$ 表示，其常用单位 $kJ\cdot mol^{-1}$。"$\ominus$"表示物质处于标准状态；下角标"f"是"formation"的字头，有"生成"之意。例如：

$$H_2(g)+\dfrac{1}{2}O_2(g) = H_2O(l)，\Delta_r H_m^{\ominus}(298.15K)=-285.8kJ\cdot mol^{-1}$$

根据物质的标准摩尔生成焓的定义，该反应的标准摩尔焓变 $\Delta_r H_m^\ominus(298.15K)$ 就是 $H_2O(l)$ 的标准摩尔生成焓 $\Delta_f H_m^\ominus(298.15K)$，即：

$$\Delta_f H_m^\ominus(H_2O,l,298.15K)=-285.8kJ\cdot mol^{-1}$$

该式表示在 298.15K 时由稳定的单质氢气和氧气生成 1mol 液态水时的标准摩尔焓变为 $-285.8kJ\cdot mol^{-1}$。可利用标准摩尔生成焓判断化合物的相对稳定性，$\Delta_f H_m^\ominus$ 的代数值越小，则化合物越稳定。

由标准摩尔生成焓的定义可知，任何一种稳定单质的标准摩尔生成焓都等于零。例如 $\Delta_f H_m^\ominus(H_2,g)=0kJ\cdot mol^{-1}$；$\Delta_f H_m^\ominus(O_2,g)=0kJ\cdot mol^{-1}$。但对有不同晶态的固体物质来说，只有稳定态的单质的标准摩尔生成焓才等于零。例如 $\Delta_f H_m^\ominus$（石墨）$=0kJ\cdot mol^{-1}$，而 $\Delta_f H_m^\ominus$（金刚石）$=1.9kJ\cdot mol^{-1}$。

为了便于比较，国际纯粹和应用化学联合会（IUPAC）推荐选择 298.15K 作为参考温度。所以，通常从手册或专著查到的有关热力学数据大都是 298.15K 时的数据。在 298.15K 时，标准态的温度条件可不注明，例如，$\Delta_f H_m^\ominus(CO_2,g)=-393.5kJ\cdot mol^{-1}$。附录 4 中列出了常见物质的标准摩尔生成焓。

1.3.2 化学反应的标准摩尔焓变的计算

对任一个化学反应来说

$$dD+eE \Longequal gG+hH$$

其反应物和生成物的原子种类和个数是相同的，因此我们可以用同样的单质来生成反应物和生成物，如图 1.5 所示。

根据盖斯定律，所以 $\Delta_r H_{m,2}^\ominus=\Delta_r H_{m,1}^\ominus+\Delta_r H_m^\ominus$，即

$$\Delta_r H_m^\ominus=\Delta_r H_{m,2}^\ominus-\Delta_r H_{m,1}^\ominus$$

式中，$\Delta_r H_m^\ominus$ 是某一温度 T 时化学反应的标准摩尔反应焓变；$\Delta_r H_{m,1}^\ominus$ 是在标准态下由稳定单质生成 d mol D 和 e mol E 时的总焓变，即：

$$\Delta_r H_{m,1}^\ominus=d\Delta_f H_m^\ominus(D)+e\Delta_f H_m^\ominus(E) \quad（反应物）$$

同理 $\Delta_r H_{m,2}^\ominus=g\Delta_f H_m^\ominus(G)+h\Delta_f H_m^\ominus(H) \quad（生成物）$

由于 $\Delta_r H_m^\ominus=\Delta_r H_{m,2}^\ominus-\Delta_r H_{m,1}^\ominus$，所以

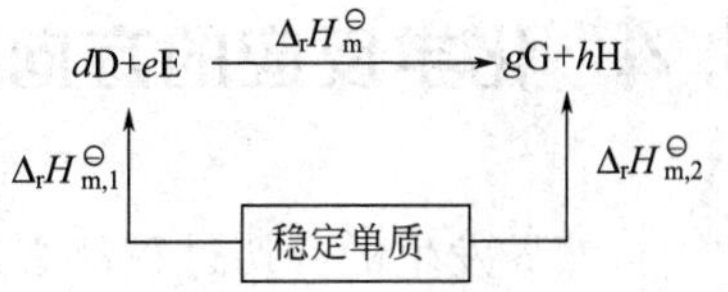

图 1.5 利用物质的标准摩尔生成焓计算反应的标准摩尔焓变

$$\Delta_r H_m^\ominus=\{g\Delta_f H_m^\ominus(G)+h\Delta_f H_m^\ominus(H)\}-\{d\Delta_f H_m^\ominus(D)+e\Delta_f H_m^\ominus(E)\}$$

或 $\quad \Delta_r H_m^\ominus=\sum_i \nu_i \Delta_f H_m^\ominus（生成物）-\sum_i \nu_i \Delta_f H_m^\ominus（反应物）$ (1.9)

式(1.9)中 ν_i 为化学计量数。所以，**化学反应的标准摩尔反应焓变**等于生成物的总标准摩尔生成焓减去反应物的总标准摩尔生成焓。通过查得有关物质的 $\Delta_f H_m^\ominus$，应用式(1.9)，可以计算反应的标准摩尔焓变。

例 1.5 计算下列反应在 298.15K 时的标准摩尔焓变。

$$CH_4(g)+2O_2(g)\Longequal CO_2(g)+2H_2O(l)$$

解：由附录查得各物质的标准摩尔生成焓如下

$$CH_4(g)+2O_2(g)\Longequal CO_2(g)+2H_2O(l)$$

$\Delta_f H_m^\ominus(298.15K)/kJ\cdot mol^{-1}$ $\quad -74.6 \quad\quad 0 \quad\quad\quad -393.5 \quad -285.8$

根据式(1.9)，得

$$\Delta_r H_m^{\ominus} = \sum_i \nu_i \Delta_f H_m^{\ominus}(生成物) - \sum_i \nu_i \Delta_f H_m^{\ominus}(反应物)$$
$$= \{2\Delta_f H_m^{\ominus}(H_2O,l,298.15K) + \Delta_f H_m^{\ominus}(CO_2,g,298.15K)\} -$$
$$\{2\Delta_f H_m^{\ominus}(O_2,g,298.15K) + \Delta_f H_m^{\ominus}(CH_4,g,298.15K)\}$$
$$= 2 \times (-285.8kJ \cdot mol^{-1}) + (-393.5kJ \cdot mol^{-1}) - (-74.6kJ \cdot mol^{-1})$$
$$= -890.5kJ \cdot mol^{-1}$$

例 1.6　试用标准摩尔生成焓的数据，计算铝粉和三氧化二铁的反应的 $\Delta_r H_m^{\ominus}$（298.15K），并判断此反应是吸热反应还是放热反应。

解：写出有关的化学方程式，由附录查得各物质的标准摩尔生成焓如下

$$2Al(s) + Fe_2O_3(s) === Al_2O_3(s) + 2Fe(s)$$

$\Delta_f H_m^{\ominus}(298.15K)/kJ \cdot mol^{-1}$　　0　　　-824.2　　　-1675.7　　　0

根据式(1.9)，得

$$\Delta_r H_m^{\ominus} = \sum_i \nu_i \Delta_f H_m^{\ominus}(生成物) - \sum_i \nu_i \Delta_f H_m^{\ominus}(反应物)$$
$$= \{\Delta_f H_m^{\ominus}(Al_2O_3,s,298.15K) + 2\Delta_f H_m^{\ominus}(Fe,s,298.15K)\} -$$
$$\{2\Delta_f H_m^{\ominus}(Al,s,298.15K) + \Delta_f H_m^{\ominus}(Fe_2O_3,s,298.15K)\}$$
$$= \{(-1675.7kJ \cdot mol^{-1}) + 0kJ \cdot mol^{-1}\} - \{0kJ \cdot mol^{-1} + (-824.2kJ \cdot mol^{-1})\}$$
$$= -851.5kJ \cdot mol^{-1}$$

通过计算可知，$\Delta_r H_m^{\ominus} = -851.5kJ \cdot mol^{-1} < 0$，所以，此反应为放热反应。

应该指出，反应的焓变随温度的变化很小。在温度变化不大时，反应的焓变可以看成是不随温度变化的值，即 $\Delta_r H_m^{\ominus}(T) \approx \Delta_r H_m^{\ominus}(298.15K)$。

1.4　化学反应的方向和吉布斯自由能变

自然界发生的一切过程都必须遵循热力学第一定律，保持能量守恒。但在不违背热力学第一定律的前提下，过程是否必然发生，若能发生的话，能进行到什么程度，热力学第一定律却不能回答。例如，石墨和金刚石都是碳的同素异形体，能否将廉价的石墨转变成昂贵的金刚石呢？热力学第一定律对此无能为力。要解决这些问题需要热力学第二定律，它能判断在指定的条件下一个过程能否发生，如能发生的话，能进行到什么程度？如何改变外界条件（例如温度、压力等），使反应朝人们所需要的方向进行？

1.4.1　影响化学反应方向的因素

1.4.1.1　自发过程的不可逆性

在一定条件下，不需要外力做功，就能自动进行的过程称**自发过程**。自然界的许多过程都是自发过程。经验告诉我们，一切自发变化都有一定的方向性，如当温度不同的两个物体互相接触时，热总是从高温物体流向（或传递）到低温物体，而它的逆过程即热从低温物体流向高温物体，使冷者愈冷，热者愈热（制冷机可以人为地使冷者愈冷，热者愈热，但它不是自动的，而且要付出许多"代价"）不能自动发生。再如气体从压力大的地方自动扩散到压力小的地方，而逆过程不会自动发生。本节我们重点讨论化学变化的方向性问题。例如，把 Zn 片放入稀的 $CuSO_4$ 溶液中，将自动发生取代反应，生成 Cu 和 $ZnSO_4$ 溶液。而逆过程即把 Cu 片放入稀的 $ZnSO_4$ 溶液，却不会自动发生反应。又如铁在含有 CO_2 的潮湿空气

中生成铁锈。它主要是氧化铁或其含水氧化物和碱式盐等的混合物。铁锈一经形成就不会自动再变成金属铁。自发过程有着明显的方向性，自发过程发生后，相反的过程绝不会自动发生，除非借助于外力，才能使体系恢复原状，但环境必然留下变化。也就是说自发过程都是不可逆的。

那么，人们所关心的是如何来判断化学反应的方向或者说反应能否自发进行呢？

1.4.1.2　影响化学反应方向的因素

什么是判断反应自发性的标准呢？远在一百多年前，有些化学家就希望找到一种能用来判断反应或过程是否能自发进行或者说反应自发性的依据。鉴于许多能自发进行的反应或过程是放热的，有人曾试图用反应的热效应或焓变来作为反应能否自发进行的判断依据，并认为放热越多，物质间的反应越可能自发进行。

先来讨论下面几种化学反应的情形：

(1) $C(s) + \frac{1}{2}O_2(g) \Longrightarrow CO(g)$，　$\Delta_r H_m^{\ominus} = -110.5 \text{kJ} \cdot \text{mol}^{-1}$

该反应在任何温度下均可正向进行；

(2) $HCl(g) + NH_3(g) \Longrightarrow NH_4Cl(s)$，　　$\Delta_r H_m^{\ominus} = -176.2 \text{kJ} \cdot \text{mol}^{-1}$

该反应在常温下正向进行，但在高温下则逆向进行；

(3) $CaCO_3(s) \Longrightarrow CaO(s) + CO_2(g)$，　　$\Delta_r H_m^{\ominus} = 179.2 \text{kJ} \cdot \text{mol}^{-1}$

常温下不反应，但高温下反应正向进行；

(4) $N_2(g) + \frac{1}{2}O_2(g) \Longrightarrow N_2O(g)$，　　$\Delta_r H_m^{\ominus} = 81.6 \text{kJ} \cdot \text{mol}^{-1}$

该反应在任何温度下均不能正向进行。

从上面的四个反应可以看出，温度和反应的焓变对反应进行的方向有很大的影响，焓变小于零的放热反应，有利于化学反应正向自发进行。反应（3）的焓变大于零，该反应在高温下就可以正向自发进行，但同样是焓变大于零的吸热反应（4），却在任何温度下都不能正向进行。又例如硝酸钾溶于水和冰的融化都是吸热过程，但在一定温度下都能自发进行，这表明在给定条件下要判断一个反应或过程能否自发进行，除了焓变这一重要因素外，体系的混乱度和温度等也是重要的影响因素。

1.4.2　状态函数——熵

1.4.2.1　熵的概念

自然界中有一类自发过程的普遍情况，即体系倾向于取得最低的势能。实际上，还有另一类自发过程的普遍情况。例如，将一瓶氨放在室内，如果瓶是开口的，则不久氨气分子会扩散到整个室内与空气混合，这个过程是自发进行的，但不能自发地逆向进行。又如，往一杯水中滴入几滴蓝墨水，蓝墨水就会自发地逐渐扩散到整杯水中，这个过程也不能自发地逆向进行。这表明自然界中发生的许多变化过程的方向都是与体系的混乱度有关的，即自发过程一般都向着混乱度增大的方向进行。

所谓体系的**混乱度**，是有序度的反义词，即组成物质的质点在一个指定空间区域内排列和运动的无序度。有序度高（无序度小），其混乱度小；有序度差（无序度大），其混乱度大。

在热力学中，体系的混乱度是用状态函数"熵"来度量的。**熵**是体系内部质点混乱度或无序度的量度，用符号 S 表示。熵值小，对应于混乱度小或较有序的状态。不同的物质，不同的条件，其熵值不同。因此，**熵是描述物质混乱度大小的物理量。**

熵与热力学能、焓一样是体系的一种性质，是状态函数。状态一定，熵值一定；状态变化，熵值也发生变化。同样，熵也具有加和性，熵值与体系中物质的量成正比。

1.4.2.2 热力学第三定律

在绝对零度时，任何纯物质的完美晶体的熵等于零，此为**热力学第三定律**。基于在 0K 时，一个完美晶体物质的熵 $S_0=0$，并以此为基础，可求得在其他温度（T）下的熵值 S_T。例如，由一种纯晶体物质从 0K 升温到任一温度（T），此过程的熵变量为 ΔS。则 $\Delta S=S_T-S_0=S_T-0=S_T$，$S_T$ 即为该纯物质在温度 T 时的熵，称为**规定熵**。1mol 纯物质在标准状态下的规定熵称为该物质的**标准摩尔熵**，用 $S_m^{\ominus}$ 表示，其单位是 $J\cdot mol^{-1}\cdot K^{-1}$。显然，纯单质在 298.15K 时的 $S_m^{\ominus}$ 不为零。一些物质在 298.15K 时的标准摩尔熵列于书后附录 4 中。

物质的标准摩尔熵 $S_m^{\ominus}$ 值一般呈现如下的变化规律。

（1）对同一物质而言，气态时的标准摩尔熵大于液态时的，而液态时的标准摩尔熵又大于固态时的；即 $S_m^{\ominus}(g)>S_m^{\ominus}(l)>S_m^{\ominus}(s)$。

（2）熵与物质分子量有关，分子结构相似而分子量又相近的物质熵值相近，如：$S_m^{\ominus}(CO)=197.9J\cdot mol^{-1}\cdot K^{-1}$，$S_m^{\ominus}(N_2)=191.5J\cdot mol^{-1}\cdot K^{-1}$；分子结构相似而分子量不同的物质，熵随分子量增大而增大，如：HF、HCl、HBr 和 HI 的 $S_m^{\ominus}$ 分别为 173.8J$\cdot mol^{-1}\cdot K^{-1}$、186.9J$\cdot mol^{-1}\cdot K^{-1}$、198.6J$\cdot mol^{-1}\cdot K^{-1}$ 和 206.6J$\cdot mol^{-1}\cdot K^{-1}$。

（3）在结构及分子量都相近时，结构复杂的物质具有更大的熵值。如 $S_m^{\ominus}(C_2H_5OH,g)=282.6J\cdot mol^{-1}\cdot K^{-1}$；$S_m^{\ominus}(CH_3OCH_3,g)=266.3J\cdot mol^{-1}\cdot K^{-1}$。

（4）物质的熵值随温度的升高而增大。气态物质的熵值随压力的增大而减小。压力对液态、固态物质的熵影响很小，可以忽略不计。

1.4.2.3 反应的熵变

熵与焓一样，只取决于反应的始态和终态，而与变化的途径无关。化学反应的熵变 $\Delta_r S_m^{\ominus}$ 与反应焓变 $\Delta_r H_m^{\ominus}$ 的计算原则类似，因此应用标准摩尔熵 $S_m^{\ominus}$ 的数值可以算出化学反应的标准摩尔反应熵变 $\Delta_r S_m^{\ominus}$。对于反应

$$dD+eE \Longrightarrow gG+hH$$

反应的标准摩尔熵变 $\Delta_r S_m^{\ominus}$ 可由下式求得

$$\Delta_r S_m^{\ominus}=[gS_m^{\ominus}(G)+hS_m^{\ominus}(H)]-[dS_m^{\ominus}(D)+eS_m^{\ominus}(E)]$$

或

$$\Delta_r S_m^{\ominus}=\sum_i \nu_i S_m^{\ominus}(生成物)-\sum_i \nu_i S_m^{\ominus}(反应物) \tag{1.10}$$

式（1.10）中 ν_i 为化学计量数。**化学反应的标准摩尔熵变**等于生成物的总标准摩尔熵减去反应物的总标准摩尔熵。

化学反应的熵变与温度有关，因为每一物质的熵都随温度升高而增加。但大多数情况下产物增加的熵与反应物增加的熵差不多，所以反应的熵变 ΔS 随温度变化不大，在近似计算中可以认为反应的熵变基本不随温度而变。即

$$\Delta_r S_m^{\ominus}(T)\approx\Delta_r S_m^{\ominus}(298.15K)$$

在孤立体系的任何自发过程中，体系的熵总是增加的，这是**热力学第二定律**。也称为**熵增加原理**。

$$\Delta S_{孤立}\geqslant 0 \tag{1.11}$$

式（1.11）只适用于孤立系统。

利用熵增原理可以判断孤立系统中发生的过程的方向及限度。熵值增加有利于反应的自发进行，但与反应的焓变一样，不能仅用熵变作为自发过程的判据（仅对于孤立体系

$\Delta S_{孤立}>0$，过程自发进行）。如在零摄氏度以下，水将自动结成冰，此过程为熵减少的反应；这表明反应的自发性不仅与熵变、焓变有关，而且还与温度条件有关。

例 1.7　试计算 298.15K、100kPa 下，$CaCO_3(s) \rightleftharpoons CaO(s) + CO_2(g)$ 的 $\Delta_r H_m^{\ominus}$(298.15K) 和 $\Delta_r S_m^{\ominus}$(298.15K) 并初步分析该反应的自发性。

解： 查附录得

	$CaCO_3(s) \rightleftharpoons$	$CaO(s) +$	$CO_2(g)$
$\Delta_f H_m^{\ominus}$(298.15K)/kJ·mol^{-1}	−1207.6	−634.9	−393.5
$S_m^{\ominus}$(298.15K)/J·mol^{-1}·K^{-1}	91.7	38.1	213.8

根据式(1.9)得

$$\Delta_r H_m^{\ominus}(298.15K) = [\Delta_f H_m^{\ominus}(CaO,s,298.15K) + \Delta_f H_m^{\ominus}(CO_2,g,298.15K)] -$$
$$[\Delta_f H_m^{\ominus}(CaCO_3,s,298.15K)]$$
$$= [(-634.9) + (-393.5) - (-1207.6)]kJ·mol^{-1}$$
$$= 179.2kJ·mol^{-1}$$

根据式(1.10)得

$$\Delta_r S_m^{\ominus}(298.15K) = [S_m^{\ominus}(CaO,s,298.15K) + S_m^{\ominus}(CO_2,g,298.15K)] -$$
$$[S_m^{\ominus}(CaCO_3,s,298.15K)]$$
$$= (38.1J·mol^{-1}·K^{-1} + 213.8J·mol^{-1}·K^{-1}) - 91.7J·mol^{-1}·K^{-1}$$
$$= 160.2J·mol^{-1}·K^{-1}$$

反应的 $\Delta_r H_m^{\ominus}$(298.15K) 为正值，表明此反应为吸热反应。从体系倾向于取得最低的能量这一因素来看，吸热不利于反应自发进行。但反应的 $\Delta_r S_m^{\ominus}$(298.15K) 为正值，表明反应过程中体系的熵值增大。从体系倾向于取得最大的混乱度这一因素来看，熵值增大，有利于反应自发进行。因此，该反应的自发性究竟如何？

要探讨反应的自发性，就需对体系的 ΔH 与 ΔS 所起的作用进行相应的定量比较。在任何化学反应中，由于有新物质生成，体系的焓值一般都会发生改变，而在一定条件下，反应或过程的焓变是可以与体系的熵变联系起来的。

1.4.3　吉布斯自由能

1.4.3.1　吉布斯自由能

1878 年，美国物理化学家吉布斯（Gibbs）综合了体系的焓变、熵变和温度三者的关系，定义了一个新的状态函数——自由能，或称吉布斯自由能，用符号 G 表示，它的定义为：

$$G = H - TS \tag{1.12}$$

吉布斯自由能 G 是由体系的状态函数 H 和 T、S 所组合的复合函数，由于状态函数具有加和性，故组合后的新函数也是一个状态函数。假设某一反应是在恒温恒压条件下进行的，状态由 (1) 变化到 (2)，则封闭体系恒温过程的吉布斯自由能变为：

$$\Delta G = G_2 - G_1 = (H_2 - TS_2) - (H_1 - TS_1) = H_2 - H_1 - T(S_2 - S_1) = \Delta H - T\Delta S \tag{1.13}$$

G 与 U 和 H 相同，其绝对值是无法确定的，但我们关心的是在一定条件下体系的 Gibbs 自由能变 ΔG 的数值。ΔG 的性质与 ΔH 相似，它与物质的量有关，正逆反应的 ΔG 数值相等符号相反。

1.4.3.2　标准摩尔生成吉布斯自由能

化学热力学规定，在标准状态下，由稳定单质生成 1mol 纯物质时的 Gibbs 自由能变称为该物质的标准摩尔生成吉布斯自由能，以符号 "$\Delta_f G_m^{\ominus}$"（有时简写成 $\Delta G_m^{\ominus}$ 表示），单位

是 $kJ \cdot mol^{-1}$。不难理解,任何稳定单质的标准摩尔生成吉布斯自由能均为零。书后附录 4 中列出了常见物质的 $\Delta_f G_m^{\ominus}$ 数值;通常情况下为 298.15K 的数值,如为其他温度,则应指明相应的温度。

1.4.3.3　化学反应的标准摩尔吉布斯自由能变的计算

对于一个化学反应,

$$d\text{D} + e\text{E} =\!=\!= g\text{G} + h\text{H}$$

在标准状态下,反应前后吉布斯自由能的变化值称为**反应的标准摩尔吉布斯自由能变** ($\Delta_r G_m^{\ominus}$)。化学反应的标准吉布斯自由能变($\Delta_r G_m^{\ominus}$)等于生成物的标准摩尔生成吉布斯自由能的总和减去反应物的标准摩尔生成吉布斯自由能的总和,即:

$$\Delta_r G_m^{\ominus} = [g \Delta_f G_m^{\ominus}(\text{G}) + h \Delta_f G_m^{\ominus}(\text{H})] - [d \Delta_f G_m^{\ominus}(\text{D}) + e \Delta_f G_m^{\ominus}(\text{E})]$$

或
$$\Delta_r G_m^{\ominus} = \sum_i \nu_i \Delta_f G_m^{\ominus}(\text{生成物}) - \sum_i \nu_i \Delta_f G_m^{\ominus}(\text{反应物}) \tag{1.14}$$

式(1.14)中,ν_i 为化学计量数。

例 1.8　已知反应 $H_2(g) + Cl_2(g) =\!=\!= 2HCl(g)$,计算该反应的标准摩尔吉布斯自由能变 $\Delta_r G_m^{\ominus}(298.15K)$。

解:
$$H_2(g) + Cl_2(g) =\!=\!= 2HCl(g)$$

$\Delta_f G_m^{\ominus}(298.15K)/kJ \cdot mol^{-1}$ 　　　0　　　　0　　　　−95.3

$$\Delta_r G_m^{\ominus}(298.15K) = 2\Delta_f G_m^{\ominus}(HCl, g) - \Delta_f G_m^{\ominus}(H_2, g) - \Delta_f G_m^{\ominus}(Cl_2, g)$$
$$= 2 \times (-95.3 kJ \cdot mol^{-1}) - 0 kJ \cdot mol^{-1} - 0 kJ \cdot mol^{-1} = -190.6 kJ \cdot mol^{-1}$$

1.4.4　化学反应方向的判断

1.4.4.1　化学反应方向的吉布斯自由能变判据

热力学研究指出,在封闭体系中,恒温、恒压只做体积功的条件下,化学反应的方向总是向着 Gibbs 自由能减少的方向进行,即:

$\Delta_r G_m < 0$　自发过程,反应能够正向自发进行。

$\Delta_r G_m > 0$　非自发过程,反应能够逆向自发进行。

$\Delta_r G_m = 0$　反应处于平衡状态。

这就是恒温恒压下,**自发变化方向的吉布斯自由能变判据**,称为**最小自由能原理**。

由式(1.13)可以看出,在恒温条件下,吉布斯自由能变包括焓变和熵变两种与反应方向有关的因子,体现了焓变和熵变两种效应的对立统一,可以准确地判断化学反应的方向。ΔH 和 ΔS 值的正负值以及温度 T 对 ΔG 的影响情况见表 1.1。

表 1.1　恒压下 ΔH、ΔS 和 T 对反应自发性的影响

类型	ΔH	ΔS	$\Delta G = \Delta H - T\Delta S$	反应的自发性	举　　例
(1)	−	+	−	任何温度下是自发变化	$H_2(g) + Cl_2(g) =\!=\!= 2HCl(g)$
(2)	+	−	+	任何温度下是非自发变化	$CO(g) =\!=\!= C(s) + \frac{1}{2}O_2(g)$
(3)	+	+	升高至某温度时,由+值变−值	升高温度,有利于反应能自发进行	$CaCO_3(s) =\!=\!= CaO(s) + CO_2(g)$
(4)	−	−	降低至某温度时,由+值变−值	降低温度,有利于反应能自发进行	$N_2(g) + 3H_2(g) =\!=\!= 2NH_3(g)$

由上述四种情况可知,放热反应不一定都能正向进行,吸热反应在一定条件下也可以自

发进行。（1）、（2）两种情况焓变、熵变的效应方向一致。而（3）、（4）两种情况的焓变、熵变效应方向相反。低温下，以焓变为主；高温下，以熵变为主，随温度变化，自发过程与非自发过程之间相互转化。

1.4.4.2　化学反应的标准摩尔吉布斯自由能变（$\Delta_r G_m^{\ominus}$）为判据

当反应物和生成物都处于标准状态时，可以利于标准摩尔吉布斯自由能变判断核心反应进行的方向。根据式（1.13），则有 $\Delta_r G_m^{\ominus}=\Delta_r H_m^{\ominus}-T\Delta_r S_m^{\ominus}$，因为 $\Delta_r H_m^{\ominus}$ 和 $\Delta_r S_m^{\ominus}$ 随温度的变化不大，我们可以近似认为其与温度无关，所以可以用 298.15K 时的 $\Delta_r H_m^{\ominus}$ 和 $\Delta_r S_m^{\ominus}$ 替代其他任意温度下的 $\Delta_r H_m^{\ominus}(T)$ 和 $\Delta_r S_m^{\ominus}(T)$，来计算在标准状态时任意温度下的 $\Delta_r G_m^{\ominus}(T)$。即：

$$\Delta_r G_m^{\ominus}(T)\approx\Delta_r H_m^{\ominus}(298.15K)-T\Delta_r S_m^{\ominus}(298.15K) \tag{1.15}$$

例 1.9　由例 1.7 的计算结果，试判断反应 $CaCO_3(s)\Longrightarrow CaO(s)+CO_2(g)$ 在 298.15K 和 1500K 温度下正反应是否能自发进行？

解：

$$\Delta_r G_m^{\ominus}(298.15K)=\Delta_r H_m^{\ominus}(298.15K)-T\Delta_r S_m^{\ominus}(298.15K)$$
$$=179.2kJ\cdot mol^{-1}-298.15K\times0.16kJ\cdot mol^{-1}\cdot K^{-1}=131.5kJ\cdot mol^{-1}$$

$\Delta_r G_m^{\ominus}(298.15K)>0$，因此该反应在 298.15K 时不能自发进行。

$$\Delta_r G_m^{\ominus}(1500K)\approx\Delta_r H_m^{\ominus}(298.15K)-T\Delta_r S_m^{\ominus}(298.15K)$$
$$=179.2kJ\cdot mol^{-1}-1500K\times0.16kJ\cdot mol^{-1}\cdot K^{-1}$$
$$=-60.8kJ\cdot mol^{-1}$$

因为 $\Delta_r G_m^{\ominus}(1500K)<0$，因此在 1500K 时，该反应可以自发进行。

1.5　化学平衡与平衡移动

化学平衡研究的是化学反应限度问题，是研究各类平衡（如酸-碱平衡、氧化-还原平衡和沉淀-溶解平衡等）的基础，目的在于探索各类平衡的共同特点和基本规律，并应用化学热力学基本原理讨论平衡建立的条件、平衡移动的方向以及平衡组成的计算等重要问题。

1.5.1　可逆反应与平衡常数

1.5.1.1　可逆反应

在一定条件下，反应既能由反应物变为生成物，也能由生成物变为反应物的反应称为**可逆反应**。原则上所有的反应都有可逆性。对于自发进行的化学反应，随着反应的进行，生成物的浓度（或分压）增加，反应物的浓度（或分压）减少，当反应到一定程度时，生成物浓度不再增加，反应物浓度也不再减少，即反应达到一种动态平衡状态。此平衡状态即为化学反应进行的最大限度。

1.5.1.2　平衡常数

（1）**经验平衡常数**　总结许多实验结果表明，对于任何一个可逆反应 $dD+eE\Longrightarrow gG+hH$，在一定温度下，达到平衡时，体系中各物质平衡浓度间有如下关系：

$$K_c=\frac{[c(G)]^g[c(H)]^h}{[c(D)]^d[c(E)]^e} \tag{1.16}$$

式中，K_c 称为化学反应的平衡常数，以浓度表示；$c(G)$、$c(H)$、$c(D)$、$c(E)$ 分别表示反应达到平衡时物质 G、H、D、E 的平衡浓度。

如果反应物与生成物是气体时，也可用各物质的平衡分压来表示平衡常数：

$$K_p = \frac{[p(\mathrm{G})]^g [p(\mathrm{H})]^h}{[p(\mathrm{D})]^d [p(\mathrm{E})]^e} \tag{1.17}$$

式中，K_p 为压力表示的平衡常数；$p(\mathrm{G})$、$p(\mathrm{H})$、$p(\mathrm{D})$、$p(\mathrm{E})$ 分别表示反应达到平衡时气态物质 G、H、D、E 的平衡分压。

由于 K_c、K_p 都是把测定值直接代入平衡常数表达式中计算所得，因此它们均属**实验平衡常数**（或经验平衡常数）。其数值和量纲随所用浓度、压力单位不同而不同，其量纲不为 1（仅当反应的 $\Delta n = 0$ 时量纲为 1），由于实验平衡常数使用非常不方便，因此国际上现已统一改用标准平衡常数。

（2）**标准平衡常数与平衡转化率**　对于任何一个可逆气相反应：$d\mathrm{D}(\mathrm{g}) + e\mathrm{E}(\mathrm{g}) \Longleftrightarrow g\mathrm{G}(\mathrm{g}) + h\mathrm{H}(\mathrm{g})$

$$K_p^{\ominus} = \frac{[p(\mathrm{G})/p^{\ominus}]^g [p(\mathrm{H})/p^{\ominus}]^h}{[p(\mathrm{D})/p^{\ominus}]^d [p(\mathrm{E})/p^{\ominus}]^e} \tag{1.18}$$

对于任何一个可逆液相反应：$d\mathrm{D}(\mathrm{aq}) + e\mathrm{E}(\mathrm{aq}) \Longleftrightarrow g\mathrm{G}(\mathrm{aq}) + h\mathrm{H}(\mathrm{aq})$

$$K^{\ominus} = \frac{[c(\mathrm{G})/c^{\ominus}]^g [c(\mathrm{H})/c^{\ominus}]^h}{[c(\mathrm{D})/c^{\ominus}]^d [c(\mathrm{E})/c^{\ominus}]^e} \tag{1.19}$$

式中，$K_p^{\ominus}$、$K_c^{\ominus}$ 称为反应的标准平衡常数。与实验平衡常数表达式相比，不同之处在于每种溶质的平衡浓度项均应除以标准浓度，每种气体物质的平衡分压均应除以标准压力。也就是对于气态物质用相对分压 $p/p^{\ominus}$ 表示，对于溶液用相对浓度 $c/c^{\ominus}$ 表示。

书写反应的标准平衡常数的表达式时，应注意以下几点。

① 在反应的标准平衡常数的表达式中，一定是生成物相对浓度（或相对分压）相应幂的乘积作分子；反应物相对浓度（或相对分压）相应幂的乘积作分母；其中的幂为该物质化学反应方程式中的计量数。

② 在反应的标准平衡常数的表达式中，气态物质以相对分压表示，溶液中的溶质以相对浓度表示，而纯固体、纯液体不出现在表达式中（视为常数）。

如：$\mathrm{Zn}(\mathrm{s}) + 2\mathrm{H}^+(\mathrm{aq}) \Longleftrightarrow \mathrm{Zn}^{2+}(\mathrm{aq}) + \mathrm{H}_2(\mathrm{g})$

$$K^{\ominus} = \frac{[c(\mathrm{Zn}^{2+}/c^{\ominus})][p(\mathrm{H}_2)/p^{\ominus}]}{[c(\mathrm{H}^+)/c^{\ominus}]^2}$$

③ 反应的标准平衡常数的表达式，必须与化学方程式相对应，同一化学反应，方程式的书写不同时，其反应的标准平衡常数的数值也不同。例如，

$$\mathrm{N}_2(\mathrm{g}) + 3\mathrm{H}_2(\mathrm{g}) \Longleftrightarrow 2\mathrm{NH}_3(\mathrm{g}) \qquad K_p^{\ominus} = \frac{[p(\mathrm{NH}_3)/p^{\ominus}]^2}{[p(\mathrm{H}_2)/p^{\ominus}]^3 [p(\mathrm{N}_2)/p^{\ominus}]}$$

$$\tfrac{1}{2}\mathrm{N}_2(\mathrm{g}) + \tfrac{3}{2}\mathrm{H}_2(\mathrm{g}) \Longleftrightarrow \mathrm{NH}_3(\mathrm{g}) \qquad K_p^{\ominus} = \frac{[p(\mathrm{NH}_3)/p^{\ominus}]}{[p(\mathrm{H}_2)/p^{\ominus}]^{3/2} [p(\mathrm{N}_2)/p^{\ominus}]^{1/2}}$$

按由式（1.18）和式（1.19）可得以下结论。

① 标准平衡常数没有量纲，即量纲为 1。

② 标准平衡常数 $K_p^{\ominus}$、$K_c^{\ominus}$，是衡量反应进行程度的特征常数，平衡常数值越大，说明反应进行的程度大，反应物的转化率越大；反之，平衡常数值越小，表示反应进行的程度小，反应物的转化率越小。

③ $K_p^{\ominus}$、$K_c^{\ominus}$ 只与温度有关，与浓度或气体的分压无关。在一定温度下，每个可逆反应均有其特定的标准平衡常数。由平衡常数随温度的变化可推断正反应是放热反应还是吸热反

应。若正反应是吸热反应，升高温度，平衡常数值增大。

平衡常数可以用来求算反应体系中有关物质的浓度和某一反应物的平衡转化率，以及从理论上求算欲达到一定转化率所需的合理原料配比等问题。某一反应物的平衡转化率是指化学反应达到平衡后，该反应物转化为生成物，从理论上能达到的最大转化率（以 α 表示）：

$$\alpha = \frac{\text{某反应物已转化的量}}{\text{反应开始时该反应物的总量}} \times 100\% \tag{1.20}$$

转化率越大，表示正反应进行的程度越大。转化率与平衡常数有所不同，转化率与反应体系的起始状态有关，而且必须明确是指反应物中的哪种物质的转化率。

例 1.10　实验测得 SO_2 氧化为 SO_3 的反应在 1000K 时，各物质的平衡分压为 $p_{SO_2} = 27.2kPa$，$p_{O_2} = 40.7kPa$，$p_{SO_3} = 32.9kPa$，计算 1000K 时反应 $2SO_2(g) + O_2(g) \rightleftharpoons 2SO_3(g)$ 的标准平衡常数 $K_p^{\ominus}$。

解：
$$2SO_2(g) + O_2(g) \rightleftharpoons 2SO_3(g)$$

根据标准平衡常数的定义式

$$K_p^{\ominus} = \frac{[p(SO_3)/p^{\ominus}]^2}{[p/(SO_2)/p^{\ominus}]^2[p(O_2)/p^{\ominus}]} = \frac{(32.9/100)^2}{(27.2/100)^2 \times (40.7/100)} = 3.59$$

1.5.2　标准平衡常数与标准摩尔 Gibbs（吉布斯）自由能变

1.5.2.1　化学反应等温方程式

实际上，许多化学反应并不是在标准状态下进行的，在恒温、恒压及非标准状态下，对任一反应：$dD + eE \rightleftharpoons gG + hH$，根据热力学推导，可以得到如下的关系式：

$$\Delta_r G_m = \Delta_r G_m^{\ominus} + RT\ln Q \tag{1.21}$$

此式称为**化学反应等温方程式**，式(1.21) 中，R 为气体常数，$R = 8.314J \cdot mol^{-1} \cdot K^{-1}$；$Q$ 称为**反应商**。

对于气相反应：
$$Q = \frac{[p(G)/p^{\ominus}]^g [p(H)/p^{\ominus}]^h}{[p(D)/p^{\ominus}]^d [p(E)/p^{\ominus}]^e} \tag{1.22}$$

对于水溶液中的反应：
$$Q = \frac{[c(G)/c^{\ominus}]^g [c(H)/c^{\ominus}]^h}{[c(D)/c^{\ominus}]^d [c(E)/c^{\ominus}]^e} \tag{1.23}$$

式中，$p(G)$、$p(H)$、$p(D)$、$p(E)$ 分别表示气态物质 G、H、D、E 处于任意条件时的分压；$p/p^{\ominus}$ 为相对分压；$p^{\ominus}$ 为标准压力（$p^{\ominus} = 100kPa$）。$c(G)$、$c(H)$、$c(D)$、$c(E)$ 分别表示物质 G、H、D、E 处于任意条件时的浓度；$c/c^{\ominus}$ 相对浓度；$c^{\ominus}$ 为标准浓度（$c^{\ominus} = 1.0mol \cdot dm^{-3}$）。

在生产和科学实验中，实际遇到的气体，大多数是由几种气体组成的气体混合物。在混合气体中，每一组分气体总是均匀地充满整个容器，对容器内壁产生压力，并且互不干扰，就如各自单独存在一样。在相同温度下，各组分气体占有与混合气体相同体积时，所产生的压力叫做该气体的分压。1801 年，英国科学家道尔顿从大量实验中总结出组分气体的分压与混合气体总压之间的关系，即混合气体的总压等于混合气体中各组分气体分压之和，这就是著名的**道尔顿分压定律**。

$$p = p_1 + p_2 + \cdots \quad \text{或} \quad p = \sum p(B)$$

各气体的分压 $p(B)$ 用总压 p 及各气体的摩尔分数 $x(B)$ 来表示，则有

$$p(B) = px(B)$$

用总压 p 表示分压 $p(B)$，并代入反应商表达式中，得

$$Q = \frac{[x(G)p/p^{\ominus}]^g [x(H)p/p^{\ominus}]^h}{[x(D)p/p^{\ominus}]^d [x(E)p/p^{\ominus}]^e}$$

书写化学反应等温方程式中反应商表达式时，应注意的问题与标准平衡常数应注意的问题相同，区别是平衡常数表达式中参与反应的物质的浓度或分压均为平衡时的浓度或分压；而反应商表达式中参与反应的物质的浓度或分压力均为任一时刻的浓度和分压力。

1.5.2.2　标准平衡常数与标准摩尔 Gibbs 自由能变

平衡常数也可以由化学反应等温方程式 $\Delta_r G_m = \Delta_r G_m^{\ominus} + RT\ln Q$ 导出。若体系处于平衡状态，则 $\Delta_r G_m = 0$，并且反应商 Q 项中的各气体物质的相对分压或各溶质的相对浓度均指平衡相对分压或平衡相对浓度，亦即 $Q = K^{\ominus}$。此时：

$$\Delta_r G_m^{\ominus} + RT\ln K^{\ominus} = 0$$

$$\Delta_r G_m^{\ominus} = -RT\ln K^{\ominus} = -2.303RT\lg K^{\ominus} \tag{1.24}$$

$$\lg K^{\ominus} = -\frac{\Delta_r G_m^{\ominus}}{2.303RT} \tag{1.25}$$

根据化学反应的等温方程式，可以推导出标准平衡常数与标准摩尔 Gibbs 自由能变的关系式(1.25)；显然，在温度恒定时，如果我们已知了一些热力学数据，就可以求得反应的标准摩尔 Gibbs 自由能变 $\Delta_r G_m^{\ominus}$，进而求出该化学反应的标准平衡常数 $K^{\ominus}$ 的数值。反之，我们知道了标准平衡常数 $K^{\ominus}$ 的数值，就可以求得该反应的标准摩尔 Gibbs 自由能变 $\Delta_r G_m^{\ominus}$ 的数值。

从关系式(1.25)中，可以知道，在一定的温度下，$\Delta_r G_m^{\ominus}$ 的代数值越小，则标准平衡常数 $K^{\ominus}$ 的值越大，反应正向进行的程度越大；反之亦然。

例 1.11　$C(s) + CO_2(g) \rightleftharpoons 2CO(g)$ 是高温加工处理钢铁零件时涉及脱碳氧化或渗碳的一个重要化学平衡式，试分别计算该反应在 298K、1173K 时的标准平衡常数 $K^{\ominus}$，并简单说明其意义。

已知 $\Delta_r H_m^{\ominus}(298K) = 172.5\text{kJ} \cdot \text{mol}^{-1}$，$\Delta_r S_m^{\ominus}(298K) = 0.1759\text{kJ} \cdot \text{mol}^{-1} \cdot \text{K}^{-1}$。

解：

$$\begin{aligned}
\Delta_r G_m^{\ominus}(298K) &= \Delta_r H_m^{\ominus}(298K) - T\Delta_r S_m^{\ominus}(298K) \\
&= 172.5\text{kJ} \cdot \text{mol}^{-1} - 298K \times 0.1759\text{kJ} \cdot \text{mol}^{-1} \cdot \text{K}^{-1} \\
&= 120.1\text{kJ} \cdot \text{mol}^{-1}
\end{aligned}$$

$$\begin{aligned}
\Delta_r G_m^{\ominus}(1173K) &\approx \Delta_r H_m^{\ominus}(298K) - T\Delta_r S_m^{\ominus}(298K) \\
&= 172.5\text{kJ} \cdot \text{mol}^{-1} - 1173K \times 0.1759\text{kJ} \cdot \text{mol}^{-1} \cdot \text{K}^{-1} \\
&= -33.8\text{kJ} \cdot \text{mol}^{-1}
\end{aligned}$$

$$\lg K^{\ominus}(298K) = -\frac{\Delta_r G_m^{\ominus}(298K)}{2.303RT} = -\frac{120.1 \times 1000}{2.303 \times 8.314 \times 298} = -21.05$$

则
$$K^{\ominus}(298K) = 8.91 \times 10^{-22}$$

$$\lg K^{\ominus}(1173K) = -\frac{\Delta_r G_m^{\ominus}(1173K)}{2.303RT} = -\frac{-33.8 \times 1000}{2.303 \times 8.314 \times 1173} = 1.505$$

$$K^{\ominus}(1173K) = 32$$

计算结果分析，温度从室温（298K）增至高温（1173K）时，$\Delta_r G_m^{\ominus}$ 急剧减小，反应从非自发转变为自发反应，$K^{\ominus}$ 值显著增大；从 $K^{\ominus}$ 值看，298K 时钢铁中碳被 CO_2 氧化的脱碳反应实际上没有进行，但 1173K 时，钢铁中碳被氧化脱碳程度会较大，但仍具有明显的

可逆性。钢铁脱碳会降低钢铁零件的强度等使其性能变差。欲使钢铁零件既不脱碳也不渗碳，应将钢铁处理的炉内气氛 CO 与 CO_2 组分比符合该温度时 $K^{\ominus}$ 值。

1.5.3　化学平衡的移动

化学平衡是一种动态平衡，平衡时正反应速率等于逆反应速率，体系内各组分的浓度不再随时间而变化。但这种平衡是暂时的、相对的和有条件的；如果反应条件发生变化时，正逆反应速率就不再相等，可逆反应的平衡状态将发生变化，直至反应体系在新的条件下建立新的动态平衡。但在新的平衡体系中，各反应物和生成物的浓度已不同于原来的平衡状态时的数值。这种由于条件变化，使可逆反应从一种反应条件下的平衡状态转变到另一种反应条件下的平衡状态，这种变化过程称为**化学平衡的移动**。这里所说的条件是指浓度、压力和温度。

由 $\Delta_r G_{m,T} = \Delta_r G_{m,T}^{\ominus} + RT\ln Q$ 和 $\Delta_r G_{m,T}^{\ominus} = -RT\ln K^{\ominus}$ 得：

$$\Delta_r G_{m,T} = -RT\ln K^{\ominus} + RT\ln Q = RT\ln(Q/K^{\ominus}) \qquad (1.26)$$

根据式（1.26）可知：

$Q < K^{\ominus}$，$\Delta_r G_{m,T} < 0$，平衡正向移动；

$Q > K^{\ominus}$，$\Delta_r G_{m,T} > 0$，平衡逆向移动；

$Q = K^{\ominus}$，$\Delta_r G_{m,T} = 0$，体系处于平衡状态。

下面分别讨论浓度、压力、温度对化学平衡的影响。

1.5.3.1　浓度对化学平衡的影响

其他条件不变时，若增加反应物的浓度（或分压）或降低产物的浓度（或分压），都会导致 Q 变小，使 $Q < K^{\ominus}$，$\Delta_r G_{m,T} < 0$，即平衡向右移动，直到 $Q = K^{\ominus}$，新的平衡重新建立；相反，降低反应物的浓度（或分压）或增加产物的浓度（或分压），Q 将变大，使 $Q > K^{\ominus}$，平衡向左移动。

例如，碳酸钙与酸式碳酸钙存在下列平衡：

$$CaCO_3(s) + CO_2(g) + H_2O(l) \rightleftharpoons Ca(HCO_3)_2(aq)$$

这是石灰石地区进行的一个重要反应。CO_2 在水中溶解量的大小，对上述平衡起着重要的作用。当 CO_2 在水中的溶解量大时，平衡右移，促使 $CaCO_3$ 溶解为 $Ca(HCO_3)_2$，这种富含 $Ca(HCO_3)_2$ 的溶液在地壳空隙及裂缝中流动渗透，当环境中 CO_2 在水中的溶解量减小时，又分解为 $CaCO_3$ 沉淀下来。这样由于 CO_2 在水中溶解量的改变，致使 $CaCO_3$ 在地壳中不断进行迁移，产生了许多地质现象，如地下溶洞、地表石笋、钟乳石等。

1.5.3.2　压力对化学平衡的影响

对于气体反应来说，增大压力，气体体积缩小，相当于增大了气体物质的浓度。但是，增大体系的压力时，所有气体物质的浓度都增大了。而增加浓度时往往只是增加某一物质的浓度。

现仍以氨的合成反应为例，说明压力对平衡反应的影响。

$N_2(g) + 3H_2(g) \rightleftharpoons 2NH_3(g)$ 从反应式可以知道，反应物的总分子数为 4，生成物的总分子数为 2。反应前后分子总数是有变化的。

在一定温度下，当上述反应达到平衡时，各组分的平衡分压分别为：$p(N_2)$、$p(H_2)$ 和 $p(NH_3)$。那么，

$$K_p^{\ominus} = \frac{[p(NH_3)/p^{\ominus}]^2}{[p(H_2)/p^{\ominus}]^3[p(N_2)/p^{\ominus}]}$$

如果平衡体系的总压力增加到原来的两倍，这时，各组分的分压也增加两倍，分别为 $2p(\mathrm{N}_2)$、$2p(\mathrm{H}_2)$ 和 $2p(\mathrm{NH}_3)$。于是，

$$Q_p = \frac{[2p(\mathrm{NH}_3)/p^\ominus]^2}{[2p(\mathrm{H}_2)/p^\ominus]^3[2p(\mathrm{N}_2)/p^\ominus]} = \frac{4[p(\mathrm{NH}_3)/p^\ominus]^2}{16[p(\mathrm{H}_2)/p^\ominus]^3[p(\mathrm{N}_2)/p^\ominus]} = \frac{1}{4}K_p^\ominus$$

所以 $$Q_p < K_p^\ominus, \Delta G < 0$$

此时，体系已经不再处于平衡状态，反应朝着生成氨（即气体分子数减少）的正反应方向进行。随着反应的进行，$p(\mathrm{NH}_3)$ 不断增高，$p(\mathrm{N}_2)$ 和 $p(\mathrm{H}_2)$ 下降，最后当 Q_p 的值重新等于 K_p，ΔG 又重新等于 0 时，体系在新的条件下达到新的平衡。

设有反应 $d\mathrm{D}(\mathrm{g}) + e\mathrm{E}(\mathrm{g}) \Longleftrightarrow g\mathrm{G}(\mathrm{g}) + h\mathrm{H}(\mathrm{g})$

若反应的终态压力增大至原来压力 n 倍，则有

$$Q = \frac{[np(\mathrm{G})/p^\ominus]^g[np(\mathrm{H})/p^\ominus]^h}{[np(\mathrm{D})/p^\ominus]^d[np(\mathrm{E})/p^\ominus]^e} = n^{\sum\nu_\mathrm{B}}K_p^\ominus \tag{1.27}$$

$$\sum\nu_\mathrm{B} = (g+h) - (d+e)$$

(1) 若 $\sum\nu_\mathrm{B} = 0$，$Q = K^\ominus$，即反应总压的变化对平衡不会产生任何影响。如 $\mathrm{H}_2(\mathrm{g}) + \mathrm{I}_2(\mathrm{g}) \Longleftrightarrow 2\,\mathrm{HI}(\mathrm{g})$。

(2) 若 $\sum\nu_\mathrm{B} > 0$，如果 $n > 1$，则 $Q > K^\ominus$，增加压力，平衡逆向移动；如果 $n < 1$，则 $Q < K^\ominus$，反应正向进行。如 $\mathrm{PCl}_5(\mathrm{g}) \Longleftrightarrow \mathrm{PCl}_3(\mathrm{g}) + \mathrm{Cl}_2(\mathrm{g})$。

(3) 若 $\sum\nu_\mathrm{B} < 0$，如果 $n > 1$，体系压力增大，则 $Q < K^\ominus$，即增加压力，平衡正向移动；如果 $n < 1$，体系总压减少，则 $Q > K^\ominus$，即减小压力，平衡逆向移动。如 $2\mathrm{CO}(\mathrm{g}) + \mathrm{O}_2(\mathrm{g}) \Longleftrightarrow 2\mathrm{CO}_2(\mathrm{g})$。

综上所述，压力对化学平衡的影响可归纳为：在恒温下增大总压力，平衡向气体分子数减少的方向移动；减小总压力，平衡向气体分子数增加的方向移动；若反应前后气体分子数不变，改变总压力平衡不发生移动。

例 1.12 已知反应 $\mathrm{N}_2\mathrm{O}_4(\mathrm{g}) \Longleftrightarrow 2\mathrm{NO}_2(\mathrm{g})$ 在 325K，总压力 p 为 100kPa 时，达到平衡 $\mathrm{N}_2\mathrm{O}_4$ 的转化率为 50.2%。试求：

(1) 反应的 $K^\ominus$；

(2) 相同温度下，若压力 p 变为 $5 \times 100\mathrm{kPa}$，求 $\mathrm{N}_2\mathrm{O}_4$ 的平衡转化率。

解： (1) 设反应刚开始时，$\mathrm{N}_2\mathrm{O}_4$ 的物质的量为 x，平衡时 $\mathrm{N}_2\mathrm{O}_4$ 的转化率为 α

$$\mathrm{N}_2\mathrm{O}_4(\mathrm{g}) \Longleftrightarrow 2\mathrm{NO}_2(\mathrm{g})$$

	$\mathrm{N}_2\mathrm{O}_4(\mathrm{g})$	$2\mathrm{NO}_2(\mathrm{g})$
起始时物质的量/mol	x	0
平衡时物质的量/mol	$x(1-\alpha)$	$2x\alpha$
平衡分压/kPa	$\dfrac{1-\alpha}{1+\alpha}p$	$\dfrac{2\alpha}{1+\alpha}p$

$$K^\ominus = \frac{[p(\mathrm{NO}_2)/p^\ominus]^2}{p(\mathrm{N}_2\mathrm{O}_4)/p^\ominus} = \frac{[2\alpha/(1+\alpha)(p/p^\ominus)]^2}{(1-\alpha)/(1+\alpha)(p/p^\ominus)} = \frac{4\alpha^2}{1-\alpha^2} \times \frac{p}{p^\ominus}$$

因此，将已知条件代入上式，得

$$K^\ominus = \frac{4 \times 0.502^2}{1 - 0.502^2} \times \frac{100\mathrm{kPa}}{100\mathrm{kPa}} = 1.35$$

(2) $K^\ominus$ 仅为温度的函数，其数值不随压力而变化，将 $p = 5 \times 100\mathrm{kPa}$ 代入其表达式中

$$K^\ominus = \frac{4\alpha^2}{1-\alpha^2} \times \frac{5 \times 100\mathrm{kPa}}{100\mathrm{kPa}} = 1.35$$

解得：$\alpha = 0.25 = 25.0\%$

结果表明：增加平衡时体系的总压力，平衡向 N_2O_4 方向即气体分子数减少的方向移动。

一般情况下，当压力变化不大时，改变压力对液体或固体的体积影响很小，因此在有气体物质参与的复相反应中，可以只考虑气体分子数的变化。若反应体系中只有液体或固体物质参与，压力不大时，可近似认为压力不影响此类化学反应的平衡。

1.5.3.3　温度对化学平衡的影响

浓度、压力对化学平衡的影响是通过改变体系的组成，使 Q 改变，而 $K^{\ominus}$ 并不改变，因为标准平衡常数只是温度的函数，其值大小与浓度、压力无关，所以改变平衡体系的浓度、压力时，不会改变平衡常数，只会使平衡的组成发生变化。但是温度的变化将直接导致 K 值的变化，从而使化学平衡发生移动，引起平衡组分和反应物的平衡转化率的改变。

由于 $\Delta_r G_m^{\ominus} = \Delta_r H_m^{\ominus} - T\Delta_r S_m^{\ominus}$，$\Delta_r G_m^{\ominus} = -RT\ln K^{\ominus}$，则

$$-RT\ln K^{\ominus} = \Delta_r H_m^{\ominus} - T\Delta_r S_m^{\ominus}$$

$$\ln K^{\ominus} = -\frac{\Delta_r H_m^{\ominus}}{RT} + \frac{\Delta_r S_m^{\ominus}}{R} \tag{1.28}$$

假定可逆反应在温度 T_1 和 T_2 时，标准平衡常数分别为 $K_1^{\ominus}$ 和 $K_2^{\ominus}$，在温度变化范围较小时，标准摩尔反应焓变 $\Delta_r H_m^{\ominus}$ 和标准摩尔反应熵变 $\Delta_r S_m^{\ominus}$ 的值随温度变化不明显，近似为常数，则可以得到：

$$\ln K_1^{\ominus} = -\frac{\Delta_r H_m^{\ominus}}{RT_1} + \frac{\Delta_r S_m^{\ominus}}{R}$$

$$\ln K_2^{\ominus} = -\frac{\Delta_r H_m^{\ominus}}{RT_2} + \frac{\Delta_r S_m^{\ominus}}{R}$$

两式相减可得：

$$\ln \frac{K_2^{\ominus}}{K_1^{\ominus}} = -\frac{\Delta_r H_m^{\ominus}}{R}\left(\frac{1}{T_2} - \frac{1}{T_1}\right) \tag{1.29}$$

上式表示在实验温度范围内，若视 $\Delta_r H_m^{\ominus}$ 为常数时，标准平衡常数与温度 T 的关系式。式(1.29)也可以写成：

$$\ln \frac{K_2^{\ominus}}{K_1^{\ominus}} = \frac{\Delta_r H_m^{\ominus}}{R} \times \frac{T_2 - T_1}{T_2 T_1} \tag{1.30}$$

显然，温度变化使 K 值增大还是减小，与标准摩尔反应焓变值的正、负有关。若是放热反应即 $\Delta_r H_m^{\ominus} < 0$，提高反应温度 T，则 $\ln \frac{K_2^{\ominus}}{K_1^{\ominus}} < 0$，$K^{\ominus}$ 值随反应温度升高而减小，平衡向逆反应方向移动；若是吸热反应，即 $\Delta_r H_m^{\ominus} > 0$，提高反应温度 T，则 $\ln \frac{K_2^{\ominus}}{K_1^{\ominus}} > 0$，$K^{\ominus}$ 值随反应温度升高而增大，平衡向正反应方向移动。即升高温度，平衡将向吸热反应方向移动；降低温度，平衡将向放热反应方向移动。

例 1.13　对于合成氨反应　$\frac{1}{2}N_2(g) + \frac{3}{2}H_2(g) \rightleftharpoons NH_3(g)$，在 298K 时平衡常数为 $K_{298K}^{\ominus} = 749.5$，反应的热效应 $\Delta_r H_m^{\ominus} = -53.0 kJ \cdot mol^{-1}$，计算该反应在 773K 时 $K_{773K}^{\ominus}$，并判断升温是否有利于反应正向进行。

解：

$$\lg\frac{K_{773}^{\ominus}}{K_{298}^{\ominus}}=\frac{\Delta_r H_m^{\ominus}}{2.303R}\left(\frac{1}{298}-\frac{1}{773}\right)=\frac{-53000}{2.303\times8.314}\times\left(\frac{1}{298}-\frac{1}{773}\right)=-5.708$$

$$\frac{K_{773}^{\ominus}}{K_{298}^{\ominus}}=1.96\times10^{-6}$$

$$K_{773K}^{\ominus}=1.96\times10^{-6}\times749.5=1.47\times10^{-3}$$

温度升高到 773K 时，平衡常数减少，故升温不利于反应的正向进行。

吕·查德里（Le Chatelier）在 1887 年总结出一条规律，即吕-查德里原理：如果改变平衡的条件之一，如温度、压力和浓度，平衡必向着能减少这种改变的方向移动。应用此原理可以判断化学平衡移动的方向。体系处于化学平衡时，如果增加反应物的浓度，反应就向正反应方向移动；如果增加体系的总压力，体系就向气体分子数减少的方向移动；如果升高体系的温度，体系就向吸热反应方向移动。

这条规律适用于所有达到动态平衡的体系，而不适用于尚未达到平衡的体系。

1.6　化学反应速率

对于一个可逆的化学反应，只要反应时间足够长，它总能达到平衡状态。但是一个化学反应究竟需要多长的时间才能达到平衡状态，也是令人十分关心的问题，这就涉及反应速率的问题。化学热力学和化学动力学是化学反应研究中十分重要的两个方面，许多实际问题需要从两方面综合考虑。例如，汽车尾气中含有 CO 和 NO 两种有毒气体，若使它们通过下述反应转化成 CO_2 和 N_2，将在一定程度上改善汽车尾气对环境的污染：

$$CO(g)+NO(g)\Longrightarrow CO_2(g)+\frac{1}{2}N_2(g)\qquad \Delta_r G_m^{\ominus}(298K)=-344.8kJ\cdot mol^{-1}$$

$$K^{\ominus}(298K)=2.75\times10^{60}$$

从热力学角度看，该反应正向自发进行的趋势很大，具有热力学实现的可能性，但从动力学上看，其反应速率却很慢，没有实现的现实性。如果要利用这个反应来治理汽车尾气的污染，必须从动力学方面找到提高反应速率的方法，从而将可能变为现实。

化学反应速率是指在一定条件下反应物转化为生成物的速率。化学反应的速率千差万别，例如炸药的爆炸能瞬时完成，石油的形成则需要几十万年的时间，即使是同一反应，条件不同，反应速率也不相同。例如钢铁在室温时锈蚀较慢，高温时则锈蚀得很快，因此，人们必须通过动力学的研究来实现对反应速率的有效控制。本节将集中讨论化学反应速率。首先需要明确化学反应速率的概念，确定其表示方法。

1.6.1　反应速率的定义

1.6.1.1　平均速率

对于任一反应：

$$d\mathrm{D}+e\mathrm{E}\Longrightarrow g\mathrm{G}+h\mathrm{H}$$

在体系体积恒定时，化学反应速率（简称反应速率）v 定义为单位时间内反应物或生成物浓度的变化量。浓度单位采用 $mol\cdot dm^{-3}$。时间单位为 s（秒）、min（分）、h（小时）或 a（年）等。

$$v = \frac{\Delta c}{\Delta t} \tag{1.31}$$

式中，Δc 为反应物浓度的减少或生成物浓度增加，$\Delta c = c_{终} - c_{始}$。显然；同一反应用单位时间内不同物质的浓度变化来表示其相应的反应速率其数值是不同的，这样很容易混淆，现行国际单位制建议将单位时间内的浓度变化值除以反应方程式中的计量系数，那么反应就只有一个反应速率值。其数值与反应中物质的选择无关。平均速率定义为：

$$v = -\frac{1}{d} \times \frac{\Delta c_D}{\Delta t} = -\frac{1}{e} \times \frac{\Delta c_E}{\Delta t} = \frac{1}{g} \times \frac{\Delta c_G}{\Delta t} = \frac{1}{h} \times \frac{\Delta c_H}{\Delta t} \tag{1.32}$$

例 1.14　氢气和氮气在密闭容器中合成氨，在指定条件下，其反应方程式为：
$$N_2(g) + 3H_2(g) \Longrightarrow 2NH_3(g)$$

起始浓度/mol·dm^{-3}　　　　1.0　　　3.0　　　0

2s 末浓度/mol·dm^{-3}　　　0.8　　　2.4　　　0.4

在反应进行至 2s 末的时候，N_2、H_2、NH_3 浓度的变化量：$\Delta c = c_2 - c_1$，分别为

$\Delta c_{N_2} = 0.8 - 1.0 = -0.2 \text{mol·dm}^{-3}$

$\Delta c_{H_2} = 2.4 - 3.0 = -0.6 \text{mol·dm}^{-3}$

$\Delta c_{NH_3} = 0.4 - 0 = 0.4 \text{mol·dm}^{-3}$

$$v = -\frac{1}{1} \times \frac{\Delta c_{N_2}}{\Delta t} = -\frac{1}{3} \times \frac{\Delta c_{H_2}}{\Delta t} = \frac{1}{2} \times \frac{\Delta c_{NH_3}}{\Delta t} = 0.1 \text{ mol·dm}^{-3}\cdot s^{-1}$$

此速率为 0 至 2s 的时间间隔内反应的平均速率。

1.6.1.2　瞬时速率

实际上，随着反应的进行，反应物的浓度将逐渐减小，生成物的浓度逐渐增大，反应速率必然随反应时间的增加瞬间都在变化。为更确切地表示反应的真实速率，应采用某一给定瞬间的**瞬时速率**。所谓瞬时速率是指某一时刻的化学反应速率，也就是时间间隔趋于无限小的速率。无限小的时间在数学上用 dt 表示，浓度的变化为 dc，则瞬时速率的数学表达式为：

$$v = -\frac{1}{d} \times \frac{dc_D}{dt} = -\frac{1}{e} \times \frac{dc_E}{dt} = \frac{1}{g} \times \frac{dc_G}{dt} = \frac{1}{h} \times \frac{dc_H}{dt} \tag{1.33}$$

瞬时速率可通过作图法求得。首先测出不同反应时刻的反应物（或生成物）的浓度，绘制物质浓度随时间的变化曲线，即动力学曲线。在曲线的某一时刻点作切线，切线斜率的绝对值即是某时刻的瞬时速率。

测定不同时刻各物质浓度的方法包括化学方法和物理方法。化学方法是指在不同时刻取出一定量反应物，设法用骤冷、冲稀、加阻化剂、除去催化剂等方法使反应立即停止，然后进行化学分析。物理方法是指利用各种方法测定与浓度有关的物理性质（旋光、折射率、电导率、电动势、介电常数、黏度等），或采用现代技术（IR，UV-VIS，ESR，NMR 等）监测与浓度有定量关系的物理量的变化，来监测浓度的变化。

1.6.2　基元反应和非基元反应

化学反应的速率与反应历程（或反应机理）有关，有些化学反应的反应历程简单，反应物分子之间相互碰撞，一步就发生反应而转化为生成物；但多数化学反应的反应历程较为复杂，反应物分子要经过几步，才能转化为生成物。这种由反应物分子（或离子、原子以及自由基等）相互碰撞，一步就能反应得到生成物的反应叫**基元反应**；而化学反应的历程复杂，

反应物分子要经过几步，才能转化为生成物的反应叫**非基元反应**。基元反应为组成一切化学反应的基本单元。

例如反应：$CO + NO_2 \Longrightarrow CO_2 + NO$

实验证实其为基元反应，即反应物 CO 分子和 NO_2 分子相互碰撞一步就能生成 CO_2 分子和 NO 分子。

而由氢气和氯气合成氯化氢的反应则不是基元反应。

$$H_2(g) + Cl_2(g) \Longrightarrow 2HCl(g)$$

此化学反应计量方程式只表示反应的始态、终态以及反应物和产物间的计量关系，即反应的总结果。并不表示由一个 H_2 分子和一个 Cl_2 分子直接碰撞就能生成两个 HCl 分子。实际上该反应在光照条件下是由下列四步反应完成的：

（1）$Cl_2(g) + M \Longrightarrow 2Cl(g) + M$

（2）$Cl(g) + H_2(g) \Longrightarrow HCl(g) + H(g)$

（3）$H(g) + Cl_2(g) \Longrightarrow HCl(g) + Cl(g)$

（4）$Cl(g) + Cl(g) + M \Longrightarrow Cl_2(g) + M$

式中，M 是惰性物质，可以是器壁或其他不起化学反应的第三种物体，M 只起传递能量的作用（吸收或提供能量）。上述四步反应（1、2、3 和 4）的每一步反应都是由反应物分子直接相互作用一步生成产物，即基元反应，总反应是由这四个基元反应构成的。确定了各个基元反应步骤就明确了具体的反应机理。反应机理是以实验为基础的理论研究，反应机理的研究有助于深入理解化学反应过程的实质和掌握反应速率的特征，是化学动力学中重要的研究内容之一。

1.6.3　质量作用定律

经过大量的实验研究，人们总结出基元反应的反应速率和反应物浓度之间的定量关系。对于基元反应：

$$dD + eE \Longrightarrow gG + hH$$

其速率方程为

$$v = -\frac{1}{d} \times \frac{dc_D}{dt} = -\frac{1}{e} \times \frac{dc_E}{dt} = \frac{1}{g} \times \frac{dc_G}{dt} = \frac{1}{h} \times \frac{dc_H}{dt} = k c_D^d c_E^e \tag{1.34}$$

基元反应的反应速率与反应物浓度（含有相应的指数）的乘积成正比，这就是**质量作用定律**。浓度的指数就是基元反应方程中各反应物的计量系数。质量作用定律只适用于基元反应。对于非基元反应，只有分解为若干个基元反应时，才能逐个应用质量作用定律。

式(1.34)中的 k 称为反应的速率常数，又称为速率常数。其物理意义为在给定温度下单位浓度时的反应速率。对于某一给定反应在同一温度、催化剂等条件下，其数值与反应物的浓度无关。在催化剂等条件一定时，k 的数值仅是温度的函数，直接反映了反应速率的快慢，是确定反应历程、设计合理反应器的重要依据。

非基元反应的速率方程比较复杂，浓度的方次和反应物的计量系数不一定相符。例如过二硫酸铵 $[(NH_4)_2S_2O_8]$ 和碘化钾（KI）在水溶液中发生的氧化还原反应为：

$$S_2O_8^{2-} + 3I^- \Longrightarrow 2SO_4^{2-} + I_3^-$$

根据实验结果可知其速率方程为 $v = -\dfrac{dc(S_2O_8^{2-})}{dt} = k c(S_2O_8^{2-}) c(I^-)$

而不是

$$v = -\frac{dc(S_2O_8^{2-})}{dt} = kc(S_2O_8^{2-})c^3(I^-)$$

对于反应：

$$2H_2(g) + 2NO(g) = 2H_2O(g) + N_2(g)$$

通过实验测定其速率方程式为 $v = kc_{H_2}c_{NO}^2$，而不是 $v = kc_{H_2}^2c_{NO}^2$。

化学平衡常数表达式中平衡浓度的方次和化学方程式里的计量系数总是一致的，按照化学方程式可写出平衡常数式，因为化学平衡只取决于反应的始态和终态而与反应的路径无关。但化学反应速率与路径密切相关，速率表达式中浓度的方次要通过实验来确定，不能直接按照化学方程式的计量系数写出。这一定量关系，不仅适用于气体反应，也适用于溶液中的反应。稀溶液中溶剂、固体和液体物质由于浓度不变，在定量关系式中通常不予列出。

1.6.4　反应级数

对于任一反应：$dD + eE = gG + hH$，其速率方程为：

$$v = kc_D^x c_E^y \tag{1.35}$$

速率方程中各反应物浓度项指数之和称为反应的**总级数** $n(n = x + y)$，式中，x 和 y 分别为反应物 D 和反应物 E 的**分级数**，即对反应物 D 来说是 x 级反应，对反应物 E 来说是 y 级反应。若实验测得 $x = 1$，$y = 2$，则对反应物 D 来说是一级的；对反应物 E 来说是二级的，反应的总级数等于 $n = x + y = 1 + 2 = 3$，此反应为三级反应。若 $x + y = 2$，则反应为二级反应。反应级数可以是整数、负数、分数或零。反应级数不同，速率常数 k 的量纲也不同。式(1.35)中 x 和 y 的数值由实验确定。对于基元反应，$x = d$，$y = e$；对于非基元反应，总速率方程的反应级数与方程式中的计量系数无关，只有通过实验测定速率常数和反应级数，才能正确写出速率方程式来表达反应速率与浓度的关系。化工生产过程中涉及的许多问题，如"一定时间后反应物剩余多少？"；"一定量的反应物发生反应需要多长时间？"或"反应物浓度降低到某一程度需要多少时间？"等均可通过速率方程的计算来解决。

1.6.5　影响化学反应速率的因素

化学反应速率主要取决于反应物的本性，此外，外部因素（如浓度、温度、催化剂、光、电以及磁等）对反应速率也有较大的影响。

1.6.5.1　浓度对反应速率的影响

化学反应速率随着反应物浓度的变化而改变，对于任何一个基元反应，反应速率与反应物浓度的关系符合质量作用定律；对于非基元反应，反应速率与反应物浓度之间的关系不能简单从化学反应计量方程式中获得，它们之间的定量关系与反应机理有关，主要是通过速率方程表示出来，而速率方程的具体形式只能通过实验来确定。

在一定温度下，反应物浓度的增加可使反应速率增大，其原因在于反应物浓度增大后，单位体积内活化分子数目增加，从而增加了有效碰撞频率，因而反应速率增大。

1.6.5.2　温度对反应速率的影响

温度是影响反应速率的重要因素。温度对反应速率的影响随反应不同差异很大，对于大多数反应而言，温度越高反应进行得越快，温度越低反应进行得越慢。例如，氢和氧化合生成水的反应，在室温下氢气和氧气之间作用极慢，以致几年都观察不出有反应发生。如果温度升高到 600℃，它们就立即相互反应，甚至发生爆炸。温度对反应速率的影响，主要表现在对速率常数的影响上，由反应速率方程（1.34）可知，反应速率取决于速率常数和反应物的浓度。当反应物浓度一定时，改变温度，反应速率也随之改变，即速率常数（k）是随温度的改变而改变的。

范特霍夫（Van't Hoff）根据实验事实总结出一条近似规则，即温度每升高 10K，反应速率约增加 2～4 倍，即 $\dfrac{k_{T+10K}}{k_T} \approx 2\sim4$。

瑞典物理化学家阿仑尼乌斯（Arrhenius）根据实验结果，并参考范特霍夫方程，于 1889 年提出了较为精确的速率常数与温度的定量关系式，即**阿仑尼乌斯方程**：

$$k = Ae^{-\frac{E_a}{RT}} \tag{1.36a}$$

若以对数关系表示，则为

$$\ln k = -\frac{E_a}{RT} + \ln A \tag{1.36b}$$

或

$$\ln \frac{k_2}{k_1} = -\frac{E_a}{R}\left(\frac{1}{T_2}-\frac{1}{T_1}\right) = \frac{E_a}{R}\times\frac{T_2-T_1}{T_1 T_2} \tag{1.36c}$$

式中，A 是指（数）前因子，与速率常数具有相同的量纲；E_a 是反应的活化能，kJ·mol^{-1}，对指定反应，指前因子和活化能都是反应的特性常数，基本与温度无关，均可由实验求得；R 为摩尔气体常数，8.314J·mol^{-1}·K^{-1}。若已知两个温度 T_1 和 T_2，以及对应的速率常数 k_1 和 k_2，利用式（1.36c），可求出反应的活化能。或已知活化能及某温度 T_1 时的速率常数 k_1，可求出另一温度 T_2 时的速率常数 k_2。

例 1.15 已知某有机酸在水溶液中发生分解反应，10℃时，$k_{283}=1.08\times10^{-4}s^{-1}$；60℃时，$k_{333}=5.48\times10^{-2}s^{-1}$，试计算 30℃时的速率常数。

解：根据阿仑尼乌斯方程

$$\ln \frac{k_2}{k_1} = -\frac{E_a}{R}\left(\frac{1}{T_2}-\frac{1}{T_1}\right)$$

已知 $T_1=283K$、$T_2=333K$、$k_1=1.08\times10^{-4}s^{-1}$、$k_2=5.48\times10^{-2}s^{-1}$
求出反应的活化能

$$E_a = R\left(\frac{T_1 T_2}{T_2-T_1}\right)\ln\frac{k_2}{k_1} = 8.314\times\left(\frac{283\times333}{333-283}\right)\ln\left(\frac{5.48\times10^{-2}}{1.08\times10^{-4}}\right) = 9.76\times10^4 J\cdot mol^{-1}$$

已知活化能 $E_a=9.76\times10^4 J\cdot mol^{-1}$、$T_1=283J$，$k_1=1.08\times10^{-4}s^{-1}$，可求出 30℃时的速率常数 k_{303}。

$$\ln\frac{1.08\times10^{-4}}{k_{303}} = -\frac{9.76\times10^4}{8.314}\times\left(\frac{1}{283}-\frac{1}{303}\right)$$

$$k_{303} = 1.67\times10^{-3}s^{-1}$$

从阿仑尼乌斯方程可知，速率常数不仅与温度有关，而且还与活化能有密切关系。在一定温度下，反应的活化能越大，速率常数就越小，反应速率也就越小。反之，活化能越小，速率常数和反应速率越大。那么为什么活化能对反应速率有如此大的影响？反应活化能的意义如何？为了更好地回答上述问题，有必要了解反应速率理论。

碰撞理论（Collision theory）创立于 20 世纪初，碰撞理论认为：化学反应发生的必要条件是反应物分子之间必须相互碰撞，如果反应物分子相互不碰撞，就不会有任何反应发生。化学反应的反应速率与单位体积、单位时间内分子碰撞的次数 Z（即碰撞频率）成正比。碰撞次数是一个相当大的数值，如果假设每次碰撞都能发生反应，那么根据碰撞频率可以计算出反应速率，但实际测定的反应速率与理论计算值相比却相差很多，这种差别可以从能量因素和方位因素两方面加以考虑。首先，在反应物分子的成千上万次碰撞中，大多数碰撞并不能引起化学反应，只有很少数的碰撞对于反应才是有效的，这种能够发生反应的碰撞称为**有效碰撞**。能发生有效碰撞的分子与普通分子的差别在于它们具有较高的能量。只有很少一部分具有较高能量的分子相互碰撞时才能克服分子间的斥力而充分接近，并借助能量的传递，使反应物分子原有的化学键断裂，进而形成产物的新化学键，即发生化学反应。

根据气体分子运动论，温度一定时，体系内分子具有一定的平均能量，但各分子所具有的能量是不同的。图 1.6 为气体分子能量分布示意图。

在一定温度下，体系中反应物分子具有一定的平均能量（$\overline{E}$），大部分分子的能量接近 $\overline{E}$ 值，能量大于 $\overline{E}$ 或小于 $\overline{E}$ 值的分子只占极少数或少数。分子发生有效碰撞所必须具备的最低能量若以 E_c 表示，则具有等于或超过 E_c 的分子称为活化分子，能量低于 E_c 的分子称为非活化分子或普通分子。非活分分子要吸收足够的能量才能转变为活化分子。活化分子具有的平均能量（$\overline{E}^*$）与反应物分子的平均能量（$\overline{E}$）之差（$\overline{E}^* - \overline{E}$）称为反应的活化能（$E_a$）。

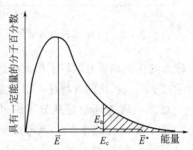

图 1.6　气体分子能量分布示意图

此外，碰撞理论认为，分子通过碰撞发生化学反应不仅需要反应物分子具有足够高的能量，而且要求分子在碰撞时有适合的空间取向。例如：

$$NO_2(g) + CO(g) \Longrightarrow NO(g) + CO_2(g)$$

只有当反应物中的活化分子 NO_2、CO 碰撞时，按 N—O⋯C—O 直线方向上相碰时才能发生反应。如果 NO_2 中的氮原子与 CO 中的碳原子相碰，则不会发生反应。对于复杂分子而言，方位因素的影响更大。因此反应物分子要发生有效碰撞必须具备两个条件：具有足够的能量和适宜的碰撞方向。

在气体分子运动论基础上建立的碰撞理论为我们描述了一幅虽然粗糙但十分明确的反应图像，在反应速率理论的发展中起到了很大的作用。成功地解释了反应物浓度和反应温度对反应速率的影响，但由于其提出的模型过于简单，因此对于分子结构复杂的化学反应不能给出合理的解释。

随着人们对原子和分子内部结构认识的深入，1935 年艾林（Eyring）和波兰尼（Polanyi）等人在统计力学和量子力学的基础上提出了基元反应的动力学理论——**过渡态理论**（Transition state theory），又称为**活化配合物理论**（Activated-complex theory）和**绝对反应速率理论**（Absolute rate theory）。

过渡态理论认为：反应物并不是只通过简单碰撞就能发生化学反应，当具有足够能量的反应物分子以一定的方向相互靠近到一定程度时，会形成一个中间过渡态构型，称为活化配合物。这种活化配合物通常是一种寿命极短的高能态"过渡区"物种，它既能与反应物之间建立热力学平衡，又能进一步解离变为产物。例如，对于一般反应：

$$A + BC \longrightarrow AB + C$$

反应过程为：

$$\underset{\text{反应物}}{A+B-C} \Longrightarrow \underset{\text{活化配合物(过渡态)}}{A\cdots B\cdots C} \longrightarrow \underset{\text{生成物}}{AB+C}$$

图 1.7 给出了反应过程的势能图，图 1.7 中正反应的活化能为 E_{a_1}，逆反应的活化能为 E_{a_2}。正反应和逆反应的活化能的差值为化学反应的热效应 $\Delta_r H_m$，即 $\Delta_r H_m = E_{a_1} - E_{a_2}$，若 $E_{a_1} < E_{a_2}$，则 $\Delta_r H_m < 0$，为放热反应，若 $E_{a_1} > E_{a_2}$，则 $\Delta_r H_m > 0$，为吸热反应。图中正反应的活化能小于逆反应的活化能，所以正反应是放热反应，而逆反应是吸热反应。活化

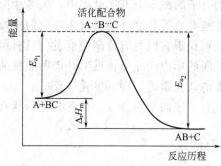

图 1.7　反应过程的势能图

能可被解释为活化配合物分子与反应物分子平均能量的差值，反应物分子必须克服具有（或吸收）较平均能量高出 E_a 的能量才能达到活化分子状态，进而越过能垒变成产物分子。能垒越高，化学反应的阻力越大，反应越难进行。

无论反应正向进行还是逆向进行，都要经过同一过渡态，过渡态理论充分考虑了分子的内部结构及运动状况，从化学键重组的角度揭示了活化能的本质。然而过渡态的寿命极短（一般为 10^{-12} s 左右），因此难以监测过渡态。随着分子束以及激光等新技术的应用，过渡态的探测和研究取得了很大的进步，目前许多反应的活化配合物的结构难以确定，加之量子力学对多质点系统的计算还不很成熟，使过渡态理论的实际应用受到了一定的限制。

总之，碰撞理论是从分子的外部运动，考虑到有效碰撞频率等因素，从大量分子的统计行为来了解反应速率，它不考虑分子的内部结构。而过渡态理论则是从分子水平上来研究反应（基元反应）动力学。化学反应有快有慢这一宏观现象，与发生反应的物质的结构有关，因而可借助于某些微观物理量，通过复杂的理论计算和计算机模拟，便可获得反应过程中分子间相互作用的位能变化，从而进一步了解反应所经历的途径以及反应速率的有关知识。

从活化分子和活化能的观点来看，增加单位体积内活化分子的总数可以加快反应速率。从而可以说明反应物的本性、温度和催化剂等因素对反应速率的影响。不同的化学反应，其活化能不同，化学反应速率也就不同。活化能的大小是由反应物的本性所决定的，因此活化能是决定化学反应速率的内因。活化能由实验测得，化学反应的活化能大多数在 $60 \sim 250$ kJ·mol^{-1} 之间。活化能小于 40 kJ·mol^{-1} 的化学反应，其反应速率非常快，瞬间就完成。活化能大于 400 kJ·mol^{-1} 的化学反应，其反应速率慢至几年都观察不到反应的进行。温度升高，对大多数反应来讲，反应速率随之加快。这是由于当温度升高时，分子运动速度加快，使分子间的碰撞次数增多，因此反应速率加快。同时，温度升高不仅增加了分子间的碰撞次数，而更重要的是随着温度的升高，使更多的分子因吸收能量而成为活化分子，增加了活化分子的百分数，从而增大了单位体积内活化分子总数，因而使单位时间内有效碰撞次数显著增加，反应速率大大加快。

化学是研究物质转化的科学，从本质上是原子和分子的重新排列组合，即化学键的断裂和重组过程。反应过程是非常复杂的，要真正了解反应的历程，就要从分子水平上去研究基元反应，要研究"真正的分子水平上的一次碰撞行为"，或称之为"态-态"反应。从分子水平上研究反应动力学称为微观反应动力学，又称为反应动态学，是近代理论化学的研究热点之一。分子是一个群体，其速率和能量都有一个分布，要从其中筛选出具有某一能态的分子束来进行反应，在实验上是相当困难的。美籍华裔物理化学家李远哲教授在气态化学动力学、分子束及辐射化学方面贡献卓著，对人类深入理解化学反应的微观机理，进而能更好地控制化学反应和选择反应途径，使化学更好地为人类服务，起到了极为重要的作用。由于他对化学的卓越贡献，获得了 1986 年的诺贝尔化学奖。

1.6.5.3　催化剂对反应速率的影响

没有一类物质能像催化剂那样广泛渗透在现代化学之中。化学制品和药物的工业生产需要用催化剂来促进化学反应的进行。催化剂是能够改变反应速率，而其本身的组成、质量和化学性质都保持不变的物质。通常将能加快反应速率的催化剂称为正催化剂，简称催化剂。

而把减慢反应速率的催化剂称为负催化剂，也叫阻化剂或抑制剂。催化剂在化学反应中的作用称为催化作用。

图 1.8 为无催化剂和有催化剂下的反应过程势能图。

图 1.8 中 E_{a_1} 和 E_{a_2} 分别是没有催化剂下正反应和逆反应的活化能，E'_{a_1} 和 E'_{a_2} 分别是有催化剂下正反应和逆反应的活化能，从图 1.8 中可以看出，催化剂的加入改变了原来的反应途径 1，使反应沿着能垒较低的反应途径 2 来进行，降低了正反应和逆反应的活化能，且正反应与逆反应活化能的变化值相等，表明催化剂能够同等地加速正向和逆向反应。从图中还可以看出，加入催化剂前后，反应的热效应未发生变化，表明催化剂的加入只能缩短反应到达平衡状态的时间，而不能改变化学反应的方向和平衡状态。此外，催化剂具有特殊的选择性，一种催化剂往往只加速一种或少数几种特定类型的反应。

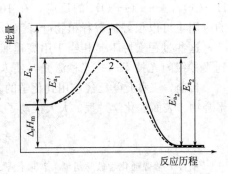

图 1.8　反应过程势能图
1—无催化剂；2—有催化剂

催化剂在化工生产中占有极其重要的地位，有许多原本速率非常慢的反应在使用合适的催化剂后，反应速率大大加快，实现了工业化生产。例如，硫酸工业中，二氧化硫与氧反应生成三氧化硫的反应速率极慢，但加入五氧化二钒催化剂后，反应速率得到极大的提高，实现了硫酸的工业化生产。此外，合成氨工业、塑料、合成纤维、合成橡胶和石油化学等工业生产中，约有 85% 的化学反应需要使用催化剂。因此，催化剂在科研、生产以及生命过程等诸多方面都具有十分重要的作用。

1.7　飞秒化学

1999 年诺贝尔化学奖授予了美国加州理工学院科学家艾哈迈德·泽韦尔（Ahmed H. Zewail）教授，以表彰他在飞秒化学方面的杰出贡献。

飞秒化学是利用飞秒（fs，$1fs = 1 \times 10^{-15} s$）时间分辨光谱来研究化学反应动力学的一种新技术。

100 多年来，化学家们为了清楚地了解化学反应的全过程和本质做出了不懈的努力。从 20 世纪初建立的简单碰撞理论到 20 世纪 30 年代提出的活化过渡状态理论，无一不是为了能在分子层次上了解反应的真实过程和反应机理，20 世纪末应用飞秒化学技术使之得以实现。

我们知道，化学反应动力学研究的范畴之一是研究化学反应经历的具体步骤，即反应机理。活化过渡态理论认为，化学反应不是简单反应就能形成产物，而是要经过一种过渡态，这种过渡态是非常重要的中间产物，而且寿命非常短，尤其是涉及电子转移和质子转移反应形成的过渡态以及这些中间产物的能量状态，人们如何得知呢？这曾经是化学家们的梦想。

化学家们知道分子中电子或原子的运动速率与飞秒这个时间标度大致对应。因此，采用飞秒时间分辨技术来检测反应过程中那些寿命极短的中间体，获得它们的结构及能量状态方面的信息是可行的。化学家泽韦尔做出了卓有成效的工作，创造性地建立了飞秒化学，从根本上改变了人们对化学反应的认识。

泽韦尔多年从事超短脉冲激光时间分辨光谱的研究，成功地发现了从反应物到生成物过程中过渡状态的存在，如 ICN 分解成 I 和 CN 的反应 $ICN \longrightarrow I+CN$，整个过程在（2050±30）fs 内完成，在 I—C 键即将断裂时，能够准确地观察到过渡状态。对 $H+CO_2 \longrightarrow CO+OH$ 的反应，在 1000fs 时间内捕获到了中间体 HOCO 状态。飞秒化学的应用也可以很好地解释植物叶绿素分子能通过光合作用有效地进行能量转换等。

这些过程实际上是相当于用高速照相机对反应过程中的过渡状态摄像，只是相机速度达到飞秒级闪光技术——飞秒激光，使人们通过"慢动作"来观察化学反应的过程。

目前，飞秒化学已经应用到化学的各个领域和相关的学科。从研究气象反应扩展到液相、聚合物、表面的化学过程，大大推动了人们对化学反应微观过程的认识，意义十分重大。

参 考 文 献

[1] 浙江大学普通化学教学组编. 普通化学. 第 5 版. 北京：高等教育出版社，2005.

[2] 傅献彩编. 大学化学. 北京：高等教育出版社，2003.

[3] 曲保中，朱炳林，周伟红. 新大学化学. 北京：高等教育出版社，2005.

[4] 王军民，薛芳渝，刘芸. 物理化学. 北京：清华大学出版社，1993.

[5] 天津大学物理化学教研室编. 物理化学. 第 4 版. 北京：高等教育出版社，2004.

[6] Lucy Pryde Eubanks，Catherine H Middlecamp. 化学与社会. 段连运译. 北京：化学工业出版社，2008.

[7] 华彤文，陈景祖等. 普通化学原理. 北京：北京大学出版社，2005.

[8] 王明华等编. 普通化学. 北京：高等教育出版社，2003.

[9] 李梅君等编. 普通化学. 上海：华东理工大学出版社，2001.

[10] Brown T L, LeMay H E, et al. Chemistry：The Central Science. 8 th Ed. New Jersey：Prentice Hall，2000.

[11] 同济大学普通化学及无机化学教研室编. 普通化学. 北京：高等教育出版社，2004.

[12] 大连理工大学普通化学教研组编. 大学普通化学. 大连：大连理工大学出版社，2007.

习　　题

1. 什么是状态函数，它具有什么特性？为什么功和热不是状态函数？

2. 计算某一体系的内能变化，已知：

(1) $Q=-300J$，$W=-750J$；　　　　　　　　　　　　　　　　　　　　　[-1050J]

(2) 体系从环境吸热 1000J，并对环境做功 540J；　　　　　　　　　　　　　[460J]

(3) 体系从环境吸热 250J，环境对体系做功 635J。　　　　　　　　　　　　　[885J]

3. 处在 101.325kPa、298.15K 的 2mol $H_2(g)$ 和 1mol $O_2(g)$ 反应生成 373.15K 的 2mol $H_2O(g)$，当产物回到 298.15K 时，共放热 571.8kJ，求生成 1mol $H_2O(l)$ 的 $\Delta_r H_m^{\ominus}(298.15K)$。　　　　[-285.9kJ]

4. 已知下列热化学方程式：

(1) $Fe_2O_3(s)+3CO(g) \Longrightarrow 2Fe(s)+3CO_2(g)$，$\Delta_r H_m^{\ominus}(298.15K)=-26.8kJ \cdot mol^{-1}$

(2) $3Fe_2O_3(s)+CO(g) \Longrightarrow 2Fe_3O_4(s)+CO_2(g)$，$\Delta_r H_m^{\ominus}(298.15K)=-50.4kJ \cdot mol^{-1}$

(3) $Fe_3O_4(s)+CO(g) \Longrightarrow 3FeO(s)+CO_2(g)$，$\Delta_r H_m^{\ominus}(298.15K)=33.0kJ \cdot mol^{-1}$

不用查表，计算 $FeO(s)+CO(g) \Longrightarrow Fe(s)+CO_2(g)$ 的标准摩尔反应焓变。

$$[-16.0kJ \cdot mol^{-1}]$$

5. 甘油三油酸酯是一种典型的脂肪，当它在动物体内代谢时发生如下反应：

$$C_{57}H_{104}O_6(s)+80O_2(g) \Longrightarrow 57CO_2(g)+52H_2O(l)$$

已知：$\Delta_r H_m^{\ominus}(298.15K)=-3.347 \times 10^4 kJ \cdot mol^{-1}$，试计算固态甘油三油酸酯的标准摩尔生成焓

$\Delta_f H_m^{\ominus}$（298K）。（所需数据自己查表）　　　　　　　　　　　　　　　　$[-3.821 \times 10^3 \text{kJ} \cdot \text{mol}^{-1}]$

6. 计算 $PCl_5(s)$ 标准生成热。已知在 298.15K 时，下列反应的标准反应热为：

$$2P(s) + 3Cl_2(g) \Longrightarrow 2PCl_3(l)，\quad \Delta_r H_m^{\ominus}(298.15K) = -635.1 \text{kJ} \cdot \text{mol}^{-1}$$

$$PCl_3(l) + Cl_2(g) \Longrightarrow PCl_5(s)，\quad \Delta_r H_m^{\ominus}(298.15K) = -137.3 \text{kJ} \cdot \text{mol}^{-1}$$

$[-454.9 \text{kJ} \cdot \text{mol}^{-1}]$

7. 工业上用一氧化碳和氢气合成甲醇：$CO(g) + 2H_2(g) \Longrightarrow CH_3OH(l)$，试根据下列反应的标准摩尔焓变，不查表计算甲醇合成反应的标准摩尔焓变。

$$CH_3OH(l) + \frac{1}{2}O_2(g) \Longrightarrow C + 2H_2O(l)，\quad \Delta_r H_m^{\ominus}(298.15K) = -333.0 \text{kJ} \cdot \text{mol}^{-1}$$

$$C(石墨) + \frac{1}{2}O_2(g) \Longrightarrow CO(g)，\quad \Delta_r H_m^{\ominus}(298.15K) = -110.5 \text{kJ} \cdot \text{mol}^{-1}$$

$$H_2(g) + \frac{1}{2}O_2(g) \Longrightarrow H_2O(l)，\quad \Delta_r H_m^{\ominus}(298.15K) = -285.8 \text{kJ} \cdot \text{mol}^{-1}$$

$[-128.1 \text{kJ} \cdot \text{mol}^{-1}]$

8. 已知反应：

$CH_4(g) + 4Cl_2(g) \Longrightarrow 4HCl(g) + CCl_4(g)$，$\Delta_r H_m^{\ominus}(298.15K) = -401.8 \text{kJ} \cdot \text{mol}^{-1}$，求 $\Delta_f H_m^{\ominus}(CCl_4)$。（所需数据自己查表）　　　　　　　　　　　　　　　$[-107.2 \text{kJ} \cdot \text{mol}^{-1}]$

9. 已知反应 $CaCO_3(s) \Longrightarrow CaO(s) + CO_2(g)$，试回答：

(1) 反应的标准摩尔焓变是多少？　　　　　　　　　　　　　　　　　　$[179.2 \text{kJ} \cdot \text{mol}^{-1}]$

(2) 若使反应在冲天炉中进行，分解 100kg $CaCO_3$ 相当于要消耗多少千克焦炭（设焦炭的发热值为 28500kJ $\cdot$ mol^{-1}）？　　　　　　　　　　　　　　　　　　　　　　　　　　$[0.07545 \text{kg}]$

10. 选择题

(1) 对于任一过程，下列叙述正确的是　　　　　　　　　　　　　　　　　　　　　（　　）

A. 体系所做的功与反应途径无关　　　　　　B. 体系的内能变化与反应途径无关

C. 体系所吸收的热量与反应途径无关　　　　D. 以上叙述均不正确

(2) 下列单质在 298K 时的 $\Delta_f H_m^{\ominus}$ 不等于零的是　　　　　　　　　　　　　　（　　）

A. Fe(s)　　　　　　B. C(石墨)　　　　　　C. Ne(g)　　　　　　D. $Cl_2(l)$

(3) 在 25℃，1.00g 铝在常压下燃烧生成 Al_2O_3，释放出 30.92kJ 的热，则 Al_2O_3 的标准摩尔生成焓为（铝的相对原子质量为 27）　　　　　　　　　　　　　　　　　　　　　　　（　　）

A. 30.92kJ $\cdot$ mol^{-1}　　　　　　　　　　　B. -30.92kJ $\cdot$ mol^{-1}

C. -27×30.92kJ $\cdot$ mol^{-1}　　　　　　D. -54×30.92kJ $\cdot$ mol^{-1}

(4) 已知：

物质	$C_2H_4(g)$	$CO(g)$	$H_2O(g)$
$\Delta_f H_m^{\ominus}$/kJ $\cdot$ mol^{-1}	52.3	-110.5	-242.0

则反应：$C_2H_4(g) + 2O_2(g) \Longrightarrow 2CO(g) + 2H_2O(g)$ 的 $\Delta_r H_m^{\ominus}$ 为　　　　（　　）

A. -300kJ $\cdot$ mol^{-1}　　B. -405kJ $\cdot$ mol^{-1}　　C. -652kJ $\cdot$ mol^{-1}　　D. -757kJ $\cdot$ mol^{-1}

(5) 下列反应中，$\Delta_r H_m^{\ominus}$ 等于生成物的 $\Delta_f H_m^{\ominus}$ 的是　　　　　　　　　　　（　　）

A. $H_2(g) + Cl_2(g) \Longrightarrow 2HCl(g)$　　　　B. $CaO(s) + CO_2(g) \Longrightarrow CaCO_3(s)$

C. $Cu(s) + \frac{1}{2}O_2(g) \Longrightarrow CuO(s)$　　　D. $Fe_2O_3(s) + 6HCl(l) \Longrightarrow 2FeCl_3(l) + 3H_2O(l)$

(6) 下列各组都为状态函数的是　　　　　　　　　　　　　　　　　　　　　　　　（　　）

A. Q，H，G　　　　B. S，V，W　　　　C. p，T，W　　　　D. G，H，S

11. 填空题

(1) 对某体系做 165J 的功，该体系应_____热量_____J 才能使内能增加 100J。

(2) 已知反应：$A + B \longrightarrow C + D$　　　　$\Delta_r H_{m,1}^{\ominus} = 50 \text{kJ} \cdot \text{mol}^{-1}$

$$\frac{1}{2}C + \frac{1}{2}D \longrightarrow E \quad\quad \Delta_r H_{m,2}^{\ominus} = 10 \text{kJ} \cdot \text{mol}^{-1}$$

则相同条件下，$2E \longrightarrow A+B$ 反应的 $\Delta_r H_m^{\ominus} = $ _____ $kJ \cdot mol^{-1}$。

(3) 状态函数的特点是 _____。

(4) 已知$4NH_3(g)+5O_2(g) == 4NO(g)+6H_2O(l)$　　$\Delta_r H_m^{\ominus} = -1170kJ \cdot mol^{-1}$，

$\qquad 4NH_3(g)+3O_2(g) == 2N_2(g)+6H_2O(l)$　　$\Delta_r H_m^{\ominus} = -1530kJ \cdot mol^{-1}$，

则 $\Delta_f H_m^{\ominus}(NO, g)$ 为 _____ $kJ \cdot mol^{-1}$。

(5) 下列反应在相同的温度和压力下进行：

① $4P(红，三斜)+5O_2(g) == P_4O_{10}(l)$ 　　　　　　　　　　　$\Delta_r H_{m,1}^{\ominus}$

② $4P(白)+5O_2(g) == P_4O_{10}(s)$ 　　　　　　　　　　　　　$\Delta_r H_{m,2}^{\ominus}$

③ $4P(红，三斜)+5O_2(g) == P_4O_{10}(s)$ 　　　　　　　　　　$\Delta_r H_{m,3}^{\ominus}$

则三个反应的反应热由大到小排列顺序为 _____。

12. 求 298.15K 时乙炔燃烧反应 $C_2H_2(g)+\dfrac{5}{2}O_2(g) == 2CO_2(g)+H_2O(l)$ 的标准摩尔熵变。

(298.15K 时乙炔的标准熵为 $200.9J \cdot mol^{-1} \cdot K^{-1}$) 　　　　　　　　$[-216.3J \cdot mol^{-1} \cdot K^{-1}]$

13. 求下列反应的 $\Delta_r S_m^{\ominus}$ (298.15K)：

(1) $N_2(g)+O_2(g) == 2NO(g)$ 　　　　　　　　　　　　　　$[24.8J \cdot mol^{-1} \cdot K^{-1}]$

(2) $3Fe(s)+4H_2O(l) == Fe_3O_4(s)+4H_2(g)$ 　　　　　　　　$[307.3J \cdot mol^{-1} \cdot K^{-1}]$

(3) $SO_2(g)+\dfrac{1}{2}O_2(g) == SO_3(g)$ 　　　　　　　　　　$[-94.0J \cdot mol^{-1} \cdot K^{-1}]$

14. 说明下列过程自发进行的温度条件：

(1) $\Delta H > 0$, $\Delta S > 0$；

(2) $\Delta H > 0$, $\Delta S < 0$；

(3) $\Delta H < 0$, $\Delta S < 0$；

(4) $\Delta H < 0$, $\Delta S > 0$。

15. 计算下列反应的 $\Delta_r G_m^{\ominus}$(298.15K)，并回答这些反应在 298.15K、标准状态下能否正向进行：

(1) $4NH_3(g)+7O_2(g) == 4NO_2(g)+6H_2O(l)$ 　　　　　　　　　　　　　　[能]

(2) $2NH_3(g)+2H_2O(l) == 2NO(g)+5H_2(g)$ 　　　　　　　　　　　　　　[不能]

(3) $3C_2H_2(g) == C_6H_6(l)$ 　　　　　　　　　　　　　　　　　　　　　[能]

(298K 时乙炔的 $S_m^{\ominus}$ 为 $200.9J \cdot mol^{-1} \cdot K^{-1}$，$\Delta_f H_m^{\ominus}$ 为 $226.7kJ \cdot mol^{-1}$，苯的 $S_m^{\ominus}$ 为 $173.2J \cdot mol^{-1} \cdot K^{-1}$，$\Delta_f H_m^{\ominus}$ 为 $49.2kJ \cdot mol^{-1}$)

16. 已知下列反应

(1) $2Fe(s)+\dfrac{3}{2}O_2(g) == Fe_2O_3(s)$ 　　　　$\Delta_r G_m^{\ominus}(298K) = -742.2kJ \cdot mol^{-1}$

(2) $4Fe_2O_3(s)+Fe(s) == 3Fe_3O_4(s)$ 　　　　$\Delta_r G_m^{\ominus}(298K) = -77.4kJ \cdot mol^{-1}$

计算 Fe_3O_4 的 $\Delta_f G_m^{\ominus}$。 　　　　　　　　　　　　$[\Delta_f G_m^{\ominus} = -1015.4kJ \cdot mol^{-1}]$

17. 利用下列热力学数据：$\Delta_f G_m^{\ominus}(SO_3) = -371.1kJ \cdot mol^{-1}$，$\Delta_f G_m^{\ominus}(SO_2) = -300.2kJ \cdot mol^{-1}$，计算下述反应在 298K 时的平衡常数 $K^{\ominus}$：

$2SO_2(g)+O_2(g) \rightleftharpoons 2SO_3(g)$。 　　　　　　　　　　　　$[K^{\ominus} = 7.1 \times 10^{24}]$

18. 已知 $FeO(s)+CO(g) \rightleftharpoons Fe(s)+CO_2(g)$ 的 $K_c = 0.5(1273K)$。若起始浓度 $c_{CO} = 0.05mol \cdot dm^{-3}$，$c_{CO_2} = 0.01mol \cdot dm^{-3}$，问：

(1) 反应物、生成物的平衡浓度各是多少？

　　　　　　　　　　　　　　$[CO:0.04mol \cdot dm^{-3}, CO_2:0.02mol \cdot dm^{-3}]$

(2) CO 的转化率是多少？ 　　　　　　　　　　　　　　　　　　　　　　[20%]

(3) 增加 FeO 的量，对平衡有何影响？ 　　　　　　　　　　　　　　　　[无影响]

19. 现有化学反应 $S_2O_8^{2-}+3I^- == 2SO_4^{2-}+I_3^-$，当反应速率 $v = -\dfrac{dc(S_2O_8^{2-})}{dt} = 2.0 \times 10^{-3} mol \cdot dm^{-3} \cdot$

s^{-1} 时，那么 $-\dfrac{dc(I^-)}{dt}=?$　$+\dfrac{dc(SO_4^{2-})}{dt}=?$

$$[6.0\times10^{-3}\ mol\cdot dm^{-3}\cdot s^{-1}; 4.0\times10^{-3}\ mol\cdot dm^{-3}\cdot s^{-1}]$$

20. 根据实验，在一定温度范围内，NO 和 Cl_2 的反应为基元反应，即 $2NO+Cl_2\ {=\!=\!=}\ 2NOCl$

(1) 写出该反应的速率方程；　　　　　　　　　　　　　　　　　$[v_1=kc_{Cl_2}c_{NO}^2]$

(2) 该反应为几级反应；　　　　　　　　　　　　　　　　　　　　　　　　$[3]$

(3) 其他条件不变，如果将容器的体积增加到原来的 2 倍，反应速率如何变化？

$$[反应速率是原来的\dfrac{1}{8}]$$

(4) 如果容器体积不变，而将 NO 浓度增加到原来的 3 倍，反应速率又将如何变化？

$$[反应速率是原来的9倍]$$

21. 已知下列基元反应的反应历程，根据质量作用定律写出各物质的反应速率表达式：

(1) $HI+HI\ \xrightarrow{\ k\ }\ H_2+I_2$　　　(2) $A+B\ \xrightarrow{\ k\ }\ 2C$

$$\left[-\dfrac{dc_{HI}}{2dt}=\dfrac{dc_{H_2}}{dt}=\dfrac{dc_{I_2}}{dt}=kc_{HI}^2;\ -\dfrac{dc_A}{dt}=-\dfrac{dc_B}{dt}=\dfrac{dc_C}{2dt}=kc_Ac_B\right]$$

22. 65℃时 N_2O_5 气相分解的速率常数为 $0.292min^{-1}$，活化能为 $103.3kJ\cdot mol^{-1}$，求 80℃时的速率常数 k。　　　　　　　　　　　　　　　　　　　　　　　　　$[k=1.392min^{-1}]$

23. 反应 $C_2H_5Br(g)\ {=\!=\!=}\ C_2H_4(g)+HBr(g)$ 在 650K 时速率常数是 $2.0\times10^{-5}\ s^{-1}$，670K 时速率常数是 $7.0\times10^{-5}\ s^{-1}$，求反应的活化能。　　　　　　$[E_a=226.8kJ\cdot mol^{-1}]$

24. 某一反应的速率常数在 298K 为 $15min^{-1}$，在 308K 为 $37min^{-1}$。求此反应的活化能及在 283K 时的速率常数。

$$[E_a=68.9kJ\cdot mol^{-1}, k=3.44min^{-1}]$$

25. 选择题

(1) 下列关于熵的叙述中，正确的是：　　　　　　　　　　　　　　　　　　（　　）

A.298K 时，纯物质的 $S_m^{\ominus}=0$　　　　　　B. 一切单质的 $S_m^{\ominus}=0$

C. 对孤立体系而言，$\Delta S_m^{\ominus}>0$ 的反应总是自发进行的

(2) 473K 时反应 $2NO(g)+O_2(g)\ {=\!=\!=}\ 2NO_2(g)$ 在一密闭容器中达到平衡，若加入惰性气体 He 使总压力增大，平衡将　　　　　　　　　　　　　　　　　　　　　　（　　）

A. 左移　　　　　　　B. 右移　　　　　　　C. 不移动　　　　　　D. 不能确定

(3) 某可逆反应，当温度由 T_1 升至 T_2 时，平衡常数 $K_2^{\ominus}>K_1^{\ominus}$，则该反应的　（　　）

A. $\Delta_r H_m^{\ominus}>0$　　　B. $\Delta_r H_m^{\ominus}<0$　　　C. $\Delta_r H_m^{\ominus}=0$　　　D. 无法判断

(4) 在恒压下，若压缩容器体积，增加其总压力，化学平衡正向移动的是　　　（　　）

A. $CaCO_3(s)\ {=\!=\!=}\ CaO(s)+CO_2(g)$　　　B. $H_2(g)+Cl_2(g)\ {=\!=\!=}\ 2HCl(g)$

C. $2NO(g)+O_2(g)\ {=\!=\!=}\ 2NO_2(g)$　　　D. $COCl_2(g)\ {=\!=\!=}\ CO(g)+Cl_2(g)$

(5) 反应 $NH_3(l)\ {=\!=\!=}\ NH_3(g)$ 达到平衡时，氨蒸气压为 $8.57\times10^5\ Pa$，则其 $K^{\ominus}$ 的数值为　（　　）

A. 8.57×10^5　　　B. 8.57　　　　C. 8.75　　　　D. 0.118

(6) 某可逆反应的 $\Delta_r H_m^{\ominus}<0$，当温度升高时，下列叙述不正确的是　　　　　（　　）

A. 正反应速率常数增大，标准平衡常数也增大

B. 逆反应速率常数增大，标准平衡常数减小

C. 正反应速率常数增大的倍数比逆反应速率常数增大的倍数小

D. 平衡向逆反应方向移动

(7) 反应 $C+H_2O(g)\ {=\!=\!=}\ CO(g)+H_2(g)$ $\Delta_r H_m^{\ominus}>0$，下列叙述中正确的是　（　　）

A. 此反应是吸热反应，升高温度，则正反应速率增加，逆反应速率减小，所以平衡右移

B. 增大压力不利于 $H_2O(g)$ 的转化

C. 升高温度使其标准平衡常数减小

D. 加入催化剂可以增加产率

(8) 某化学反应 $A(g)+2B(s)\!\!=\!\!=\!\!2C(g)$ 的 $\Delta_r H_m^{\ominus}<0$，则下列判断正确的是：　　　　　　　(　　)

A. 仅在常温下，反应可以自发进行　　　　　　B. 仅在高温下，反应可以自发进行

C. 任何温度下，反应均可自发进行　　　　　　D. 任何温度下，反应均难自发进行

(9) 气相反应 $CaCO_3(s)\!\!=\!\!=\!\!CaO(s)+CO_2(g)$ 已达平衡，在其他条件不变的情况下，若把 $CaCO_3$（s）颗粒变得极小，则平衡　　　　　　　　　　　　　　　　　　　　　　　　　(　　)

A. 左移　　　　　　B. 右移　　　　　　C. 不动　　　　　　　D. 来回不定移动

(10) 已知反应 $N_2(g)+3H_2(g)\!\!=\!\!=\!\!2NH_3(g)$ 的 $K^{\ominus}=0.63$，反应达到平衡时，若再通入一定量的 N_2（g），则 $K^{\ominus}$、反应商 Q 和 $\Delta_r G_m^{\ominus}$ 的关系是：　　　　　　　　　　　　　(　　)

A. $Q=K^{\ominus}$，$\Delta_r G_m^{\ominus}=0$　　　　　　　　B. $Q>K^{\ominus}$，$\Delta_r G_m^{\ominus}>0$

C. $Q<K^{\ominus}$，$\Delta_r G_m^{\ominus}<0$　　　　　　　　D. $Q<K^{\ominus}$，$\Delta_r G_m^{\ominus}>0$

第2章 水溶液中的化学平衡

本章研究与溶液密切相关的几种平衡反应，主要包括弱酸与弱碱的解离平衡、难溶电解质的沉淀-溶解平衡以及配位平衡，并简单介绍水污染化学。

2.1 酸碱平衡

2.1.1 酸碱理论

人们对酸碱的认识经历了由浅入深、由现象到本质的过程。最初人们把有酸味、可以使石蕊变红的一类物质称为酸；而把有涩味、可以使石蕊变蓝的一类物质称为碱。后来人们从组成上认识酸碱。对于含氧酸的研究使人们认识到酸中一定含有氧元素，对于盐酸等无氧酸的研究又使人们认识到酸中一定含有氢元素。随着科学的发展，人们提出了一系列的酸碱理论，主要包括：阿仑尼乌斯（Arrhenius）酸碱理论——酸碱电离理论；布朗斯特-劳里（Brönsted-Lowry）酸碱理论——酸碱质子理论；路易斯（Lewis）酸碱理论——酸碱电子理论等。

2.1.1.1 酸碱电离理论

19 世纪末，瑞典化学家阿仑尼乌斯建立了酸碱电离理论。该理论认为：解离时所生成的阳离子全部是 H^+ 的化合物叫做酸，如 HCl、HAc；解离时所生成的阴离子全部是 OH^- 的化合物叫做碱，如 NaOH。说明能解离出 H^+ 是酸的特征，能解离出 OH^- 是碱的特征。酸碱反应称为中和反应，它的实质是酸解离出来的氢离子和碱解离出来的氢氧根离子之间的反应。

酸碱电离理论对化学发展起到了很大的作用，但仍有其局限性：把酸、碱的定义局限在以水为溶剂的系统，并把碱限制为氢氧化物。这样就连氨水这个人们熟知的碱也不能解释（因为氨水不是氢氧化物），更不能解释气态氨也是碱（它能与 HCl 气体发生中和反应，生成 NH_4Cl）。

2.1.1.2 酸碱质子理论

（1）酸碱质子理论基本要点　针对酸碱电离理论的局限性，丹麦化学家布朗斯特和英国化学家劳里于 1923 年分别提出了酸碱质子理论，又称为布朗斯特-劳里酸碱质子理论。该理论认为，在反应中给出质子（H^+）的物质叫做酸；在反应中接受质子的物质叫做碱。

按照酸碱质子理论给出的定义，很多种物质可以是酸，很多种物质可以是碱。例如 HCl、NH_4^+、HPO_4^{2-} 等都是酸，而 NH_3、CO_3^{2-} 等都是碱。判断一种分子或离子是酸还是碱，要结合具体反应来进行，例如在

$$NH_4^+ \Longrightarrow NH_3 + H^+$$
$$HAc \Longrightarrow Ac^- + H^+$$
$$H_2CO_3 \Longrightarrow HCO_3^- + H^+$$
$$HCO_3^- \Longrightarrow CO_3^{2-} + H^+$$

反应式中 NH_4^+、HAc、H_2CO_3 和 HCO_3^- 都能够给出质子，因此它们都是酸。酸给出质子后，余下的部分 NH_3、Ac^-、HCO_3^- 和 CO_3^{2-} 都能接受质子，它们都是碱，所以酸和碱既可以是分子，也可以是正、负离子。还有些物质，既可以接受质子，也可以给出质子，这类物质叫做**两性物质**，如 HCO_3^-。

酸碱质子理论强调酸与碱的相互依赖关系。酸给出质子后生成相应的碱，而碱与质子结合又生成相应的酸，酸碱的这种相互依赖的关系称为**酸碱的共轭关系**。酸失去质子后形成的碱叫做该酸的共轭碱，例如 NH_3 是 NH_4^+ 的共轭碱。碱结合质子后形成的酸叫做该碱的共轭酸，例如 NH_4^+ 是 NH_3 的共轭酸。酸和碱之间的关系可以用通式表示：

$$酸 \Longrightarrow 碱 + 质子 \tag{2.1}$$

上式通常称为**酸碱半反应**。酸与它的共轭碱（或碱与它的共轭酸）叫做**共轭酸碱对**。表2.1列出了一些常见的共轭酸碱对。

表 2.1　常见的共轭酸碱对

（酸）共轭酸	共轭碱（碱）	（酸）共轭酸	共轭碱（碱）
HSO_4^-	SO_4^{2-}	H_2S	HS^-
H_3PO_4	$H_2PO_4^-$	$H_2PO_4^-$	HPO_4^{2-}
HAc	Ac^-	NH_4^+	NH_3
H_2CO_3	HCO_3^-	HCO_3^-	CO_3^{2-}

如果酸的酸性越强，则其共轭碱的碱性越弱；反之，酸的酸性越弱，则其共轭碱的碱性越强，例如，HCl 是强酸，HAc 是弱酸，而 Cl^- 的碱性远远小于 Ac^-。酸碱的相对强弱首先取决于物质的本性，其次与溶剂的性质有关。通常未加说明的情况下，溶剂指的是水。

（2）酸碱反应　共轭酸碱对的半反应不能单独存在，因为酸不能自动给出质子，必须同时存在一个能接受质子的物质——碱，酸才能变成共轭碱；反之，碱也必须从另外一种酸接受质子后才能变成共轭酸。因此酸碱质子理论中的酸碱反应是酸碱之间的质子传递，是两对共轭酸碱对相互作用的结果。例如 HCl 在水溶液中的解离，HCl 给出质子后，得到其共轭碱 Cl^-；而 H_2O 接受 H^+ 生成其共轭酸 H_3O^+。该反应是由两个酸碱半反应组成，每一个酸碱半反应中就有一对共轭酸碱对，可分别用 I 和 II 表示（酸 I 和碱 I 是一对共轭酸碱，酸 II 和碱 II 是一对共轭酸碱）：

$$\underset{酸 I}{HCl} \longrightarrow H^+ + \underset{碱 I}{Cl^-} \tag{2.2}$$

$$H^+ + \underset{碱 II}{H_2O} \Longrightarrow \underset{酸 II}{H_3O^+} \tag{2.3}$$

上面两式相加可得总反应

$$\underset{酸 I}{HCl} + \underset{碱 II}{H_2O} \Longrightarrow \underset{酸 II}{H_3O^+} + \underset{碱 I}{Cl^-} \tag{2.4}$$

酸碱质子理论较好地解释了酸碱反应，克服了酸碱必须在水中才能发生反应的局限性，解决了一些非水溶剂或气体间的酸碱反应，并把水溶液中进行的某些离子反应系统地归纳为质子传递的酸碱反应，加深了人们对酸碱和酸碱反应的认识。但酸碱质子理论也有局限性，对于不含质子的物质，如 Ag^+、Zn^{2+} 等则不能归类；对于无质子转移的反应，如常见的反应 $Ag^+ + Cl^- \Longrightarrow AgCl$ 也难以讨论。

2.1.2　水的解离平衡

2.1.2.1　水的离子积常数

根据酸碱质子理论，水的解离反应表示为：

$$2H_2O \Longrightarrow H_3O^+ + OH^-$$

简写为

$$H_2O \Longrightarrow H^+ + OH^-$$

水的标准解离平衡常数可以表示为：

$$K_w^\ominus = [c(H^+)/c^\ominus][c(OH^-)/c^\ominus]$$

通常简写为

$$K_w^\ominus = c(H^+)c(OH^-) \tag{2.5}$$

$K_w^\ominus$ 被称为**水的离子积常数**，简称为**水的离子积**。25℃时，$K_w^\ominus = 1.0 \times 10^{-14}$。

由于本章中使用相对浓度较频繁，故取省略除以 $c^\ominus$ 的写法。

因为水的解离是吸热反应，故随温度的升高 $K_w^\ominus$ 将变大，但 $K_w^\ominus$ 随温度变化不明显，因此一般认为 $K_w^\ominus = 1.0 \times 10^{-14}$。

不论是在酸性、碱性还是中性溶液中，只要 H_2O、H^+、OH^- 共存，三者的浓度之间就存在数量关系：$K_w^\ominus = c(H^+)c(OH^-)$。

2.1.2.2　溶液的 pH 值和 pOH 值

溶液的酸碱性取决于溶液中 $c(H^+)$ 和 $c(OH^-)$ 的相对大小，$c(H^+)$ 和 $c(OH^-)$ 是相互联系的，可以采用一个统一的标准来表明溶液的酸碱性。通常规定：

$$pH = -\lg c(H^+) \tag{2.6}$$

与 pH 值相对应的有 pOH 值：

$$pOH = -\lg c(OH^-) \tag{2.7}$$

则

$$pH + pOH = pK_w^\ominus \tag{2.8}$$

pH 值是用来表示水溶液酸碱性的一种标度。pH 值越小，溶液的酸性越强，碱性越弱；pH 值越大，溶液的碱性越强，酸性越弱。pH 值的表示一般适用于 $c(H^+)$ 或 $c(OH^-)$ 小于 $1.0 \mathrm{mol \cdot dm^{-3}}$ 的溶液。

pH 等于 7.0 是 pH 标度的中点，它将酸和碱分成两边。pH 小于 7.0 的溶液呈酸性；pH 大于 7.0 的溶液呈碱性。胃酸呈酸性，pH 可低至 2 以下。与之相比可口可乐的酸度又怎样呢？图 2.1 列出常见物质的 pH 值。

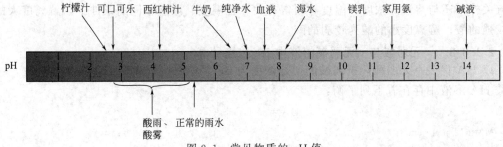

图 2.1　常见物质的 pH 值

1996 年 8 月 22 日英国皇家学会汇编上刊登了牛津约翰·拉德克立夫医院医学研究委员

会的科学家卡罗琳·雷和他的同事们组成的研究小组的研究成果：标记人类智力水平的智商（IQ 值）与大脑皮层的酸碱度（pH 值）存在某种关系——pH 值与 IQ 值成正比，这意味着，大脑皮层的 pH 值越高，人的智力水平也越高。这是人们首次把人类的智力水平用生物化学数值进行标记。

他们用光谱磁共振法对 42 个 6 至 13 岁的男童进行了试验，发现 IQ 值与大脑皮层的 pH 值关联程度大于 0.5（0 表示毫无关联，1 表示完全对应）。就是说，IQ 值与 pH 值存在较大程度的联系。他们的研究结果表明，如果 pH 值在 6.99～7.09 之间，IQ 值就在 63～138 之间。

2.1.3 弱酸与弱碱溶液的解离平衡

2.1.3.1 解离平衡常数

作为弱电解质的弱酸或弱碱在水溶液中只有一部分分子发生解离，存在着未解离的分子和解离出的离子之间的平衡，如 HAc 溶液中存在着平衡：

$$HAc \rightleftharpoons H^+ + Ac^-$$

$$K_a^{\ominus}(HAc) = \frac{c(H^+)c(Ac^-)}{c(HAc)} \tag{2.9}$$

式中，$K_a^{\ominus}$ 称为酸的标准解离平衡常数。

对于一元弱碱，如氨水也发生部分解离，

$$NH_3 \cdot H_2O \rightleftharpoons NH_4^+ + OH^-$$

弱碱的标准解离平衡常数用 $K_b^{\ominus}$ 表示，

$$K_b^{\ominus}(NH_3 \cdot H_2O) = \frac{c(NH_4^+)c(OH^-)}{c(NH_3 \cdot H_2O)} \tag{2.10}$$

$K_a^{\ominus}$ 和 $K_b^{\ominus}$ 具有平衡常数的特点，与浓度无关，只与温度有关。但由于弱电解质解离过程的热效应不大，所以温度对 $K_a^{\ominus}$ 和 $K_b^{\ominus}$ 值影响较小。$K_a^{\ominus}$ 和 $K_b^{\ominus}$ 是表征弱电解质解离程度大小的特性常数，$K^{\ominus}$ 值越大，则弱电解质的解离程度越大。本书附录 5 列出了一些常见弱电解质的标准解离常数。

2.1.3.2 解离度

弱电解质在溶液中解离程度可以用解离度 α 表示，它是弱电解质达到解离平衡时的解离百分率。

$$\alpha = \frac{\text{已解离弱电解质的浓度}}{\text{弱电解质的初始浓度}} \times 100\% \tag{2.11}$$

解离度的大小也可以表示弱酸（或弱碱）的相对强弱。解离度的大小除与弱电解质的本性有关外，还与溶液的浓度、温度等因素有关。在温度、浓度相同的条件下，解离度大的酸为较强的酸；解离度小的酸为较弱的酸。

2.1.3.3 一元弱酸与一元弱碱溶液中 H^+ 浓度计算

以 HA 代表一元弱酸，该弱酸的初始浓度为 c，平衡时已解离的 HA 的浓度为 x，一元弱酸 HA 溶液中存在着下列平衡：

$$HA \rightleftharpoons H^+ + A^-$$

| 初始浓度/mol·dm^{-3} | c | 0 | 0 |
| 平衡浓度/mol·dm^{-3} | $c-x$ | x | x |

标准解离平衡常数
$$K_a^{\ominus}(HA) = \frac{c(H^+)c(A^-)}{c(HA)} = \frac{x^2}{c-x} \tag{2.12}$$

当 $K_a^{\ominus}$ 很小时，酸的解离程度较小，同时若酸的初始浓度较大时，则有 $c \gg x$。则

$$c - x \approx c$$

将上式代入式（2.12）得

$$K_a^{\ominus} \approx \frac{x^2}{c}$$

这时溶液中氢离子浓度

$$c(H^+) = x \approx \sqrt{cK_a^{\ominus}} \tag{2.13}$$

设一元弱酸的解离度为 α，则

$$\alpha = \frac{x}{c} \times 100\% \approx \frac{\sqrt{cK_a^{\ominus}}}{c} \times 100\% = \sqrt{\frac{K_a^{\ominus}}{c}} \times 100\% \tag{2.14}$$

式（2.14）表明：弱酸（或弱碱）溶液的解离度近似与其初始浓度的平方根呈反比。即浓度越稀，解离度越大，这个关系式叫做**稀释定律**。

同理可推导出计算一元弱碱溶液中 OH^- 的浓度表达式：

$$c(OH^-) \approx \sqrt{cK_b^{\ominus}} \tag{2.15}$$

例 2.1　计算 $25℃$ 时，$0.10 mol \cdot dm^{-3}$ HAc 溶液中的 H^+、Ac^-、HAc 浓度以及该 HAc 溶液的解离度。已知 $K_a^{\ominus}(HAc) = 1.75 \times 10^{-5}$。

解：设平衡时已解离的 HAc 的浓度为 x

$$HAc \rightleftharpoons H^+ + Ac^-$$

初始浓度/$mol \cdot dm^{-3}$ 　　　　　　　　0.10　　　　0　　　　0

平衡浓度/$mol \cdot dm^{-3}$ 　　　　　　　$0.10 - x$　　　x　　　x

$$x = \sqrt{cK_a^{\ominus}(HAc)} = \sqrt{0.10 \times 1.75 \times 10^{-5}}$$

$$x = 1.32 \times 10^{-3}$$

则

$$c(H^+) = c(Ac^-) = 1.32 \times 10^{-3} mol \cdot dm^{-3}$$

$$c(HAc) = 0.1 - x \approx 0.1 mol \cdot dm^{-3}$$

解离度

$$\alpha = \frac{1.32 \times 10^{-3}}{0.10} \times 100\% = 1.32\%$$

2.1.3.4　二元弱酸溶液中 H^+ 浓度计算

多元弱酸在水溶液中的解离是分步（分级）进行的。例如，二元弱酸氢硫酸（H_2S）在水溶液中就是程度不同地分两步解离。达平衡时，溶液中主要存在着两个平衡：

$$H_2S \rightleftharpoons H^+ + HS^- \quad K_{a1}^{\ominus} = \frac{c(H^+)c(HS^-)}{c(H_2S)} = 1.1 \times 10^{-7} \tag{2.16}$$

$$HS^- \rightleftharpoons H^+ + S^{2-} \quad K_{a2}^{\ominus} = \frac{c(H^+)c(S^{2-})}{c(HS^-)} = 1.3 \times 10^{-13} \tag{2.17}$$

$K_{a1}^{\ominus}$ 和 $K_{a2}^{\ominus}$ 分别称为二元弱酸的一级解离常数和二级解离常数。显然，解离常数逐级减小，且 $K_{a2}^{\ominus} \ll K_{a1}^{\ominus}$，这是因为第一步解离出的氢离子对第二步解离有抑制作用，因此，多元弱酸的强弱主要取决于一级解离常数 $K_{a1}^{\ominus}$ 的大小；即多元弱酸溶液中氢离子浓度主要由一级解离决定，并且由于二级解离程度很小，HS^- 消耗很少，故可以认为 $c(H^+) \approx c(HS^-)$。

当二级解离达到平衡时，H_2S 的总体解离达到平衡。将二级分步解离平衡式相加，就得到 H_2S 总的解离平衡式：

$$H_2S \rightleftharpoons 2H^+ + S^{2-}$$

$$K_a^{\ominus}(H_2S) = \frac{c^2(H^+)c(S^{2-})}{c(H_2S)} \tag{2.18}$$

上式并不表明，每当有 1 个 S^{2-} 被解离出来，就同时有 2 个 H^+ 被解离出来，只说明平

衡时二元弱酸（H_2S）溶液中 $c(H^+)$、$c(S^{2-})$ 与 $c(H_2S)$ 之间的关系。

$K_a^{\ominus}$ 可由分级解离平衡常数 $K_{a1}^{\ominus}$ 和 $K_{a2}^{\ominus}$ 之积求得：

$$K_a^{\ominus}=K_{a1}^{\ominus}K_{a2}^{\ominus} \tag{2.19}$$

例 2.2　常温常压下 H_2S 在水中的溶解度为 $0.10\,mol \cdot dm^{-3}$，求 H_2S 饱和溶液中 $c(H^+)$、$c(S^{2-})$ 及 H_2S 的解离度。

解：由于 $K_w^{\ominus} \ll K_{a1}^{\ominus}$，$K_{a2}^{\ominus} \ll K_{a1}^{\ominus}$，故可根据第一级解离平衡计算 $c(H^+)$。

设溶液中 $c(H^+)$ 浓度为 $x(mol \cdot dm^{-3})$

$$H_2S \Longrightarrow H^+ + HS^-$$

初始浓度/$mol \cdot dm^{-3}$　　　　　　0.10　　　0　　　0

平衡浓度/$mol \cdot dm^{-3}$　　　　　　$0.10-x$　　x　　　x

因 H_2S 的浓度较大，且 $K_{a1}^{\ominus}$ 较小，故 $0.10-x \approx 0.10$

$$K_{a1}^{\ominus}=\frac{x^2}{0.10-x} \approx \frac{x^2}{0.10}$$

$$1.1 \times 10^{-7} \approx \frac{x^2}{0.10}，解得 x=1.1 \times 10^{-4}$$

即　　　　　　　$c(H^+)=1.1 \times 10^{-4}\,mol \cdot dm^{-3}$

$c(S^{2-})$ 可由二级解离平衡计算。

$$HS^- \Longrightarrow H^+ + S^{2-}$$

$$K_{a2}^{\ominus}=\frac{c(H^+)c(S^{2-})}{c(HS^-)}$$

$$c(S^{2-})=K_{a2}^{\ominus}\frac{c(HS^-)}{c(H^+)}$$

因为　　　　　　$K_{a2}^{\ominus} \ll K_{a1}^{\ominus}$，所以 $c(HS^-) \approx c(H^+)$

故　　　　　　$c(S^{2-}) \approx K_{a2}^{\ominus}=1.3 \times 10^{-13}\,mol \cdot dm^{-3}$

$$\alpha=\sqrt{\frac{K_{a1}^{\ominus}}{c}} \times 100\%=\sqrt{\frac{1.1 \times 10^{-7}}{0.10}}=0.11\%$$

计算表明：二元弱酸溶液中酸根离子浓度近似地等于 $K_{a2}^{\ominus}$，而与弱酸的浓度关系不大。

2.1.4　同离子效应

当弱电解质，例如 HAc 达到解离平衡时：

$$HAc^- \Longrightarrow H^+ + Ac^-$$

若向体系中加入强电解质 NaAc 后，强电解质完全解离：

$$NaAc \longrightarrow Na^+ + Ac^-$$

由于 Ac^- 的引入，将破坏已建立的弱电解质的解离平衡。Ac^- 增多使 HAc 的解离平衡左移，HAc 的解离度减小。

在弱电解质溶液中，加入与其具有相同离子的易溶强电解质，使弱电解质的解离度降低，这种现象被称为**同离子效应**。

例 2.3　在 $0.10\,mol \cdot dm^{-3}$ HAc 溶液中，加固体 NaAc 使其浓度为 $0.10\,mol \cdot dm^{-3}$，求此混合溶液中 H^+ 浓度以及 HAc 溶液的解离度。已知 $K_a^{\ominus}(HAc)=1.75 \times 10^{-5}$。

解：设平衡时的 $c(H^+)$ 为 x，

$$HAc \Longrightarrow H^+ + Ac^-$$

初始浓度/$mol \cdot dm^{-3}$　　　　　　0.10　　　0　　　0.10

平衡浓度/mol·dm^{-3}　　　　　　　$0.10-x$　　x　　$0.10+x$

$$K_a^{\ominus}(HAc)=\frac{c(H^+)c(Ac^-)}{c(HAc)}$$

$$1.75\times10^{-5}=\frac{x(0.10+x)}{0.10-x}$$

因为 $K_a^{\ominus}(HAc)$ 很小，再加上同离子效应的作用，HAc 解离生成的 x 更小。所以

$$0.10+x\approx0.10 \ ; \ 0.10-x\approx0.10$$

$$1.75\times10^{-5}\approx\frac{0.10x}{0.10}=x$$

$$c(H^+)\approx1.75\times10^{-5}\,mol\cdot dm^{-3}$$

$$\alpha=\frac{1.75\times10^{-5}}{0.10}\times100\%=1.75\times10^{-2}\%$$

而从例 2.1 可知，未加固体 NaAc 时 0.10mol·dm^{-3} HAc 溶液的解离度为 1.32%，加入固体 NaAc 后，由于同离子效应，HAc 溶液的解离度大大降低。

2.1.5　缓冲溶液

2.1.5.1　缓冲溶液的概念

在水溶液中进行的许多反应都与溶液的 pH 值有关，其中有些反应要求在一定的 pH 值范围内进行，因此，控制反应体系的 pH 值，是保证反应正常进行的一个重要条件。人们研究出了一种可以控制溶液 pH 值的溶液，即缓冲溶液。

缓冲溶液是一种能抵抗少量强酸、强碱或稍加稀释而保持溶液 pH 值基本不变的溶液。缓冲溶液保持 pH 值不变的作用称为**缓冲作用**。

2.1.5.2　缓冲溶液的组成

缓冲溶液通常由弱酸及其共轭碱或弱碱及其共轭酸组成。例如：HAc-NaAc，H_2CO_3-$NaHCO_3$，$NH_3\cdot H_2O$-NH_4Cl，NaH_2PO_4-Na_2HPO_4 以及 $NaHCO_3$-Na_2CO_3 等。

2.1.5.3　缓冲作用机理

缓冲溶液为什么会使溶液的 pH 值控制在一定的范围内？以 HAc-NaAc 组成的缓冲溶液为例讨论缓冲作用机理。

弱电解质 HAc 和强电解质 NaAc 存在下面的解离：

$$HAc \rightleftharpoons H^+ + Ac^-$$

$$NaAc \longrightarrow Na^+ + Ac^-$$

在 HAc-NaAc 溶液中，由于同离子效应抑制了 HAc 的解离。所以，溶液中的 $c(HAc)$ 和 $c(Ac^-)$ 都很大。根据 HAc 的解离平衡，溶液中：

$$c(H^+)=\frac{K_a^{\ominus}c(HAc)}{c(Ac^-)}$$

当往该溶液中加入少量强酸时，强酸解离产生的 H^+ 就与 Ac^- 反应生成 HAc，使 HAc 的解离平衡向左移动，由于溶液中的 $c(Ac^-)$ 较大，加入强酸量又相对地较少，这样，大量的 Ac^- 只有少量用来同 H^+ 反应。当建立新的平衡时，$c(HAc)$ 仅略有增加，$c(Ac^-)$ 略有减少，$\dfrac{c(HAc)}{c(Ac^-)}$ 这一比值几乎保持不变，溶液中的 $c(H^+)$ 变化很小，pH 值保持了基本稳定。Ac^- 起到了抗酸的作用。

当在该溶液中加入少量的强碱时，强碱解离产生的 OH^- 就与 HAc 反应，HAc 的解离平衡向右移动。由于溶液中 $c(HAc)$ 较大，当建立新的平衡时，$c(HAc)$ 仅略减少，$c(Ac^-)$ 略有增加，$\dfrac{c(HAc)}{c(Ac^-)}$ 这一比值几乎保持不变，pH 值保持了基本稳定。HAc 起到了抗碱的作用。

2.1.5.4　缓冲溶液 pH 的计算

（1）对于弱酸及其共轭碱组成的缓冲溶液，HA 表示弱酸，A^- 表示其共轭碱

$$HA \rightleftharpoons H^+ + A^-$$

初始浓度　　　　　　　　　　c_1　　　　0　　c_2

平衡浓度　　　　　　　　　　c_1-x　　　x　　c_2+x

$$K_a^\ominus(HA) = \frac{c(H^+)c(A^-)}{c(HA)} = \frac{x(c_2+x)}{c_1-x}$$

由于同离子效应，近似有 $c_1-x \approx c_1$；$c_2+x \approx c_2$

故　　　　　　　　　　　$c(H^+) = x = K_a^\ominus \dfrac{c_1}{c_2}$

对上式两边取负对数得

$$pH = pK_a^\ominus - \lg \frac{c_1}{c_2} \tag{2.20}$$

式中，c_1 为弱酸的浓度；c_2 为其共轭碱的浓度。

例 2.4　若将 $0.1 mol \cdot dm^{-3}$ 的 HAc 和 $0.2 mol \cdot dm^{-3}$ 的 NaAc 溶液等体积混合，计算混合溶液的 pH 值。已知：$K_a^\ominus(HAc) = 1.75 \times 10^{-5}$。

解：等体积的 HAc 和 NaAc 溶液混合后，浓度各减少一半

$$c(Ac^-) = \frac{0.2}{2} = 0.1 mol \cdot dm^{-3}$$

$$c(HAc) = \frac{0.1}{2} = 0.05 mol \cdot dm^{-3}$$

HAc 和 NaAc 溶液混合后形成缓冲溶液，根据公式 $pH = pK_a^\ominus - \lg \dfrac{c_1}{c_2}$ 得

$$pH = pK_a^\ominus - \lg \frac{c(HAc)}{c(Ac^-)} = -\lg 1.75 \times 10^{-5} - \lg \frac{0.05}{0.1} = 5.06$$

（2）对于一元弱碱及其共轭酸组成的缓冲溶液，若以 B 表示弱碱，BH^+ 表示其共轭酸，则

$$B + H_2O \rightleftharpoons BH^+ + OH^-$$

初始浓度　　　　　　　　　　c_1　　　　　　c_2

平衡浓度　　　　　　　　　　c_1-x　　　　c_2+x　　x

$$K_b^\ominus = \frac{c(OH^-)c(BH^+)}{c(B)} = \frac{x(c_2+x)}{c_1-x}$$

由于同离子效应，近似有 $c_2+x \approx c_2$；$c_1-x \approx c_1$

故　　　　　　　　　　　$c(OH^-) = x = K_b^\ominus \dfrac{c_1}{c_2}$

对上式两边取负对数得：

$$pOH = pK_b^\ominus - \lg \frac{c_1}{c_2}$$

因

$$pH + pOH = pK_w^\ominus$$

所以

$$pH = pK_w^\ominus - pK_b^\ominus + \lg \frac{c_1}{c_2} \qquad (2.21)$$

式中，c_1 为弱碱的浓度；c_2 为其共轭酸的浓度。

例 2.5　欲配制 $pH = 9.20$ 的缓冲溶液，需在 $0.5 dm^3$ $1.0 mol \cdot dm^{-3}$ 的 $NH_3 \cdot H_2O$ 溶液中加入多少克固体 NH_4Cl。已知 $K_b^\ominus(NH_3 \cdot H_2O) = 1.77 \times 10^{-5}$，$NH_4Cl$ 的相对分子质量为 53.5。

解：$NH_3 \cdot H_2O$ 和 NH_4Cl 溶液混合后形成缓冲溶液，根据公式 $pH = pK_w^\ominus - pK_b^\ominus + \lg \frac{c_1}{c_2}$ 得

$$9.20 = 14 + \lg 1.77 \times 10^{-5} + \lg \frac{c(NH_3 \cdot H_2O)}{c(NH_4^+)}$$

$$9.20 = 14 + \lg 1.77 \times 10^{-5} + \lg \frac{1.0}{c(NH_4^+)}$$

解得

$$c(NH_4^+) = 1.1 mol \cdot dm^{-3}$$

所需 NH_4Cl 的质量为：$53.5 g \cdot mol^{-1} \times 1.1 mol \cdot dm^{-3} \times 0.5 dm^3 = 29.4 g$

2.1.5.5　缓冲溶液的应用

缓冲溶液在工业、农业等领域应用很广泛。例如，金属器件进行电镀时的电镀液中，常用缓冲溶液来控制一定的 pH 值。在土壤中，由于含有 H_2CO_3-$NaHCO_3$ 和 NaH_2PO_4-Na_2HPO_4 以及其他弱酸及其共轭碱所组成的复杂的缓冲溶液系统，能使土壤维持一定的 pH 值，从而保证了植物的正常生长。

人体同样离不开缓冲溶液，人的血液也必须依靠缓冲系统才能使 pH 保持在 $7.35 \sim 7.45$ 之间。这一范围最适合于细胞新陈代谢及整个机体的生存。如果血液的 pH 超出此范围 0.1 单位以上，人就会发生疾病，如 pH < 7.35 会出现酸中毒，pH > 7.45 就会出现碱中毒症状，严重时可能危及生命。人体血液中存在许多共轭酸碱对，主要有 H_2CO_3-HCO_3^-、$H_2PO_4^-$-HPO_4^{2-}、血红蛋白-血红蛋白共轭碱等。其中以 H_2CO_3-HCO_3^- 在血液中浓度最高，缓冲能力最大，对维持血液正常的 pH 值起主要作用。当人体新陈代谢过程产生的酸进入血液时，HCO_3^- 便立即与代谢酸中的 H^+ 结合，生成 H_2CO_3 分子。H_2CO_3 被血液带到肺部以 CO_2 的形式排出体外。人们吃的水果和蔬菜中含有柠檬酸的钠盐和钾盐等碱性物质进入血液时，H_2CO_3 解离出来的 H^+ 就与之结合，H^+ 的消耗可不断由 H_2CO_3 解离来补充，使血液中的 H^+ 浓度保持在一定范围内。

2.2　沉淀-溶解平衡

沉淀-溶解平衡讨论的对象是难溶强电解质。难溶意味着溶液的浓度很低，强电解质表明其溶解于水中全部解离。所以沉淀-溶解平衡，是难溶的强电解质与其溶解后解离的离子之间的平衡。

2.2.1　难溶强电解质的溶度积常数

在一定温度下，将难溶电解质放入水中时，就会发生溶解与沉淀的过程。如 $BaSO_4$ 固体，是由 Ba^{2+} 和 SO_4^{2-} 组成。当将 $BaSO_4$ 固体放入水中时，固体中 Ba^{2+} 和 SO_4^{2-} 在水分子的作用下，不断由固体表面进入溶液中，成为无规则运动的离子，这是 $BaSO_4$ 的溶解过程。与此同时，已经溶解在溶液中的 Ba^{2+} 和 SO_4^{2-} 在不断运动中相互碰撞，又有可能回到固体的表面，以沉淀的形式析出，这是 $BaSO_4$ 的沉淀过程。在一定的条件下，当溶解和沉淀的速率相等时，便建立了沉淀-溶解平衡。如：

$$BaSO_4(s) \underset{沉淀}{\overset{溶解}{\rightleftharpoons}} Ba^{2+}(aq) + SO_4^{2-}(aq)$$

该反应的标准平衡常数表示为：

$$K_{sp}^{\ominus}(BaSO_4) = c(Ba^{2+})c(SO_4^{2-})/(c^{\ominus})^2$$

简写为

$$K_{sp}^{\ominus}(BaSO_4) = c(Ba^{2+})c(SO_4^{2-})$$

上式表明，在难溶电解质的饱和溶液中，当温度一定时其离子相对浓度幂次方的乘积为一常数，这个常数用 $K_{sp}^{\ominus}$ 表示，称为**溶度积常数**，简称**溶度积**。难溶电解质的溶度积和其他标准平衡常数一样，主要取决于物质的本性，它是温度的函数，与离子浓度无关。$K_{sp}^{\ominus}$ 的大小反映了难溶电解质的溶解能力。$K_{sp}^{\ominus}$ 的数值可由实验测得，也可用热力学数据计算得到。本书附录 6 中列出了一些常见难溶电解质的溶度积。

若沉淀反应方程式写为：

$$A_mB_n(s) \rightleftharpoons mA^{n+}(aq) + nB^{m-}(aq)$$

则溶度积的通式为：

$$K_{sp}^{\ominus}(A_mB_n) = c^m(A^{n+})c^n(B^{m-}) \tag{2.22}$$

2.2.2　溶解度与溶度积的关系

中学阶段，我们把物质在一定温度下，在 100g 水中溶解的质量定义为该物质在此温度的溶解度。在沉淀平衡中，用难溶强电解质在水溶液中溶解生成离子部分的浓度表示该物质的**溶解度**，用 S 表示，单位为 $mol \cdot dm^{-3}$。

$$A_mB_n(s) \rightleftharpoons mA^{n+}(aq) + nB^{m-}(aq)$$

初始浓度　　　　　　　　　　　　　　0　　　　　0

平衡浓度　　　　　　　　　　　　　　mS　　　　nS

$$K_{sp}^{\ominus} = c^m(A^{n+})c^n(B^{m-}) = (mS)^m(nS)^n = m^m n^n S^{m+n}$$

$$S = \sqrt[m+n]{K_{sp}^{\ominus}/(m^m n^n)} \tag{2.23}$$

溶解度和溶度积都可以用来表示物质的溶解能力，它们之间可以相互换算。在一定温度下，是否难溶强电解质的溶度积越大，其溶解度越大？

例 2.6　在 25℃ 时，AgCl 的溶度积为 1.77×10^{-10}，Ag_2CrO_4 的溶度积为 1.12×10^{-12}，试求 AgCl 和 Ag_2CrO_4 的溶解度。

解：（1）设 AgCl 的溶解度为 S_1，则

$$AgCl(s) \rightleftharpoons Ag^+(aq) + Cl^-(aq)$$

初始浓度　　　　　　　　　　　　　　0　　　　　0

平衡浓度　　　　　　　　　　　　　　S_1　　　　S_1

$$K_{sp}^{\ominus}(AgCl) = c(Ag^+)c(Cl^-) = S_1^2$$

$$S_1 = \sqrt{K_{sp}^{\ominus}(AgCl)} = \sqrt{1.77 \times 10^{-10}} = 1.33 \times 10^{-5} mol \cdot dm^{-3}$$

（2）设 Ag_2CrO_4 的溶解度为 S_2，则

$$Ag_2CrO_4(s) \Longrightarrow 2Ag^+(aq) + CrO_4^{2-}(aq)$$

初始浓度 $\qquad\qquad\qquad\qquad\qquad\qquad$ 0 $\qquad\qquad$ 0

平衡浓度 $\qquad\qquad\qquad\qquad\qquad\qquad$ $2S_2$ $\qquad\qquad$ S_2

$$K_{sp}^{\ominus}(Ag_2CrO_4) = c^2(Ag^+)c(CrO_4^{2-}) = (2S_2)^2 S_2 = 4S_2^3$$

解得 $S_2 = \sqrt[3]{\dfrac{K_{sp}^{\ominus}(Ag_2CrO_4)}{4}} = \sqrt[3]{\dfrac{1.12 \times 10^{-12}}{4}} = 6.54 \times 10^{-5} \, mol \cdot dm^{-3}$

上述例题表明，虽然 AgCl 的溶度积比 Ag_2CrO_4 的溶度积大，但 AgCl 的溶解度比 Ag_2CrO_4 的溶解度小。这是因为 AgCl 是 AB 型化合物，Ag_2CrO_4 是 A_2B 型化合物。只有同一类型的难溶电解质可以通过溶度积的大小来比较它们的溶解度大小。例如，均属 AB 型的难溶电解质 AgCl、$BaSO_4$ 和 $CaCO_3$ 等，在相同温度下，溶度积越大，溶解度也越大；反之亦然。但对于不同类型的难溶电解质，则不能认为溶度积越大溶解度也一定大。

2.2.3　溶度积规则

在一定条件下，可以用溶度积来判断沉淀能否生成或溶解。难溶电解质 A_mB_n 的水溶液，存在下列平衡：

$$A_mB_n(s) \Longrightarrow mA^{n+}(aq) + nB^{m-}(aq)$$

反应在某时刻，相对离子浓度的乘积可以表示为：

$$Q = c^m(A^{n+})c^n(B^{m-})$$

式中，$c(A^{n+})$ 和 $c(B^{m-})$ 分别表示该时刻离子的非平衡浓度；Q 为难溶电解质的离子积。则存在如下关系：

$$\begin{cases} 当 Q < K_{sp}^{\ominus} 时，沉淀溶解； \\ 当 Q = K_{sp}^{\ominus} 时，平衡态，饱和溶液； \\ 当 Q > K_{sp}^{\ominus} 时，生成沉淀。 \end{cases}$$

以上规则称为**溶度积规则**。应用溶度积规则可以判断沉淀的生成和溶解。

例 2.7　将 $0.05 dm^3$ $0.20 mol \cdot dm^{-3}$ $MnSO_4$ 溶液与 $0.05 dm^3$ $0.02 mol \cdot dm^{-3}$ $NH_3 \cdot H_2O$ 混合，是否有 $Mn(OH)_2$ 沉淀生成？已知 $K_b^{\ominus}(NH_3 \cdot H_2O) = 1.77 \times 10^{-5}$，$K_{sp}^{\ominus}\{Mn(OH)_2\} = 2.06 \times 10^{-13}$。

解：等体积混合后，$c(Mn^{2+}) = 0.20/2 = 0.10 mol \cdot dm^{-3}$，$c(NH_3) = 0.02/2 = 0.01 mol \cdot dm^{-3}$

据 $NH_3 \cdot H_2O \Longrightarrow NH_4^+ + OH^-$，则

$$c(OH^-) = \sqrt{cK_b^{\ominus}} = \sqrt{1.77 \times 10^{-5} \times 0.01} = 4.21 \times 10^{-4} \, mol \cdot dm^{-3}$$

据 $Mn(OH)_2(s) \Longrightarrow Mn^{2+}(aq) + 2OH^-(aq)$，则

$$Q = c(Mn^{2+})c^2(OH^-) = 0.1 \times (4.21 \times 10^{-4})^2 = 1.77 \times 10^{-8}$$

$Q > K_{sp}^{\ominus}\{Mn(OH)_2\}$，根据溶度积规则可判定有 $Mn(OH)_2$ 生成。

2.2.4　影响沉淀反应的因素

2.2.4.1　同离子效应对沉淀反应的影响

与其他任何平衡一样，难溶电解质在水溶液中的沉淀-溶解平衡也是相对的、有条件的。当条件改变时，平衡必定发生移动。例如，在 AgCl 饱和溶液中加入 KCl 溶液，两者都含有

相同离子——Cl^-，根据平衡移动原理，Cl^- 浓度的增加，将使 AgCl 的沉淀-溶解平衡向生成 AgCl 沉淀的方向移动，降低了 AgCl 的溶解度。这种因加入含有相同离子的易溶强电解质而使难溶电解质溶解度降低的现象，称为沉淀-溶解平衡中的**同离子效应**。

例 2.8 室温下 $Mg(OH)_2$ 的溶度积是 5.61×10^{-12}。若 $Mg(OH)_2$ 在饱和溶液中完全解离，试计算：$Mg(OH)_2$ 在水中溶解度及在 $0.010 mol \cdot dm^{-3}$ 的 $MgCl_2$ 溶液中的溶解度。

解：（1）设 $Mg(OH)_2$ 在纯水中的溶解度为 S

$$Mg(OH)_2(s) \Longrightarrow Mg^{2+}(aq) + 2OH^-(aq)$$

初始浓度/$mol \cdot dm^{-3}$ 　　　　　　　　　　0 　　　　　0

平衡浓度/$mol \cdot dm^{-3}$ 　　　　　　　　　　S 　　　　$2S$

$$K_{sp}^{\ominus}\{Mg(OH)_2\} = c(Mg^{2+})c^2(OH^-) = S(2S)^2 = 4S^3$$

$$S = \sqrt[3]{K_{sp}^{\ominus}/4} = \sqrt[3]{5.61 \times 10^{-12}/4} = 1.1 \times 10^{-4} (mol \cdot dm^{-3})$$

（2）设 $Mg(OH)_2$ 在 $0.010 mol \cdot dm^{-3}$ 的 $MgCl_2$ 溶液中的溶解度为 S_1

$$Mg(OH)_2(s) \Longrightarrow Mg^{2+}(aq) + 2OH^-(aq)$$

初始浓度/$mol \cdot dm^{-3}$ 　　　　　　　0.010 　　　　　0

平衡浓度/$mol \cdot dm^{-3}$ 　　　　　0.010+S_1 　　　　$2S_1$

$$K_{sp}^{\ominus}\{Mg(OH)_2\} = c(Mg^{2+})c^2(OH^-) = (0.010 + S_1)(2S_1)^2$$

由于 $Mg(OH)_2$ 的溶度积很小，因此 $0.010 + S_1 \approx 0.010$

则 　　　　　　　　　　$K_{sp}^{\ominus} \approx 0.010 \times 4S_1^2$

解得 　　　　　　　　　$S_1 = 1.1 \times 10^{-5} mol \cdot dm^{-3}$

上述例题表明 $Mg(OH)_2$ 在 $MgCl_2$ 溶液中的溶解度低于在水中的溶解度，这是由于同离子效应的作用。

欲使某一种离子从溶液中充分沉淀出来，根据同离子效应，必须加入过量的沉淀试剂，才能使沉淀反应趋于完全。所谓"沉淀完全"并不是使溶液中的某种离子浓度真正等于零，实际上这也是做不到和不必要的。一般来说，只要溶液中被沉淀离子浓度 $\leqslant 10^{-5} mol \cdot dm^{-3}$ 就可以认为沉淀完全了。

2.2.4.2 酸度对沉淀反应的影响

在沉淀反应中，要使沉淀完全，除了选择并加入适当过量的沉淀剂外，对于某些沉淀反应（如生成难溶弱酸盐和难溶氢氧化物等的沉淀反应），还必须控制溶液的酸度，才能确保沉淀完全。

现以生成金属氢氧化物沉淀为例进行讨论。由于难溶金属氢氧化物的溶度积不同，故沉淀时的 OH^- 浓度或 pH 也不相同。例如，在 $M(OH)_n$ 型难溶氢氧化物的沉淀平衡中：

$$M(OH)_n(s) \Longrightarrow M^{n+}(aq) + nOH^-(aq)$$

$$K_{sp}^{\ominus}\{M(OH)_n\} = \frac{c(M^{n+})}{c^{\ominus}}\left\{\frac{c(OH^-)}{c^{\ominus}}\right\}^n$$

$$c(OH^-) = \sqrt[n]{\frac{K_{sp}^{\ominus}\{M(OH)_n\}}{c(M^{n+})}}$$

若溶液中金属离子的浓度 $c(M^{n+}) = 1 mol \cdot dm^{-3}$，则氢氧化物开始沉淀时 OH^- 的最低浓度为：

$$c(OH^-)_{min} = \sqrt[n]{K_{sp}^{\ominus}\{M(OH)_n\}}$$

M^{n+} 沉淀完全 [溶液中 $c(M^{n+}) \leqslant 10^{-5} mol \cdot dm^{-3}$] 时，$OH^-$ 的最低浓度为：

$$c(OH^-)_{min} = \sqrt[n]{\frac{K_{sp}^{\ominus}\{M(OH)_n\}}{10^{-5}}}$$

同理，各种不同溶度积的难溶性弱酸盐开始沉淀和沉淀完全的 pH 值也是不同的。

例 2.9　向 $0.10mol \cdot dm^{-3}$ $FeCl_2$ 溶液中通 H_2S 气体至饱和（浓度约为 $0.10mol \cdot dm^{-3}$）时，溶液中刚好有 FeS 沉淀生成，求此时溶液的 $c(H^+)$ 及 pH 值。

分析：此题涉及沉淀平衡和酸解离平衡两个平衡。溶液中的 $c(H^+)$ 将影响 H_2S 解离出的 $c(S^{2-})$，而 S^{2-} 又要与 Fe^{2+} 共处于沉淀溶解平衡之中。于是可求出与 $0.10mol \cdot dm^{-3}$ Fe^{2+} 共存的 $c(S^{2-})$，再求出与饱和 H_2S 及 S^{2-} 平衡的 $c(H^+)$。

解：
$$FeS(s) \Longleftrightarrow Fe^{2+}(aq) + S^{2-}(aq)$$

溶液中刚好有 FeS 沉淀生成时，

$$c(S^{2-}) = \frac{K_{sp}^{\ominus}(FeS)}{c(Fe^{2+})} = \frac{1.59 \times 10^{-19}}{0.10} = 1.59 \times 10^{-18} mol \cdot dm^{-3}$$

$$H_2S \Longleftrightarrow 2H^+ + S^{2-}$$

$$K_{a1}^{\ominus} K_{a2}^{\ominus} = \frac{c^2(H^+)c(S^{2-})}{c(H_2S)}$$

$$c(H^+) = \sqrt{\frac{K_{a1}^{\ominus} K_{a2}^{\ominus} c(H_2S)}{c(S^{2-})}} = \sqrt{\frac{1.1 \times 10^{-7} \times 1.3 \times 10^{-13} \times 0.1}{1.59 \times 10^{-18}}} = 3.0 \times 10^{-2} mol \cdot dm^{-3}$$

$$pH = -lg c(H^+) = -lg(3.0 \times 10^{-2}) = 1.52$$

2.2.5　分步沉淀

溶液中往往同时含有几种离子，当加入某种沉淀剂，与溶液中几种离子都能发生反应而生成沉淀，这种情况下离子积（Q）首先超过溶度积的难溶电解质先沉淀。

例如，在向含有相同浓度的 I^- 和 Cl^- 的溶液中，逐滴加入 $AgNO_3$ 溶液。开始只生成溶度积较小的淡黄色 AgI 沉淀 $[K_{sp}^{\ominus}(AgI) = 8.51 \times 10^{-17}]$，然后才会析出溶度积较大的白色 AgCl 沉淀 $[K_{sp}^{\ominus}(AgCl) = 1.77 \times 10^{-10}]$。这种在混合溶液中多种离子发生先后沉淀的现象称为**分步沉淀**。

例 2.10　一种混合溶液含有 $3.0 \times 10^{-2} mol \cdot dm^{-3}$ 的 Pb^{2+} 和 $2.0 \times 10^{-2} mol \cdot dm^{-3}$ 的 Cr^{3+}，若向其中逐滴加入浓 NaOH 溶液（忽略溶液体积的变化），Pb^{2+} 和 Cr^{3+} 均有可能形成氢氧化物沉淀。问：

（1）哪种离子先被沉淀？

（2）若要分离这两种离子，溶液的 pH 值应控制在什么范围？

解：（1）查表得 $K_{sp}^{\ominus}\{Pb(OH)_2\} = 1.20 \times 10^{-15}$，$K_{sp}^{\ominus}\{Cr(OH)_3\} = 6.0 \times 10^{-31}$
$$Pb(OH)_2(s) \Longleftrightarrow Pb^{2+}(aq) + 2OH^-(aq)$$

生成 $Pb(OH)_2$ 沉淀所需 OH^- 的浓度为

$$c(OH^-) = \sqrt{\frac{K_{sp}^{\ominus}\{Pb(OH)_2\}}{c(Pb^{2+})}} = \sqrt{\frac{1.2 \times 10^{-15}}{3.0 \times 10^{-2}}} = 2.0 \times 10^{-7} mol \cdot dm^{-3}$$

$$Cr(OH)_3(s) \Longleftrightarrow Cr^{3+}(aq) + 3OH^-(aq)$$

生成 $Cr(OH)_3$ 沉淀所需 OH^- 的浓度为

$$c(OH^-) = \sqrt[3]{\frac{K_{sp}^{\ominus}\{Cr(OH)_3\}}{c(Cr^{3+})}} = \sqrt[3]{\frac{6.0 \times 10^{-31}}{2.0 \times 10^{-2}}} = 3.1 \times 10^{-10} mol \cdot dm^{-3}$$

Cr(OH)$_3$ 沉淀所需的 $c(OH^-)$ 小于 Pb(OH)$_2$ 沉淀所需的 $c(OH^-)$，所以 Cr(OH)$_3$ 先沉淀析出。

（2）要分离这两种离子，就意味着在 Cr^{3+} 完全沉淀时 ［即 $c(Cr^{3+}) \leqslant 1.0 \times 10^{-5}$ mol·dm^{-3}］，Pb^{2+} 不被沉淀。当 Cr^{3+} 完全沉淀时所需的 OH$^-$ 的浓度为

$$c(OH^-) = \sqrt[3]{\frac{K_{sp}^{\ominus}\{Cr(OH)_3\}}{c(Cr^{3+})}} = \sqrt[3]{\frac{6.0 \times 10^{-31}}{1.0 \times 10^{-5}}} = 3.9 \times 10^{-9} \text{ mol·dm}^{-3}$$

此时 $$pH = -\lg c(H^+) = -\lg \frac{K_w^{\ominus}}{c(OH^-)} = -\lg \frac{1.0 \times 10^{-14}}{3.9 \times 10^{-9}} = 5.6$$

此时 Cr^{3+} 完全沉淀，Pb^{2+} 不被沉淀。

而 Pb^{2+} 开始沉淀时的 pH 值：

$$pH = -\lg c(H^+) = -\lg \frac{K_w^{\ominus}}{c(OH^-)} = -\lg \frac{1.0 \times 10^{-14}}{2.0 \times 10^{-7}} = 7.3$$

因此，若分离这两种离子，应将溶液的 pH 值控制在 5.6～7.3 之内。

2.2.6 沉淀的溶解与转化

2.2.6.1 沉淀的溶解

根据溶度积规则，只有满足 $Q < K_{sp}^{\ominus}$，沉淀才可以溶解。因此创造一定条件，降低溶液中的离子浓度，可使沉淀溶解。沉淀溶解的常用方法有下面两种。

（1）使相关离子生成弱电解质　一些沉淀可以通过使其相关离子生成弱电解质的方法进行溶解。例如：要使 FeS 溶解，可以加入 HCl。HCl 解离生成的 H$^+$ 和 FeS 中溶解的 S^{2-} 相结合，形成弱电解质 H$_2$S，于是 FeS 继续溶解。

$$FeS + 2HCl^- \longrightarrow FeCl_2 + H_2S$$

（2）使相关离子氧化　有些难溶于酸的硫化物如 Ag$_2$S、CuS、PbS 等，它们的溶度积太小，不能像 FeS 那样溶解于非氧化性酸，但可以加入氧化性酸使之溶解。例如：向 CuS 沉淀中加入稀 HNO$_3$，可使 S^{2-} 被氧化，从而降低了溶液中 S^{2-} 浓度，使平衡向沉淀溶解方向移动。反应方程式为：

$$3CuS + 2NO_3^- + 8H^+ \longrightarrow 3Cu^{2+} + 3S + 2NO + 4H_2O$$

2.2.6.2 沉淀的转化

有些沉淀既不溶于水也不溶于酸，也不能通过氧化还原溶解等方法将其溶解。这时可以把一种难溶电解质转化为另一种难溶电解质，然后使其溶解。把一种沉淀转化成另一种沉淀的过程，叫做沉淀的转化。例如，锅炉中的锅垢，其主要成分为 CaSO$_4$。由于锅垢的导热能力很小，阻碍传热，浪费燃料，还可能引起锅炉或蒸汽管的爆裂，造成事故。但 CaSO$_4$ 不溶于酸，难以除去。可以用 Na$_2$CO$_3$ 溶液使 CaSO$_4$ 转化为溶于酸的 CaCO$_3$ 沉淀，便于锅垢的清除。

$$CaSO_4(s) \rightleftharpoons Ca^{2+}(aq) + SO_4^{2-}(aq)$$
$$Na_2CO_3 \longrightarrow CO_3^{2-} + 2Na^+$$
$$Ca^{2+}(aq) + CO_3^{2-}(aq) \rightleftharpoons CaCO_3(s)$$

由于 CaSO$_4$ 的溶度积（$K_{sp}^{\ominus} = 7.10 \times 10^{-5}$）大于 CaCO$_3$ 的溶度积（$K_{sp}^{\ominus} = 4.96 \times 10^{-9}$），CaSO$_4$ 溶解生成的 Ca^{2+} 与加入的 CO$_3^{2-}$ 结合生成溶度积更小的 CaCO$_3$ 沉淀。从而

降低了溶液中 Ca^{2+} 浓度，破坏了 $CaSO_4$ 的溶解平衡，使 $CaSO_4$ 不断溶解或转化。

沉淀转化的程度可以用以下反应的平衡常数来衡量：

$$CaSO_4(s) + CO_3^{2-}(aq) \Longrightarrow CaCO_3(s) + SO_4^{2-}(aq)$$

$$K^{\ominus} = \frac{c(SO_4^{2-})}{c(CO_3^{2-})} = \frac{c(SO_4^{2-})c(Ca^{2+})}{c(CO_3^{2-})c(Ca^{2+})} = \frac{K_{sp}^{\ominus}(CaSO_4)}{K_{sp}^{\ominus}(CaCO_3)} = \frac{7.10 \times 10^{-5}}{4.96 \times 10^{-9}} = 1.43 \times 10^4$$

此转化反应的平衡常数较大，表明沉淀转化的程度较大。

对于某些锅炉用水来说，虽经 Na_2CO_3 处理，使 $CaSO_4$ 转化为溶于酸的 $CaCO_3$ 沉淀。但 $CaCO_3$ 在水中仍有一定的溶解度，当锅炉中水不断蒸发时，溶解的少量 $CaCO_3$ 又沉淀析出。为了进一步降低锅炉水中的 Ca^{2+} 浓度，还可以再用 Na_3PO_4 补充处理，使生成 $Ca_3(PO_4)_2$ 沉淀而除去。

$$3CaCO_3(s) + 2PO_4^{3-}(aq) \Longrightarrow Ca_3(PO_4)_2(s) + 3CO_3^{2-}(aq)$$

此转化反应的标准平衡常数：

$$K^{\ominus} = \frac{c^3(CO_3^{2-})}{c^2(PO_4^{3-})} = \frac{c^3(CO_3^{2-})c^3(Ca^{2+})}{c^2(PO_4^{3-})c^3(Ca^{2+})} = \frac{\{K_{sp}^{\ominus}(CaCO_3)\}^3}{K_{sp}^{\ominus}\{Ca_3(PO_4)_2\}}$$

$$K^{\ominus} = \frac{(4.96 \times 10^{-9})^3}{2.07 \times 10^{-33}} = 5.89 \times 10^7$$

此转化反应的平衡常数很大，表明沉淀转化的程度很大。

2.3　配合物及水溶液中的配位平衡

2.3.1　配合物的基本概念

向硫酸铜溶液中滴加氨水，开始有蓝色的碱式硫酸铜沉淀 $Cu_2(OH)_2SO_4$ 生成。当氨水过量时，蓝色沉淀消失，变成深蓝色的溶液。在该深蓝色溶液中加入乙醇，立即有深蓝色晶体析出。通过化学分析确定其组成为 $CuSO_4 \cdot 4NH_3 \cdot H_2O$。利用 X 射线结构分析技术确知晶体中 4 个 NH_3 与 1 个 Cu^{2+} 互相结合，形成复杂离子 $[Cu(NH_3)_4]^{2+}$。这种复杂离子称为配离子。由配离子形成的配合物，如 $[Cu(NH_3)_4]SO_4$ 和 $K_4[Fe(CN)_6]$ 是由内界和外界两部分组成的。内界为配合物的特征部分，是中心离子（原子）和配体分子（或离子）之间通过配位键结合而形成的一个相当稳定的整体，通常也称为配位单元（或配合单元），在配合物化学式中以方括号标明。配位单元可以是配阳离子，如 $[Co(NH_3)_6]^{3+}$ 和 $[Cu(NH_3)_4]^{2+}$，可以是配阴离子，如 $[Cr(CN)_6]^{3-}$ 和 $[Co(SCN)_4]^{2-}$，也可以是中性分子，如 $[Ni(CO)_4]$。方括号外的离子，离中心较远，构成外界。内界和外界之间以离子键结合，在水中全部解离。在配合物 $K_4[Fe(CN)_6]$ 中内界为 $[Fe(CN)_6]^{4+}$，外界为 K^+。有些配合物不存在外界，如 $[PtCl_2(NH_3)_2]$。

(1) 形成体　中心离子或中心原子统称为配合物的**形成体**，它位于配离子的中心，是配合物的核心部分。只有具备价层空轨道，能接受孤对电子的离子或原子，才能成为中心离子（或中心原子）。中心离子绝大多数是带正电荷的阳离子，其中以过渡金属离子居多，如 Fe^{3+}、Cu^{2+}、Co^{2+} 等；少数高氧化态的非金属元素也可作中心离子，如 $[BF_4]^-$、$[SiF_6]^{2-}$ 中的 B(Ⅲ)、Si(Ⅳ) 等。中心原子如 $[Ni(CO)_4]$ 中的 Ni 原子。

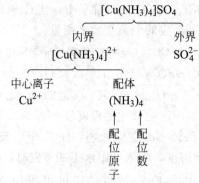

（2）配位个体、配体及配位原子　在配合物中与形成体结合的离子或中性分子称为**配位体**，简称**配体**，如 $[Cu(NH_3)_4]^{2+}$ 中的 NH_3、$[Fe(CN)_6]^{4-}$ 中的 CN^- 等。由形成体结合一定数目的配体所形成的结构单元称为**配位个体**，如 $[Cu(NH_3)_4]^{2+}$、$[Fe(CN)_6]^{4-}$ 等。在配体中提供孤对电子对与形成体形成配位键的原子称为**配位原子**，如配体 NH_3 中的 N。常见的配位原子为电负性较大的非金属原子，如 N、O、S、C 和卤素等原子。

根据一个配体中所含配位原子数目的不同，可将配体分为单齿配体和多齿配体。

① 单齿配体　一个配体中只有一个配位原子，如 NH_3、OH^- 等。

② 多齿配体　一个配体中有两个或两个以上的配位原子，如乙二胺：$H_2N—CH_2—CH_2—NH_2$（简写为 en）或草酸根：$C_2O_4^{2-}$（简写 ox）有两个配位原子（两个 N 或两个 O 原子），是多齿配体。这类多齿配体能和中心原子（或离子）形成环状结构，像螃蟹的双蟹钳住东西起螯合作用一样，因此，称这种多齿配体为螯合剂，形成的配合物称为螯合物。

有些配体虽然也具有两个或两个以上配位原子，但在一定条件下，仅有一种配位原子与中心离子形成配位键，这种配体称为**两可配体**。例如 SCN^- 中含有 S 和 N 两个不同的配位原子，在 $[Fe(NCS)]^{2+}$ 中，N 作配位原子；在 $[Ag(SCN)_2]^-$ 中，S 作配位原子。属于两可配体的还有 NO_2^-、CN^- 等。

（3）配位数　在配位个体中与一个形成体成键的配位原子的总数称为该形成体的**配位数**。例如 $[Cu(NH_3)_4]^{2+}$ 中，Cu^{2+} 的配位数是 4；$[PtCl_2(NH_3)_2]$ 中 Pt^{2+} 的配位数为 4。目前已知形成体的配位数有 1 到 14，其中最常见的是 6 和 4。由单齿配体形成的配合物，中心离子的配位数等于配体的数目；若配体是多齿配体，那么配体的数目不等于中心离子的配位数。形成体配位数的多少一般取决于形成体和配体的性质（电荷、半径、核外电子分布等）。

（4）配离子的电荷　形成体和配体电荷的代数和即为配离子的电荷。例如，$K_4[Fe(CN)_6]$ 中配离子的电荷数可根据 Fe^{2+} 和 6 个 CN^- 电荷的代数和判定为 -4，也可根据配合物的外界离子（4 个 K^+）电荷数判定 $[Fe(CN)_6]^{4-}$ 的电荷数为 -4。

2.3.2　配合物的化学式及命名

2.3.2.1　书写配合物的化学式应遵循的原则

（1）在化学式中阳离子写在前，阴离子写在后。

（2）配位个体的化学式，先列出形成体的元素符号，再依次列出阴离子和中性配体；无机配体列在前面，有机配体列在后面，将整个配位个体的化学式用方括号括上。在括号内同类配体的次序，以配位原子元素符号的英文字母次序排列。例如 NH_3 和 H_2O 两种中性分子配体的配位原子分别为 N 原子和 O 原子，按照英文字母次序，NH_3 写在 H_2O 之前。

2.3.2.2 配合物的命名

配合物的命名，遵循无机化合物命名的一般原则：命名时阴离子在前，阳离子在后。若为配阳离子化合物，则叫做某化某或某酸某。若为配阴离子化合物，则在配阴离子与外界阳离子之间用"酸"字连接，若外界为氢离子，则在配阴离子之后缀以"酸"字。

配位个体按照以下原则进行命名。

（1）配体名称列在形成体名称之前。不同配体名称的顺序同书写顺序，相互之间用"·"分开，在最后一个配体名称之后缀以"合"字。

（2）同类配体的名称按配位原子元素名称的英文字母顺序排列。

（3）配体个数用二、三、四等数字表示。形成体的氧化数用带括号的罗马数字表示。

配体的命名如下。

（1）带倍数词头的无机含氧酸根阴离子配体，命名时要用括号括起来，例如（三磷酸根）。有的无机含氧酸阴离子，即使不含倍数词头，但含有一个以上代酸原子，也要用括号，例如（硫代硫酸根）。

（2）有些配体具有相同的化学式，但由于配位原子不同，而有不同的命名。例如配体 ONO^-（O 为配位原子）称亚硝酸根，而 NO_2^-（N 为配位原子）称硝基；SCN^-（S 为配位原子）称硫氰酸根，而 NCS^-（N 为配位原子）称异硫氰酸根；CO（C 为配位原子）称羰基，OH^-（O 为配位原子）称羟基等。

一些配合物的化学式以及系统命名见表 2.2。

表 2.2 一些配合物的化学式以及系统命名

化 学 式	系 统 命 名	化 学 式	系 统 命 名
$H_2[SiF_6]$	六氟合硅(Ⅳ)酸	$K_4[Fe(CN)_6]$	六氰合铁(Ⅱ)酸钾
$[Ag(NH_3)_2](OH)$	氢氧化二氨合银(Ⅰ)	$Na_3[Ag(S_2O_3)_2]$	二(硫代硫酸根)合银(Ⅰ)酸钠
$[Cu(NH_3)_4]SO_4$	硫酸四氨合铜(Ⅱ)	$K[PtCl_5(NH_3)]$	五氯·一氨合铂(Ⅳ)酸钾
$[CrCl_2(H_2O)_4]Cl$	一氯化二氯·四水合铬(Ⅲ)	$[Fe(CO)_5]$	五羰基合铁
$[Co(NH_3)_5(H_2O)]Cl_3$	三氯化五氨·一水合钴(Ⅲ)	$[PtCl_4(NH_3)_2]$	四氯·二氨合铂(Ⅳ)

2.3.3 配位平衡

2.3.3.1 配离子的稳定常数

含配离子的可溶性配合物在水中的解离有两种情况：一种发生在内界与外界之间——全部解离；另一种发生在配离子的中心离子与配体之间——部分解离（类似弱电解质），即存在配位-解离平衡。以 $[Ag(NH_3)_2]^+$ 为例，其总的解离平衡为：

$$[Ag(NH_3)_2]^+ \rightleftharpoons Ag^+ + 2NH_3$$

总的解离常数为：

$$K_i^\ominus = \frac{\{c(Ag^+)/c^\ominus\}\{c(NH_3)/c^\ominus\}^2}{c([Ag(NH_3)_2]^+)/c^\ominus} \tag{2.24}$$

对同一类型（形成体与配体数目相同）的配离子来说，$K_i^\ominus$ 值越大，表示配离子越易解离，即配离子越不稳定。所以 $K_i^\ominus$ 又称为配离子的不稳定常数，并以 $K_{\text{不稳}}^\ominus$ 表示。

与多元弱酸（或碱）的解离一样，配离子在水溶液中的解离也是分级解离的。例如 $[Ag(NH_3)_2]^+$ 的分级解离如下。

一级解离：
$$[Ag(NH_3)_2]^+ \rightleftharpoons [Ag(NH_3)]^+ + NH_3$$

$$K^{\ominus}_{\text{不稳}1}=\frac{\{c([(\text{Ag(NH}_3)]^{+}/c^{\ominus}\}\{c(\text{NH}_3)/c^{\ominus}\}}{c([\text{Ag(NH}_3)_2]^{+})/c^{\ominus}} \tag{2.25}$$

二级解离：

$$[\text{Ag(NH}_3)]^{+} \Longleftrightarrow \text{Ag}^{+}+\text{NH}_3$$

$$K^{\ominus}_{\text{不稳}2}=\frac{\{c(\text{Ag}^{+})/c^{\ominus}\}\{c(\text{NH}_3)/c^{\ominus}\}}{c([\text{Ag(NH}_3)]^{+})/c^{\ominus}} \tag{2.26}$$

配合物解离反应的逆反应是配合物的生成反应。通常用配合物生成反应的平衡常数来表示配合物的稳定性。对 $[\text{Ag(NH}_3)_2]^{+}$ 来说，其总的生成反应可表示为：

$$\text{Ag}^{+}+2\text{NH}_3 \Longleftrightarrow [\text{Ag(NH}_3)_2]^{+}$$

$$K^{\ominus}_{f}=\frac{c([\text{Ag(NH}_3)_2]^{+})/c^{\ominus}}{\{c(\text{Ag}^{+})/c^{\ominus}\}\{c(\text{NH}_3)/c^{\ominus}\}^{2}} \tag{2.27}$$

$K^{\ominus}_{f}$ 是配离子总的生成常数，又称为稳定常数或累积稳定常数，也可以用 $K^{\ominus}_{稳}$ 表示。对同一类型的配离子来说，$K^{\ominus}_{f}$ 值越大，配离子越稳定，反之则越不稳定。

生成反应也是分步进行的，每一步都有一个对应的稳定常数。

$$\text{Ag}^{+}+\text{NH}_3 \Longleftrightarrow [\text{Ag(NH}_3)]^{+}$$

$$K^{\ominus}_{稳1}=\frac{c([\text{Ag(NH}_3)]^{+})/c^{\ominus}}{\{c(\text{Ag}^{+})/c^{\ominus}\}\{c(\text{NH}_3)/c^{\ominus}\}} \tag{2.28}$$

$$[\text{Ag(NH}_3)]^{+}+\text{NH}_3 \Longleftrightarrow [\text{Ag(NH}_3)_2]^{+}$$

$$K^{\ominus}_{稳2}=\frac{c([\text{Ag(NH}_3)_2]^{+})/c^{\ominus}}{c([\text{Ag(NH}_3)]^{+})/c^{\ominus}\{c(\text{NH}_3)/c^{\ominus}\}} \tag{2.29}$$

多配体配离子的总稳定常数等于分步稳定常数的乘积。

$$K_{稳}=K^{\ominus}_{稳1}K^{\ominus}_{稳2}\cdots \tag{2.30}$$

显然，对于同一种配离子，$K^{\ominus}_{稳}$ 和 $K^{\ominus}_{不稳}$ 互成倒数关系：

$$K^{\ominus}_{稳}=\frac{1}{K^{\ominus}_{不稳}} \tag{2.31}$$

2.3.3.2　配离子的稳定常数的应用

附录 7 列出了一些配位化合物的稳定常数，利用配离子的稳定常数，可以计算配合物溶液中有关离子的浓度，判断配离子与沉淀之间、配离子之间转化的可能性。

（1）计算配合物溶液中有关离子的浓度　由于一般配离子的分步稳定常数彼此相差不大，因此在计算离子浓度时应注意考虑各级配离子的存在，但在实际工作中，一般所加配位剂过量，此时中心离子基本上处于最高配位状态，而低级配离子可以忽略不计，这样可以根据总的稳定常数来计算。

例 2.11　将 $0.02\text{mol}\cdot\text{dm}^{-3}$ CuSO_4 溶液和 $1.08\text{mol}\cdot\text{dm}^{-3}$ 氨水等体积混合，计算溶液中 Cu^{2+} 的浓度。

解：两溶液等体积混合后，浓度减半。因此

$$c(\text{Cu}^{2+})=0.01\text{mol}\cdot\text{dm}^{-3}; c(\text{NH}_3)=0.54\text{mol}\cdot\text{dm}^{-3}$$

由于溶液中 $c(\text{NH}_3)$ 远远大于 $c(\text{Cu}^{2+})$，而 $[\text{Cu(NH}_3)_4]^{2+}$ 的 $K^{\ominus}_{稳}$（2.09×10^{13}）很大，故两溶液混合后，绝大部分的 Cu^{2+} 转化为 $[\text{Cu(NH}_3)_4]^{2+}$。设平衡时溶液中 Cu^{2+} 的浓度为 $x(\text{mol}\cdot\text{dm}^{-3})$，$\text{NH}_3$ 的浓度为 $y(\text{mol}\cdot\text{dm}^{-3})$

$$\text{Cu}^{2+}+4\text{NH}_3 \Longleftrightarrow [\text{Cu(NH}_3)_4]^{2+}$$

初始浓度/mol·dm^{-3}	0.01　　0.54	0
平衡浓度/mol·dm^{-3}	x　　y	$0.01-x$

$$y=0.54-4(0.01-x)=0.50+4x$$

$$K_{稳}^{\ominus}=\frac{c([Cu(NH_3)_4]^{2+})/c^{\ominus}}{\{c(Cu^{2+})/c^{\ominus}\}\{c(NH_3)/c^{\ominus}\}^4}=\frac{0.01-x}{x(0.50+4x)^4}$$

$$2.09\times10^{13}\approx\frac{0.01}{x(0.50)^4}$$

$$x=7.6\times10^{-15}$$

(2) 判断配离子与沉淀之间转化的可能性

例 2.12　在 1L 例 2.11 所述的溶液中，加入 0.1mol NaOH，问有无 $Cu(OH)_2$ 沉淀生成？若加入 0.001mol Na_2S，有无 CuS 沉淀生成？（设溶液体积不变）已知 $K_{sp}^{\ominus}[Cu(OH)_2]=2.2\times10^{-20}$，$K_{sp}^{\ominus}(CuS)=6.3\times10^{-36}$。

解：(1) 当加入 0.1mol NaOH 后，溶液中的 $c(OH^-)$ 约等于 $0.1mol\cdot dm^{-3}$，

$$Cu(OH)_2(s)\Longleftrightarrow Cu^{2+}(aq)+2OH^-(aq)$$

离子积　$Q=\dfrac{c(Cu^{2+})}{c^{\ominus}}\left\{\dfrac{c(OH^-)}{c^{\ominus}}\right\}^2=7.6\times10^{-15}\times0.1^2=7.6\times10^{-17}$

$Q>K_{sp}^{\ominus}[Cu(OH)_2]$，因此有 $Cu(OH)_2$ 沉淀生成。

(2) 加入 0.001mol Na_2S 后，$c(S^{2-})$ 等于 $0.001mol\cdot dm^{-3}$（未考虑 S^{2-} 的水解），

$$CuS(s)\Longleftrightarrow Cu^{2+}(aq)+S^{2-}(aq)$$

离子积　$Q=\dfrac{c(Cu^{2+})}{c^{\ominus}}\times\dfrac{c(S^{2-})}{c^{\ominus}}=7.6\times10^{-15}\times0.001=7.6\times10^{-18}$

$Q>K_{sp}^{\ominus}[CuS]$，因此有 CuS 沉淀生成。

(3) 判断配离子之间转化的可能性　配离子之间的转化，与沉淀之间的转化类似，反应向着生成更稳定的配离子的方向进行。两种配离子的稳定常数相差越大，转化越完全。

例 2.13　向含有 $[Ag(NH_3)_2]^+$ 的溶液中加入 KCN，此时可能发生下列反应：

$$[Ag(NH_3)_2]^++2CN^-\Longleftrightarrow[Ag(CN)_2]^-+2NH_3$$

通过计算，判断 $[Ag(NH_3)_2]^+$ 是否可能转化为 $[Ag(CN)_2]^-$。

解：根据平衡常数表示式可写出

$$K^{\ominus}=\frac{c\{[Ag(CN)_2]^-\}\{c(NH_3)\}^2}{c\{[Ag(NH_3)_2]^+\}\{c(CN^-)\}^2}$$

分子分母同乘以 $c(Ag^+)$ 后可得

$$K^{\ominus}=\frac{c\{[Ag(CN)_2]^-\}\{c(NH_3)\}^2c(Ag^+)}{c\{[Ag(NH_3)_2]^+\}\{c(CN^-)\}^2c(Ag^+)}=\frac{K_{稳}^{\ominus}\{[Ag(CN)_2]^-\}}{K_{稳}^{\ominus}\{[Ag(NH_3)_2]^+\}}$$

已知 $[Ag(NH_3)_2]^+$ 和 $[Ag(CN)_2]^-$ 的 $K_{稳}^{\ominus}$ 分别为 1.67×10^7 和 1.26×10^{21}。则

$$K^{\ominus}=\frac{1.26\times10^{21}}{1.67\times10^7}=7.50\times10^{13}$$

$K^{\ominus}$ 值之大说明转化反应能进行完全，$[Ag(NH_3)_2]^+$ 能转化为更为稳定的 $[Ag(CN)_2]^-$。

参 考 文 献

[1] 宋天佑，程鹏，王杏乔. 无机化学. 北京：高等教育出版社，2004.
[2] 曲保中，朱炳林，周伟红. 新大学化学. 北京：高等教育出版社，2005.
[3] 浙江大学普通化学教学组编. 普通化学. 第 5 版. 北京：高等教育出版社，2005.
[4] 大连理工大学无机化学教研室编. 无机化学. 第 3 版. 北京：高等教育出版社，1990.

[5] 马家举主编. 普通化学. 北京：化学工业出版社，2003.

[6] 胡忠鲠主编. 现代化学基础. 北京：高等教育出版社，2000.

[7] Lucy Pryde Eubanks，Catherine H Middlecamp. 化学与社会. 段连运译. 北京：化学工业出版社，2008.

[8] 天津大学无机化学教研室编. 无机化学. 第3版. 北京：高等教育出版社，2009.

习　题

1. 现有 $0.2mol \cdot dm^{-3}$ HCl 溶液和 $0.2mol \cdot dm^{-3}$ 氨水，试计算下列两种溶液的 pH 值。

(1) 两种溶液按二比一的体积混合；　　　　　　　　　　　　　　　　　　[pH=1.18]

(2) 两种溶液按一比二的体积混合。　　　　　　　　　　　　　　　　　　[pH=9.25]

2. 根据质子理论指出下列物种哪些是酸？哪些是碱？哪些是两性物质？

H_2S, HCl, $H_2PO_4^-$, NH_3, CO_3^{2-}, NO_2^-, SO_4^{2-}, OH^-

3. 指出下列各种酸的共轭碱：

H_2O, H_3O^+, H_2CO_3, HCO_3^-, NH_3, NH_4^+

4. 指出下列反应中的两组共轭酸碱对：

$$HF + NH_3 \rightleftharpoons NH_4^+ + F^-$$

5. 关于食品的酸度，回答下面问题：

(1) 将醋、番茄、柠檬、可乐、纯水以及酸奶按酸度由低至高的顺序排列；

(2) 选择 4 种食品，先按你自己认为的酸度由低至高的顺序排列，再通过网络来查询它们的真正酸度。

6. 以下每对 pH 值，哪一个值表示酸性更强？假定所有的样品量是相等的。

(1) pH=5 的雨水样与 pH=4 的湖水样；

(2) pH=4.5 的番茄汁样与 pH=6.5 的牛奶样。

7. 某一元弱碱（MOH）的相对分子质量为 125，在 25℃时将 1g 该碱溶于 $0.1dm^3$ 水中，所得溶液的 pH 为 11.0，求该弱碱的解离常数 $K_b^\ominus$。　　　　　　　　　　　　　　　[1.25×10^{-5}]

8. 25℃时，$0.1mol \cdot dm^{-3}$ 甲胺（CH_3NH_2）溶液的解离度为 6.9%，

$$CH_3NH_2 + H_2O \rightleftharpoons CH_3NH_3^+ + OH^-$$

试问：相同浓度的甲胺与氨水哪个碱性强？　　　　　　　　　　　　[甲胺的碱性更强]

9. 在 $1dm^3 0.1mol \cdot dm^{-3}$ HAc 溶液中，需加入多少克的 NaAc·$3H_2O$ 才能使溶液的 pH 为 5.5？（假设 NaAc·$3H_2O$ 的加入不改变 HAc 的体积）　　　　　　　　　　　　[75.1g]

10. 试用溶度积规则解释下列事实：

(1) $Mg(OH)_2$ 溶于 NH_4Cl 溶液中。

(2) $BaSO_4$ 不溶于稀盐酸中。

11. $Pb(NO_3)_2$ 溶液与 $BaCl_2$ 溶液混合，设混合液中 $Pb(NO_3)_2$ 的浓度为 $0.20mol \cdot dm^{-3}$，问

(1) 在混合溶液中 Cl^- 的浓度等于 $5.0 \times 10^{-4}mol \cdot dm^{-3}$ 时，是否有沉淀生成？　　[无]

(2) 混合溶液中 Cl^- 的浓度多大时，开始生成沉淀？　　　[$7.65 \times 10^{-3}mol \cdot dm^{-3}$]

(3) 混合溶液中 Cl^- 的平衡浓度为 $6.0 \times 10^{-2}mol \cdot dm^{-3}$ 时，残留于溶液中的 Pb^{2+} 的浓度为多少？

　　　　　　　　　　　　　　　　　　　　　　　　　　　　[$3.25 \times 10^{-3}mol \cdot dm^{-3}$]

12. 已知 CaF_2 的溶度积为 5.3×10^{-9}，求 CaF_2 在下列情况下的溶解度（以 $mol \cdot dm^{-3}$ 表示）。

(1) 在纯水中；　　　　　　　　　　　　　　　　　　[$1.1 \times 10^{-3}mol \cdot dm^{-3}$]

(2) 在 $1.0 \times 10^{-2}mol \cdot dm^{-3}$ NaF 溶液中；　　　　　　[$5.3 \times 10^{-5}mol \cdot dm^{-3}$]

(3) 在 $1.0 \times 10^{-2}mol \cdot dm^{-3}$ $CaCl_2$ 溶液中。　　　　　[$3.6 \times 10^{-4}mol \cdot dm^{-3}$]

13. 某溶液中含有 Cl^- 和 CrO_4^{2-}，它们的浓度分别是 $0.10mol \cdot dm^{-3}$ 和 $0.0010mol \cdot dm^{-3}$。通过计算说明，逐滴加入 $AgNO_3$ 试剂，哪一种沉淀首先析出。　　　　　　　　　　　　[AgCl]

14. 向 $1.0 \times 10^{-2}mol \cdot dm^{-3}$ $CdCl_2$ 溶液中通入 H_2S 气体，

(1) 求开始有 CdS 沉淀生成时的 $c(S^{2-})$；　　　　　　　　　　　　$[8.0 \times 10^{-25} \, mol \cdot dm^{-3}]$

(2) Cd^{2+} 沉淀完全时的 $c(S^{2-})$？　　　　　　　　　　　　　　　$[8.0 \times 10^{-22} \, mol \cdot dm^{-3}]$

15. 现有一瓶含有 Fe^{3+} 杂质的 $0.1 mol \cdot dm^{-3} MgCl_2$ 溶液，若使 Fe^{3+} 以 $Fe(OH)_3$ 沉淀形式除去，溶液的 pH 值应控制在什么范围？　　　　　　　　　　　　　　　　　　　　$[2.8 \sim 8.9]$

16. 在下列溶液中通入 H_2S 气体至饱和（饱和 H_2S 溶液的浓度为 $0.1 mol \cdot dm^{-3}$），分别计算溶液中残留 Cu^{2+} 的浓度。

(1) $0.1 mol \cdot dm^{-3} CuSO_4$；　　　　　　　　　　　　　　　　$[1.76 \times 10^{-16} \, mol \cdot dm^{-3}]$

(2) $0.1 mol \cdot dm^{-3} CuSO_4$ 和 $0.1 mol \cdot dm^{-3} HCl$ 的混合溶液。　　　$[3.96 \times 10^{-16} \, mol \cdot dm^{-3}]$

17. 如果 $BaCO_3$ 沉淀中尚有 $0.01 mol \; BaSO_4$ 时，试计算在 $1.0L$ 此沉淀的饱和溶液中应加入多少摩尔的 Na_2CO_3 才能使 $BaSO_4$ 完全转化为 $BaCO_3$？　　　　　　　　　　　　　　$[0.25 mol]$

18. 室温下，将 $0.01 mol$ 的 $AgNO_3$ 固体溶于 $1.0L \; 0.03 mol \cdot dm^{-3}$ 的氨水中（设体积仍为 $1.0L$）。计算该溶液中游离的 Ag^+、NH_3 和配离子 $[Ag(NH_3)_2]^+$ 的浓度。 $[c(Ag^+) = 6.0 \times 10^{-6} \, mol \cdot dm^{-3}$, $c([Ag(NH_3)_2]^+) = 0.01 mol \cdot dm^{-3}$, $c(NH_3) = 0.01 mol \cdot dm^{-3}]$

19. 指出下列配离子的形成体、配体、配位原子及中心离子的配位数。

$[Cr(NH_3)_6]^{3+}$, $[Co(H_2O)_6]^{2+}$, $[Al(OH)_4]^-$, $[Fe(OH)_2(H_2O)_4]^+$, $[PtCl_5(NH_3)]^+$

20. 命名下列配合物，并指出配离子的电荷数和形成体的氧化数。

$[Cu(NH_3)_4][PtCl_4]$, $Cu[SiF_6]$, $K_3[Cr(CN)_6]$, $[Zn(OH)(H_2O)_3]NO_3$, $[CoCl_2(NH_3)_3(H_2O)]Cl$

21. 废水中主要有哪几类污染物？列举出 5 类你认为危害较大的污染物，并指出引起危害的主要原因。

第 3 章 电化学基础

电化学是研究电能与化学能相互转化规律的科学。进行这个转化的基本条件有两个，一是所涉及的化学反应必须有电子的转移，这类反应主要是氧化还原反应；二是化学反应必须在电极上进行。电化学的应用较为普遍，如化学电源，包括锂离子电池、干电池、蓄电池等；电镀、电抛光、电泳涂漆等可以对金属部件表面精饰；金属的防腐蚀，如船体在海水中的腐蚀、钢铁在电解质中的腐蚀等。应用电化学原理发展起来的各种电化学分析法已成为实验室和工业监控中不可缺少的手段。

3.1 原电池

3.1.1 原电池的组成

原电池是利用氧化还原反应产生电流的装置，即是一种将化学能转变成电能的装置。

铜锌原电池是一种典型的原电池，下面就以铜锌原电池为例来介绍原电池的组成。铜锌原电池发生的总的氧化还原反应如下：

$$Zn + Cu^{2+} \rightleftharpoons Zn^{2+} + Cu$$

铜锌原电池装置如图 3.1 所示。

左池中放入硫酸锌溶液和锌片，右池中放入硫酸铜溶液和铜片，两池间用倒置的盛满饱和 KCl 溶液的 U 形管，即盐桥连接起来。用导线连接锌片和铜片，并在导线中间连接一只电流计，就可以看到电流计的指针发生偏转，说明此时电路中有电流产生，即利用氧化还原反应中电子定向的转移把化学能直接转变为电能。

此装置观察得到的结果如下。

(1) 电流计指针偏转，说明有电流通过，且电子从锌片流向铜片。规定电子流出的电极为**负极**，电子流入的电极为**正极**。即锌片为负极，铜片为正极。

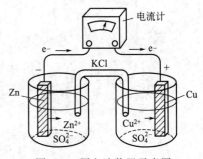

图 3.1 原电池装置示意图

(2) 在铜片上有金属铜沉积上去，而锌片则被溶解。氧化反应（$Zn - 2e^- \longrightarrow Zn^{2+}$）和还原反应（$Cu^{2+} + 2e^- \longrightarrow Cu$）分别在负极和正极进行。

随着氧化、还原反应的不断进行，左池中 Zn^{2+} 过剩，显正电性，阻碍氧化反应的继续进行，右池中 SO_4^{2-} 过剩，显负电性，阻碍还原反应的继续进行，所以不能维持持续的电流。而盐桥中装有饱和 KCl 溶液，由于 K^+ 和 Cl^- 的定向移动，使两池中过剩的正负电荷得到平衡，恢复电中性。即盐桥中的 Cl^- 向 $ZnSO_4$ 溶液移动，K^+ 向 $CuSO_4$ 溶液移动。

两个电极上发生的反应（称为电极反应或半电池反应）为：

负极（Zn）　　　　　　$Zn - 2e^- \longrightarrow Zn^{2+}$　　　　　　　　氧化反应

正极（Cu）　　　　　　$Cu^{2+} + 2e^- \longrightarrow Cu$　　　　　　　　还原反应

电池反应：　　　　　　$Zn + Cu^{2+} \Longleftrightarrow Zn^{2+} + Cu$

电池反应就是正极反应和负极反应的总和。

原电池是由两个"半电池"组成，如 Cu-Zn 原电池就是由 Zn 和 $ZnSO_4$ 溶液、Cu 和 $CuSO_4$ 溶液构成的两个"半电池"组成。

对于每个半电池会含有同一元素不同氧化数的两种物质，高氧化数的物质称为**氧化型物质**（如铜锌原电池中的 Zn^{2+}、Cu^{2+}），低氧化数的物质称为**还原型物质**（如铜锌原电池中的 Zn、Cu）。同一种元素的氧化型物质和还原型物质构成**氧化还原电对**，如 Zn^{2+} / Zn、Cu^{2+} / Cu、H^+ / H_2、O_2 / OH^- 等为氧化还原电对。

氧化型物质和还原型物质在一定条件下，可以互相转化。而表示它们之间的关系就是半电池反应（或电极反应）。

$$氧化型 + ne^- \Longleftrightarrow 还原型$$
$$Zn^{2+} + 2e^- \Longleftrightarrow Zn$$
$$Cu^{2+} + 2e^- \Longleftrightarrow Cu$$
$$2H^+ + 2e^- \Longleftrightarrow H_2$$
$$O_2 + 2H_2O + 4e^- \Longleftrightarrow 4OH^-$$

3.1.2　电极类型

根据电极材料以及电对反应的类型，可以将电极分为四种类型。

（1）**金属-金属离子电极**　它是某金属置于含该金属离子的盐溶液中所构成的电极，如 Cu^{2+} / Cu 电极就是金属-金属离子电极，其中金属 Cu 既参加电极反应，本身又起到导体作用，称为活性电极。Cu^{2+} / Cu 电极的电极反应和电极符号分别为：

$$Cu^{2+} + 2e^- \Longrightarrow Cu \qquad Cu \mid Cu^{2+}(c)$$

"｜"表示两相界面，c 表示溶液的浓度。

（2）**气体-离子电极**　它是吸附了某种气体的惰性金属置于含有该气体元素离子的溶液中所构成的电极，如氢电极（H^+ / H_2）和氧电极（O_2 / OH^-）都是气体-离子电极。这类电极的构成需要一个固体电极，这个固体电极能够导电但不参加电极反应，称为惰性电极，常用的惰性电极有铂（Pt）、石墨等。氢电极和氧电极的电极反应和电极符号分别为：

$$2H^+ + 2e^- \Longrightarrow H_2 \qquad Pt \mid H_2(p) \mid H^+(c)$$
$$O_2 + 2H_2O + 4e^- \Longrightarrow 4OH^- \qquad Pt \mid O_2(p) \mid OH^-(c)$$

p 表示气体的分压。

再如 $CO_2 / C_2O_4^{2-}$ 电极也是气体-离子电极，同样需外加惰性电极，其电极反应和电极符号为：

$$2CO_2 + 2e^- \Longrightarrow C_2O_4^{2-} \qquad Pt \mid CO_2(p) \mid C_2O_4^{2-}(c)$$

（3）**氧化还原电极**　这类电极是一种溶液中含有同一种元素不同氧化数的离子，自身没有固体导电体，也必须加入惰性电极，如 Fe^{3+} / Fe^{2+} 和 Sn^{4+} / Sn^{2+} 电极就属于氧化还原电极，其电极反应和电极符号分别为：

$$Fe^{3+} + e^- \Longrightarrow Fe^{2+} \qquad Pt \mid Fe^{2+}(c_1), Fe^{3+}(c_2)$$
$$Sn^{4+} + 2e^- \Longrightarrow Sn^{2+} \qquad Pt \mid Sn^{2+}(c_1), Sn^{4+}(c_2)$$

这里当两种离子处于同一种溶液中，需用逗号分开。再如 MnO_4^- / Mn^{2+} 电极反应和电极符号为：

$$\text{MnO}_4^- + 8\text{H}^+ + 5\text{e}^- == \text{Mn}^{2+} + 4\text{H}_2\text{O} \qquad \text{Pt} \,|\, \text{H}^+(c_1), \text{Mn}^{2+}(c_2), \text{MnO}_4^-(c_3)$$

（4）**金属-金属难溶盐电极**　它是在金属上覆盖一层该金属的难溶盐，然后将它浸入含有该难溶盐的阴离子溶液中而构成的电极。常见的有氯化银电极和饱和甘汞电极等。其中氯化银电极是由 Ag-AgCl 和 KCl 溶液组成；饱和甘汞电极是由 Hg、Hg_2Cl_2 及饱和 KCl 溶液组成，由于 Hg 为液态，因此需加入惰性电极铂。氯化银电极和饱和甘汞电极的电极反应和电极符号分别为：

$$\text{AgCl} + \text{e}^- == \text{Ag} + \text{Cl}^- \qquad \text{Ag} \,|\, \text{AgCl} \,|\, \text{Cl}^-(c)$$

$$\text{Hg}_2\text{Cl}_2 + 2\text{e}^- == 2\text{Hg} + 2\text{Cl}^- \qquad \text{Pt} \,|\, \text{Hg} \,|\, \text{Hg}_2\text{Cl}_2 \,|\, \text{Cl}^-(c)$$

3.1.3　电池符号

原电池可以用电池符号表示，上述铜锌原电池可表示为：

$$(-)\text{Zn} \,|\, \text{ZnSO}_4(c_1) \,\|\, \text{CuSO}_4(c_2) \,|\, \text{Cu}(+)$$

把负极（-）写在左边，正极（+）写在右边，两边的 Zn、Cu 表示电极材料，"$|$"表示两相界面，"$\|$"表示盐桥，c 表示溶液的浓度（气体以分压 p 表示）。

如果将上面提到的 $\text{Sn}^{4+}/\text{Sn}^{2+}$ 电极与 $\text{Fe}^{3+}/\text{Fe}^{2+}$ 电极组成的原电池，其电池符号为：

$$(-)\text{Pt} \,|\, \text{Sn}^{2+}(c_1), \text{Sn}^{4+}(c_2) \,\|\, \text{Fe}^{3+}(c_3), \text{Fe}^{2+}(c_4) \,|\, \text{Pt}(+)$$

再如将 $\text{CO}_2/\text{C}_2\text{O}_4^{2-}$ 电极与 $\text{MnO}_4^-/\text{Mn}^{2+}$ 电极组成的原电池，其电池符号为：

$$(-)\text{Pt} \,|\, \text{CO}_2(p) \,|\, \text{C}_2\text{O}_4^{2-}(c_1) \,\|\, \text{MnO}_4^-(c_2), \text{Mn}^{2+}(c_3), \text{H}^+(c_4) \,|\, \text{Pt}(+)$$

例 3.1　写出锌电极与氢电极组成的原电池，氢电极和 $\text{Fe}^{3+}/\text{Fe}^{2+}$ 电极组成的原电池的电池符号。

解：锌电极与氢电极组成的原电池的电池符号为

$$(-)\text{Zn} \,|\, \text{Zn}^{2+}(c_1) \,\|\, \text{H}^+(c_2) \,|\, \text{H}_2(p) \,|\, \text{Pt}(+)$$

氢电极和 $\text{Fe}^{3+}/\text{Fe}^{2+}$ 电极组成的原电池的电池符号为

$$(-)\text{Pt} \,|\, \text{H}_2(p) \,|\, \text{H}^+(c_1) \,\|\, \text{Fe}^{3+}(c_2), \text{Fe}^{2+}(c_3) \,|\, \text{Pt}(+)$$

例 3.2　将反应 $\text{Cr}_2\text{O}_7^{2-} + \text{Fe}^{2+} + \text{H}^+ \longrightarrow \text{Cr}^{3+} + \text{Fe}^{3+} + \text{H}_2\text{O}$ 设计为原电池，写出电极反应和电池符号。

解：负极　　　　　　　　　　$\text{Fe}^{2+} - \text{e}^- == \text{Fe}^{3+}$

正极　　　　　　　$\text{Cr}_2\text{O}_7^{2-} + 14\text{H}^+ + 6\text{e}^- == 2\text{Cr}^{3+} + 7\text{H}_2\text{O}$

电池反应　　　　$\text{Cr}_2\text{O}_7^{2-} + 6\text{Fe}^{2+} + 14\text{H}^+ == 2\text{Cr}^{3+} + 6\text{Fe}^{3+} + 7\text{H}_2\text{O}$

电池符号　　$(-)\text{Pt} \,|\, \text{Fe}^{2+}(c_1), \text{Fe}^{3+}(c_2) \,\|\, \text{Cr}_2\text{O}_7^{2-}(c_3), \text{Cr}^{3+}(c_4), \text{H}^+(c_5) \,|\, \text{Pt}(+)$

3.2　电极电势和电动势

3.2.1　电极电势

在 Cu-Zn 原电池中，电流从 Cu 极流向 Zn 极，说明 Cu 极电势比 Zn 极高。为什么两极的电极电势不等，电极电势又是怎样产生的？这与金属及其盐溶液之间相互作用有关。

当把金属浸入其盐溶液时，则会出现两种倾向：一种是金属表面的原子因热运动和受水分子的作用以离子形式进入溶液（金属越活泼或溶液中金属离子浓度越小，这种倾向越大）；另一种是溶液中的金属离子受金属表面自由电子的吸引而沉积在金属表面上（金属越不活泼或溶液中金属离子浓度越大，这种倾向就越大）。当金属在溶液中溶解速率和沉积速率相等时，则达到动态平衡：

$$M \rightleftharpoons M^{n+} + ne^-$$

若金属溶解的倾向大于沉积的倾向，则达到平衡时，金属表面带负电荷，而靠近金属附近的溶液带正电荷，结果形成一个双电层，如图 3.2(a) 所示。在 Zn 和 Zn^{2+} 溶液界面上即是此种情况。双电层之间存在电势差，这种在金属表面和它的盐溶液之间产生的电势差叫做该金属的**电极电势**，用 φ 来表示。

在标准状态下的电极电势称为**标准电极电势**，用 $\varphi^{\ominus}$ 表示。锌电极的标准电极电势为 $-0.7618V$，表示为 $\varphi^{\ominus}(Zn^{2+}/Zn) = -0.7618V$。

铜电极的双电层结构与锌电极的相反，如图 3.2(b) 所示。铜电极的标准电极电势为 $\varphi^{\ominus}(Cu^{2+}/Cu) = +0.340V$。若用两种活泼性不同的金属分别组成两个电极电势不等的电极，再将这两个电极以原电池的形式连接起来，就能产生电流。

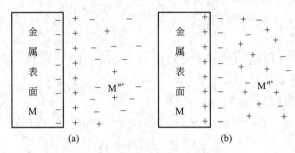

图 3.2　电极电势产生示意图

3.2.2　原电池的电动势

原电池的电动势就是两个电极之间的电极电势之差，用 E 表示。

即
$$E = \varphi(+) - \varphi(-) \tag{3.1}$$

若构成两电极的各物质均处于标准状态，则电池的标准电动势 $E^{\ominus}$ 为：
$$E^{\ominus} = \varphi^{\ominus}(+) - \varphi^{\ominus}(-) \tag{3.2}$$

原电池中电极电势 φ 大的电极为正极，故电池的电动势 E 的值为正。如铜锌原电池，在标准状态下，其电池符号为：

$$(-)Zn \mid Zn^{2+}(1.0mol \cdot dm^{-3}) \parallel Cu^{2+}(1.0mol \cdot dm^{-3}) \mid Cu(+)$$

此原电池的标准电动势：

$$E^{\ominus} = \varphi^{\ominus}(Cu^{2+}/Cu) - \varphi^{\ominus}(Zn^{2+}/Zn) = 0.340 - (-0.7618) = 1.1018V$$

3.2.3　电极电势的测定

电极电势的绝对值无法测量，只能选定某种电极作为标准，其他电极与之比较，求得电极电势的相对值。目前，国际上统一规定："标准氢电极"的电极电势为零，其他电极电势的数值都是通过与"标准氢电极"比较而得到确定。

标准氢电极的构成：把镀有一层铂黑的铂片浸入 H^+ 浓度为 $1.0mol \cdot dm^{-3}$ 的溶液中，在 $298.15K$ 时通入压力为 $100kPa$ 的纯氢气，让铂黑吸附并维持饱和状态，这样的电极称为**标准氢电极**（图 3.3）。

标准氢电极的电极电势表示为：

$$\varphi^{\ominus}(H^+/H_2)=0V \qquad (3.3)$$

用标准氢电极与标准状态下的其他各种电极（组成电极的物质都处于标准态）组成原电池，测得这些电池的电动势，从而计算各种电极的标准电极电势 $\varphi^{\ominus}$。

$$E^{\ominus}=\varphi^{\ominus}(+)-\varphi^{\ominus}(-)$$

由于标准氢电极要求氢气纯度高、压力稳定，并且铂在溶液中易吸附其他组分而失去活性。因此，实际上常用易于制备、使用方便且电极电势稳定的甘汞电极或氯化银电极等作为电极电势的对比参考，这样的电极称为**参比电极**。

例 3.3　测定 Zn^{2+}/Zn 电极的标准电极电势。

将纯净的 Zn 片放在 $1.0mol \cdot dm^{-3}$ $ZnSO_4$ 溶液中，把它和标准氢电极组成原电池，用电流计测知电流从氢电极流向锌电极，故氢电极为正极，锌电极为负极。

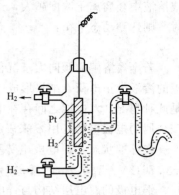

图 3.3　标准氢电极示意图

电池反应：$Zn+2H^+ \rightleftharpoons Zn^{2+}+H_2$

原电池符号：

$$(-)Zn\,|\,Zn^{2+}(1.0mol \cdot dm^{-3})\,\|\,H^+(1.0mol \cdot dm^{-3})\,|\,H_2(p^{\ominus})\,|\,Pt(+)$$

原电池的标准电动势：$E^{\ominus}=\varphi^{\ominus}(+)-\varphi^{\ominus}(-)$

在 298.15K，测得 $E^{\ominus}=0.7618V$

$$E^{\ominus}=\varphi^{\ominus}(H^+/H_2)-\varphi^{\ominus}(Zn^{2+}/Zn)=0.7618V$$

因为　　　　　　　　　　　$\varphi^{\ominus}(H^+/H_2)=0V$

所以　　　　　　　　　$\varphi^{\ominus}(Zn^{2+}/Zn)=-0.7618V$

附录 8 列出了 298.15K 时一些常用电对的标准电极电势。使用时应注意以下各点。

(1) 电极反应均为还原反应。

(2) $\varphi^{\ominus}$ 代数值越小，还原型物质的还原能力越强，氧化型物质的氧化能力越弱。反之，$\varphi^{\ominus}$ 代数值越大，氧化型物质的氧化能力越强，还原型物质的还原能力越弱。

(3) 标准电极电势与半反应中的系数无关。

3.3　能斯特方程

3.3.1　原电池电动势的能斯特方程

电极电势及原电池电动势受离子的浓度、温度的影响。当离子的浓度发生变化时，电极电势及原电池电动势值也发生变化。其定量关系，可由热力学关系式导出。对于一个原电池反应：

$$aA+bB \Longrightarrow cC+dD$$

如果反应中各物质均为溶液，则电池反应的摩尔吉布斯自由能 $\Delta_r G_m$ 与电池电动势 E 之间存在以下关系：

$$\Delta_r G_m=-nFE \qquad (3.4)$$

式中，n 为电池反应中转移的电子数；F 为法拉第常数，其值为 $96485C \cdot mol^{-1}$。

如果原电池在标准状态下工作，则：

$$\Delta_r G_m^{\ominus}=-nFE^{\ominus} \qquad (3.5)$$

根据化学反应等温式：

$$\Delta_r G_m = \Delta_r G_m^{\ominus} + RT\ln\frac{[c(C)/c^{\ominus}]^c [c(D)/c^{\ominus}]^d}{[c(A)/c^{\ominus}]^a [c(B)/c^{\ominus}]^b} \qquad (3.6)$$

又 $$\Delta_r G_m^{\ominus} = -nFE^{\ominus}$$

$$\Delta_r G_m = -nFE$$

则 $$E = E^{\ominus} - \frac{RT}{nF}\ln\frac{[c(C)/c^{\ominus}]^c [c(D)/c^{\ominus}]^d}{[c(A)/c^{\ominus}]^a [c(B)/c^{\ominus}]^b} \qquad (3.7)$$

在 298.15K 时，将上式改用常用对数表示，得

$$E = E^{\ominus} - \frac{0.0592}{n}\lg\frac{[c(C)/c^{\ominus}]^c [c(D)/c^{\ominus}]^d}{[c(A)/c^{\ominus}]^a [c(B)/c^{\ominus}]^b} \qquad (3.8)$$

式(3.7)、式(3.8) 称为**原电池电动势的能斯特方程**，式中，R 为摩尔气体常数，$R = 8.314J \cdot mol^{-1} \cdot K^{-1}$；$T$ 为热力学温度；n 为电池反应中转移的电子数。原电池电动势的能斯特方程反映了非标准电动势 E 和标准电动势 $E^{\ominus}$ 的关系。

3.3.2　电极电势的能斯特方程

从附录 8 中可以查找标准状态的电极电势，但是大多数情况下，电极并非处于标准状态，因此，有必要进一步讨论在非标准状态下的电极电势，与附录 8 中可查到的标准电极电势的关系。

对于给定电极，电极反应通式为

$$a(氧化型) + ne^- \rightleftharpoons b(还原型)$$

根据原电池电动势的能斯特方程可以推导出

$$\varphi = \varphi^{\ominus} + \frac{RT}{nF}\ln\frac{[c(氧化型)/c^{\ominus}]^a}{[c(还原型)/c^{\ominus}]^b} \qquad (3.9)$$

在 298.15K 时，将上式改用常用对数表示，得

$$\varphi = \varphi^{\ominus} + \frac{0.0592}{n}\lg\frac{[c(氧化型)/c^{\ominus}]^a}{[c(还原型)/c^{\ominus}]^b} \qquad (3.10)$$

式(3.9)、式(3.10) 称为**电极电势的能斯特方程**，式中，φ 为电对在某一浓度时的电极电势；$\varphi^{\ominus}$ 为电对标准电极电势；$[c(氧化型)/c^{\ominus}]^a$、$[c(还原型)/c^{\ominus}]^b$ 分别表示电极反应中氧化型、还原型各物质相对浓度幂的乘积；n 为电极反应中转移的电子数。它与原电池电动势的能斯特方程具有相似的形式。

例 3.4　写出以下各电极电势的能斯特方程。

(1) $Fe^{3+} + e^- \rightleftharpoons Fe^{2+}$，$\varphi^{\ominus}(Fe^{3+}/Fe^{2+}) = 0.771V$；

(2) $Br_2 + 2e^- \rightleftharpoons 2Br^-$，$\varphi^{\ominus}(Br_2/Br^-) = 1.08V$；

(3) $I_2 + 2e^- \rightleftharpoons 2I^-$，$\varphi^{\ominus}(I_2/I^-) = 0.535V$；

(4) $2H^+ + 2e^- \rightleftharpoons H_2$，$\varphi^{\ominus}(H^+/H_2) = 0V$；

(5) $O_2 + 4H^+ + 4e^- \rightleftharpoons 2H_2O$，$\varphi^{\ominus}(O_2/H_2O) = 1.229V$。

解：

(1) $$\varphi(Fe^{3+}/Fe^{2+}) = \varphi^{\ominus}(Fe^{3+}/Fe^{2+}) + \frac{0.0592}{1}\lg\frac{c(Fe^{3+})/c^{\ominus}}{c(Fe^{2+})/c^{\ominus}}$$

$$= 0.771 + 0.0592\lg\frac{c(Fe^{3+})/c^{\ominus}}{c(Fe^{2+})/c^{\ominus}}$$

(2) $$\varphi(Br_2/Br^-) = \varphi^{\ominus}(Br_2/Br^-) + \frac{0.0592}{2}\lg\frac{1}{[c(Br^-)/c^{\ominus}]^2}$$

$$= 1.08 + \frac{0.0592}{2} \lg \frac{1}{[c(Br^-)/c^{\ominus}]^2}$$

(3)　$\varphi(I_2/I^-) = \varphi^{\ominus}(I_2/I^-) + \frac{0.0592}{2} \lg \frac{1}{[c(I^-)/c^{\ominus}]^2}$

$$= 0.535 + \frac{0.0592}{2} \lg \frac{1}{[c(I^-)/c^{\ominus}]^2}$$

(4)　$\varphi(H^+/H_2) = \varphi^{\ominus}(H^+/H_2) + \frac{0.0592}{2} \lg \frac{[c(H^+)/c^{\ominus}]^2}{p(H_2)/p^{\ominus}} = \frac{0.0592}{2} \lg \frac{[c(H^+)/c^{\ominus}]^2}{p(H_2)/p^{\ominus}}$

(5)　$\varphi(O_2/H_2O) = \varphi^{\ominus}(O_2/H_2O) + \frac{0.0592}{4} \lg \frac{[p(O_2)/p^{\ominus}][c(H^+)/c^{\ominus}]^4}{1}$

$$= 1.229 + \frac{0.0592}{4} \lg [p(O_2)/p^{\ominus}][c(H^+)]^4$$

书写能斯特方程应注意以下两点。

(1) 若电极反应中的物质为固体或纯液体，则它们的浓度不列入方程中，若为气体，则以分压来表示。

(2) 若电极反应中还有电对中以外的其他物质，如 H^+、OH^-，则应把这些物质的浓度表示在方程中。

3.4　影响电极电势的因素

3.4.1　浓度对电极电势的影响

从电极电势的能斯特方程式 $\varphi = \varphi^{\ominus} + \frac{RT}{nF} \ln \frac{[c(氧化型)/c^{\ominus}]^a}{[c(还原型)/c^{\ominus}]^b}$ 中可以看出，当体系温度一定时，电极电势 φ 除与标准电极电势 $\varphi^{\ominus}$ 有关外，还与 c^a（氧化型）$/c^b$（还原型）的比值大小有关，该比值越大，φ 值越大。

例 3.5　分别计算 298.15K $c(Zn^{2+}) = 1.0 mol \cdot dm^{-3}$ 时和 $c(Zn^{2+}) = 0.001 mol \cdot dm^{-3}$ 时，锌电极的电极电势。

解：从附录查出 $\varphi^{\ominus}(Zn^{2+}/Zn) = -0.7618V$

电极反应为　$Zn^{2+} + 2e^- \Longleftrightarrow Zn$

当 $c(Zn^{2+}) = 1.0 mol \cdot dm^{-3}$ 时，锌电极的电极电势 $\varphi(Zn^{2+}/Zn)$ 即为标准电极电势 $\varphi^{\ominus}(Zn^{2+}/Zn) = -0.7618V$

根据能斯特方程，当 $c(Zn^{2+}) = 0.001 mol \cdot dm^{-3}$ 时，

$$\varphi(Zn^{2+}/Zn) = \varphi^{\ominus}(Zn^{2+}/Zn) + \frac{0.0592}{n} \lg [c(Zn^{2+}/c^{\ominus})]$$

$$= -0.7618 + \frac{0.0592}{2} \lg(0.001) = -0.8506V$$

氧化型或还原型物质离子浓度的改变对电极电势有影响，但在通常情况下影响不大。如例 3.5 中，与标准状态 $c(Zn^{2+}) = 1.00 mol \cdot dm^{-3}$ 时的电极电势（$-0.7618V$）相比，当锌离子浓度减小到 1/1000 时，锌的电极电势改变不到 0.1V。在标准态的基础上，若电对的氧化型的浓度减小，则 φ 减小，即比 $\varphi^{\ominus}$ 要小。若电对的还原型的浓度减小，则 φ 增大，即比 $\varphi^{\ominus}$ 要大。

3.4.2　酸度对电极电势的影响

如果有 H^+、OH^- 参加的电极反应，那么溶液酸度的变化会对电极电势产生影响。

例 3.6　计算 298.15K 下，$c(OH^-) = 0.1 \, mol \cdot dm^{-3}$ 时 $\varphi(O_2/OH^-)$ 值。

已知 $p(O_2) = 1.0 \times 10^5 Pa$　$\varphi^\ominus(O_2/OH^-) = 0.401V$。

解： 电极反应为　　　　　　　$O_2 + 2H_2O + 4e^- \Longrightarrow 4OH^-$

$$\varphi(O_2/OH^-) = \varphi^\ominus(O_2/OH^-) + \frac{0.0592}{4} \lg \frac{p(O_2)/p^\ominus}{[c(OH^-)/c^\ominus]^4}$$

$$= 0.401 + \frac{0.0592}{4} \lg \frac{1}{(0.100)^4} = 0.460V$$

例 3.7　在 298.15K 下，将 Pt 片浸入 $c(Cr_2O_7^{2-}) = c(Cr^{3+}) = 1.0 \, mol \cdot dm^{-3}$ 溶液中，当 $c(H^+) = 10.0 \, mol \cdot dm^{-3}$ 和 $c(H^+) = 10^{-3} \, mol \cdot dm^{-3}$ 时，分别计算 $\varphi(Cr_2O_7^{2-}/Cr^{3+})$ 值。

解： 已知 $\varphi^\ominus(Cr_2O_7^{2-}/Cr^{3+}) = 1.232V$。

电极反应为　　　　　　$Cr_2O_7^{2-} + 14H^+ + 6e^- \Longrightarrow 2Cr^{3+} + 7H_2O$

当 $c(H^+) = 10.0 \, mol \cdot dm^{-3}$ 时，

$$\varphi(Cr_2O_7^{2-}/Cr^{3+}) = \varphi^\ominus(Cr_2O_7^{2-}/Cr^{3+}) + \frac{0.0592}{6} \lg \frac{[c(Cr_2O_7^{2-})/c^\ominus][c(H^+)/c^\ominus]^{14}}{[c(Cr^{3+})/c^\ominus]^2}$$

$$= 1.232 + \frac{0.0592}{6} \lg \frac{1 \times 10^{14}}{1} = 1.372V$$

当 $c(H^+) = 10^{-3} \, mol \cdot dm^{-3}$ 时，

$$\varphi(Cr_2O_7^{2-}/Cr^{3+}) = \varphi^\ominus(Cr_2O_7^{2-}/Cr^{3+}) + \frac{0.0592}{6} \lg \frac{[c(Cr_2O_7^{2-})/c^\ominus][c(H^+)/c^\ominus]^{14}}{[c(Cr^{3+})/c^\ominus]^2}$$

$$= 1.232 + \frac{0.0592}{6} \lg \frac{1 \times (10^{-3})^{14}}{1} = 0.822V$$

计算结果表明：溶液的酸度对电极电势有较大的影响。酸度增加，电对中氧化型物质的氧化能力增强。

3.5　电极电势的应用

3.5.1　判断原电池的正负极，计算原电池的电动势

可以用电极电势来判断原电池的正负极：电极电势代数值较大的电极为正极，电极电势代数值较小的电极为负极。

例 3.8　将锡和铅的金属片分别插入含有该金属离子的溶液中并组成原电池：

(1) $c(Sn^{2+}) = 0.01 \, mol \cdot dm^{-3}$，$c(Pb^{2+}) = 1.00 \, mol \cdot dm^{-3}$；

(2) $c(Sn^{2+}) = 1.00 \, mol \cdot dm^{-3}$，$c(Pb^{2+}) = 0.10 \, mol \cdot dm^{-3}$。

分别判断原电池的正负极，并计算原电池的电动势。

解： 从附录 8 中查出各电对的标准电极电势

$$\varphi^\ominus(Sn^{2+}/Sn) = -0.1375V, \varphi^\ominus(Pb^{2+}/Pb) = -0.1262V$$

根据能斯特方程得

(1) $\varphi(Sn^{2+}/Sn) = \varphi^{\ominus}(Sn^{2+}/Sn) + \dfrac{0.0592}{n}\lg[c(Sn^{2+})/c^{\ominus}]$

$$= -0.1375 + \dfrac{0.0592}{2}\lg 0.01 = -0.1967V$$

由于 $c(Pb^{2+}) = 1.00 \text{mol} \cdot dm^{-3}$，$\varphi(Pb^{2+}/Pb) = \varphi^{\ominus}(Pb^{2+}/Pb) = -0.1262V$

$\varphi(Pb^{2+}/Pb) > \varphi(Sn^{2+}/Sn)$，则 Pb^{2+}/Pb 为正极，Sn^{2+}/Sn 为负极。

$$E = \varphi^{\ominus}(Pb^{2+}/Pb) - \varphi(Sn^{2+}/Sn) = -0.1262 - (-0.1967) = 0.0705V$$

(2) $\varphi(Pb^{2+}/Pb) = \varphi^{\ominus}(Pb^{2+}/Pb) + \dfrac{0.0592}{n}\lg[c(Pb^{2+}/c^{\ominus})]$

$$= -0.1262 + \dfrac{0.0592}{2}\lg 0.1 = -0.1558V$$

由于 $c(Sn^{2+}) = 1.00 \text{mol} \cdot dm^{-3}$，$\varphi(Sn^{2+}/Sn) = \varphi^{\ominus}(Sn^{2+}/Sn) = -0.1375V$

$\varphi(Sn^{2+}/Sn) > \varphi(Pb^{2+}/Pb)$，则 Sn^{2+}/Sn 为正极，Pb^{2+}/Pb 为负极。

$$E = \varphi^{\ominus}(Sn^{2+}/Sn) - \varphi(Pb^{2+}/Pb) = -0.1375 - (-0.1558) = 0.0183V$$

3.5.2　判断氧化剂、还原剂的相对强弱

电极电势的大小反映了氧化还原电对中的氧化型物质和还原型物质在水溶液中氧化还原能力的相对强弱。若氧化还原电对的电极电势代数值越小，则该电对中的还原型物质越易失去电子，是较强的还原剂，其对应的氧化型物质就越难得到电子，是较弱的氧化剂。若电极电势的代数值越大，则该电对中氧化型物质是较强的氧化剂，其对应的还原型物质就是较弱的还原剂。

例 3.9　判断在标准状态时下列氧化剂或还原剂的相对强弱。

(1) F_2 与 MnO_4^-，已知 $\varphi^{\ominus}(F_2/F^-) = 2.87V$，$\varphi^{\ominus}(MnO_4^-/Mn^{2+}) = 1.51V$；

(2) K 与 Na，已知 $\varphi^{\ominus}(K^+/K) = -2.924V$，$\varphi^{\ominus}(Na^+/Na) = -2.714V$。

解：　(1) 因为在标准状态时 $\varphi^{\ominus}(F_2/F^-) > \varphi^{\ominus}(MnO_4^-/Mn^{2+})$，则 F_2 氧化性强于 MnO_4^-。

(2) 因为在标准状态时 $\varphi^{\ominus}(K^+/K) < \varphi^{\ominus}(Na^+/Na)$，则 K 还原性强于 Na。

例 3.10　已知，$\varphi^{\ominus}(Br_2/Br^-) = 1.066V$，$\varphi^{\ominus}(Cr_2O_7^{2-}/Cr^{3+}) = 1.232V$，比较标准状态下 Br_2 和 $Cr_2O_7^{2-}$ 的氧化性强弱。如果电极在 pH=5 的介质条件下，其他各物质均处于标准状态时两者氧化性的强弱顺序。

解：　(1) 在标准状态下 $\varphi^{\ominus}(Cr_2O_7^{2-}/Cr^{3+}) > \varphi^{\ominus}(Br_2/Br^-)$，则在标准状态下氧化性 $Cr_2O_7^{2-} > Br_2$。

(2) 电极反应　　　$Cr_2O_7^{2-} + 14H^+ + 6e^- \Longleftrightarrow 2Cr^{3+} + 7H_2O$

当 pH=5，即 $c(H^+) = 10^{-5} \text{mol} \cdot dm^{-3}$，其他各物质均处于标准状态时，

$$\varphi(Cr_2O_7^{2-}/Cr^{3+}) = \varphi^{\ominus}(Cr_2O_7^{2-}/Cr^{3+}) + \dfrac{0.0592}{6}\lg\dfrac{[c(Cr_2O_7^{2-})/c^{\ominus}][c(H^+)/c^{\ominus}]^{14}}{[c(Cr^{3+})/c^{\ominus}]^2}$$

$$= 1.232 + \dfrac{0.0592}{6}\lg\dfrac{1 \times (10^{-5})^{14}}{1} = 0.541V$$

$\varphi(Br_2/Br^-) = \varphi^{\ominus}(Br_2/Br^-) = 1.066V$，则此时 $\varphi(Br_2/Br^-) > \varphi(Cr_2O_7^{2-}/Cr^{3+})$，氧化性 $Br_2 > Cr_2O_7^{2-}$。

通过以上两例题可以看出，氧化剂的氧化性强弱或者还原剂的还原性强弱比较的应是氧

化还原电对 φ 的代数值的大小，而不是直接比较 $\varphi^{\ominus}$ 代数值大小，只有在标准状态下才可以直接用 $\varphi^{\ominus}$ 代数值大小进行比较。

3.5.3　判断氧化还原反应的方向

一个化学反应能否自发进行，可用反应的吉布斯自由能 $\Delta_r G_m$ 来判断。

电池电动势与化学反应吉布斯自由能有下列关系：
$$\Delta_r G_m = -nFE$$

当 $E>0$ 时，$\Delta_r G_m<0$，该反应能自发进行。

当 $E<0$ 时，$\Delta_r G_m>0$，则反应不能自发进行。

故 E 可作为氧化还原反应自发进行的判据。

例 3.11　反应 $Sn^{4+}+Sn \Longrightarrow 2Sn^{2+}$，

(1) 当 $c(Sn^{4+})=0.01mol \cdot dm^{-3}$，$c(Sn^{2+})=10mol \cdot dm^{-3}$ 时，判断反应进行的方向。

(2) 在标准状态时，判断反应进行的方向。

解：(1) 将上述反应设计成原电池，正极为 Sn^{4+}/Sn^{2+}，负极为 Sn^{2+}/Sn。

从附录 8 中查出各电对的标准电极电势
$$\varphi^{\ominus}(Sn^{2+}/Sn)=-0.1375V, \quad \varphi^{\ominus}(Sn^{4+}/Sn^{2+})=0.151V$$

根据能斯特方程，
$$\varphi^{\ominus}(Sn^{4+}/Sn^{2+})=\varphi^{\ominus}(Sn^{4+}/Sn^{2+})+\frac{0.0592}{2}lg\frac{[c(Sn^{4+})/c^{\ominus}]}{[c(Sn^{2+})/c^{\ominus}]}$$

$$=0.151+\frac{0.0592}{2}lg0.001=0.0622V$$

$$\varphi(Sn^{2+}/Sn)=\varphi^{\ominus}(Sn^{2+}/Sn)+\frac{0.0592}{2}lg[c(Sn^{2+})/c^{\ominus}]=-0.1375+\frac{0.0592}{2}lg10=-0.1079V$$

因为 $\varphi(Sn^{4+}/Sn^{2+})>\varphi(Sn^{2+}/Sn)$，即 $E>0$。所以上述反应能正向自动进行。

(2) 当在标准状态时，$E^{\ominus}=\varphi^{\ominus}(Sn^{4+}/Sn^{2+})-\varphi^{\ominus}(Sn^{2+}/Sn)>0$

所以在标准状态时，上述反应也能正向自动进行。

例 3.12　判断下列氧化还原反应进行的方向。
$$Sn+Pb^{2+}(0.1mol \cdot dm^{-3}) \Longrightarrow Sn^{2+}(1.0mol \cdot dm^{-3})+Pb$$

解：将上述反应设计成原电池，正极为 Pb^{2+}/Pb，负极为 Sn^{2+}/Sn。

从附录 8 中查出各电对的标准电极电势
$$\varphi^{\ominus}(Sn^{2+}/Sn)=-0.1375V, \quad \varphi^{\ominus}(Pb^{2+}/Pb)=-0.1262V$$

$$\varphi(Pb^{2+}/Pb)=\varphi^{\ominus}(Pb^{2+}/Pb)+\frac{0.0592}{2}lg[c(Pb^{2+})/c^{\ominus}]$$

$$=-0.1262+\frac{0.0592}{2}lg0.1=-0.1558V$$

$c(Sn^{2+})=1.0mol \cdot dm^{-3}$，$\varphi(Sn^{2+}/Sn)=\varphi^{\ominus}(Sn^{2+}/Sn)=-0.1375V$

因为 $\varphi(Pb^{2+}/Pb)<\varphi(Sn^{2+}/Sn)$，即 $E<0$。所以上述反应能逆向自动进行。

一般可用标准电极电势的差值来判断氧化还原反应的方向。若标准电极电势的差值较小（$\Delta E^{\ominus}<0.2V$），则应根据能斯特方程计算给定条件下各电对的电极电势，再做判断。

3.5.4　判断氧化还原反应的限度

由热力学关系式可知，化学反应的平衡常数 $K^{\ominus}$ 与标准摩尔吉布斯自由能 $\Delta_r G_m^{\ominus}$ 有如下关系：

$$\lg K^{\ominus} = -\frac{\Delta_r G_m^{\ominus}}{2.303RT}$$

而

$$\Delta_r G_m^{\ominus} = -nFE^{\ominus}$$

则

$$\lg K^{\ominus} = \frac{nFE^{\ominus}}{2.303RT} \qquad (3.11)$$

在 298.15K 时，代入 F 及 R 值得

$$\lg K^{\ominus} = \frac{nE^{\ominus}}{0.0592} = \frac{n[\varphi^{\ominus}(+) - \varphi^{\ominus}(-)]}{0.0592} \qquad (3.12)$$

可见氧化还原反应的 $K^{\ominus}$ 只与标准电极电势 $E^{\ominus}$ 有关，而与物质浓度无关。$E^{\ominus}$ 值越大，$K^{\ominus}$ 值越大，正反应进行得越完全。

由上述关系可以看出，电动势或电极电势的测定是热力学信息的重要来源之一，可以通过 $E^{\ominus}$ 值计算得到 $K^{\ominus}$、$\Delta_r G_m^{\ominus}$。

例 3.13 试计算反应 $Zn + Cu^{2+} \rightleftharpoons Zn^{2+} + Cu$ 在 298.15K 下进行的限度。

解： 已知 $\varphi^{\ominus}(Cu^{2+}/Cu) = 0.3419V$，$\varphi^{\ominus}(Zn^{2+}/Zn) = -0.7618V$

$$Zn + Cu^{2+} \rightleftharpoons Zn^{2+} + Cu$$

氧化还原反应中转移电子数 $n = 2$

$$\lg K^{\ominus} = \frac{nE^{\ominus}}{0.0592} = \frac{n[\varphi^{\ominus}(+) - \varphi^{\ominus}(-)]}{0.0592}$$

$$= \frac{n[\varphi^{\ominus}(Cu^{2+}/Cu) - \varphi^{\ominus}(Zn^{2+}/Zn)]}{0.0592}$$

$$= \frac{2 \times [0.3419 - (-0.7618)]}{0.0592} = 37.29$$

$$K^{\ominus} = 1.95 \times 10^{37}$$

$K^{\ominus}$ 值很大，说明反应正向进行得很完全。

例 3.14 已知反应：$2Ag^+ + Zn \rightleftharpoons 2Ag + Zn^{2+}$，开始时 Ag^+ 和 Zn^{2+} 的浓度分别为 $0.1 \text{mol} \cdot \text{dm}^{-3}$ 和 $0.3 \text{mol} \cdot \text{dm}^{-3}$，求达到平衡时，溶液中剩余的 Ag^+ 的浓度。

解： 设平衡时 Ag^+ 浓度为 $x(\text{mol} \cdot \text{dm}^{-3})$。

$$\lg K^{\ominus} = \frac{nE^{\ominus}}{0.0592} = \frac{n[\varphi^{\ominus}(+) - \varphi^{\ominus}(-)]}{0.0592}$$

$$= \frac{2 \times [\varphi^{\ominus}(Ag^+/Ag) - \varphi^{\ominus}(Zn^{2+}/Zn)]}{0.0592}$$

$$= \frac{2 \times [0.799 - (-0.7618)]}{0.0592} = 52.73$$

$$K^{\ominus} = 5.37 \times 10^{52}$$

$$2Ag^+ + Zn \rightleftharpoons 2Ag + Zn^{2+}$$

初始浓度/$\text{mol} \cdot \text{dm}^{-3}$	0.1	0.3
平衡浓度/$\text{mol} \cdot \text{dm}^{-3}$	x	$0.3 + \dfrac{0.1-x}{2}$

$$K^{\ominus} = \frac{c(Zn^{2+})/c^{\ominus}}{[c(Ag^+)/c^{\ominus}]^2} = \frac{0.3 + \dfrac{0.1-x}{2}}{x^2} = 5.37 \times 10^{52}$$

因为 $K^{\ominus}$ 很大，说明达到平衡时 Ag^+ 几乎被 Zn 置换，所以 $0.1 - x \approx 0.1$

则
$$\frac{0.3+0.05}{x^2}=5.37\times10^{52}$$

$$x=2.55\times10^{-27}\,mol\cdot dm^{-3}$$

须提出，根据电极电势的大小，可以判断氧化还原反应进行的方向和限度，但不用于判断氧化还原反应速率的大小。

3.6　电解

3.6.1　电解池

电解池是利用电能以发生化学反应的装置，如图 3.4 所示。在电解池中将电能转成化学能，可以认为**电解是利用外加电能的方法迫使反应进行的过程。**

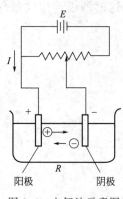

图 3.4　电解池示意图

在电解池中，与直流电源的负极相连的极叫做**阴极**，与直流电源的正极相连的极叫做**阳极**。阳极发生了失电子的氧化反应，该电极反应被称为**阳极反应**；阴极发生了得电子的还原反应，该电极反应被称为**阴极反应**。但是电池的正、负极却是按照电位的高低来确定，电位高的电极称为正极，电位低的电极称为负极。

当直流电源与两极连接时，电子从电源的负极通过外线路转向阴极，在阴极和溶液的界面上发生得电子的还原反应。同时，在阳极和溶液的界面上发生失电子的氧化反应，氧化反应中放出的电子通过外线路流向电源正极。

在电解池中，正极缺乏电子，应进行给出电子的氧化反应，故为阳极。

在电解池中，负极电子过剩，应进行得到电子的还原反应，故为阴极。

电解水时两电极上发生的反应如下。

阳极：$4OH^- \Longrightarrow O_2+2H_2O+4e^-$　　　　　　　　　氧化反应

阴极：$2H^++2e^- \Longrightarrow H_2$　　　　　　　　　　　　　还原反应

总反应：
$$2H_2O \xrightarrow{\text{电解}} 2H_2+O_2$$

电解液中离子转移至电极并在其上给出或获取电子发生氧化或还原反应的过程叫**离子的放电**。如电解水中，阳极上 OH^- 放电，阴极上 H^+ 放电。所以电解池中两极上的反应又被称为放电反应。

3.6.2　分解电压

3.6.2.1　理论分解电压

电解时由于分解产物在电极上形成原电池产生的反向电动势，称为理论分解电压，用 $E_{理分}$ 表示。

电解水生成的 H_2 和 O_2 分别吸附在铂片表面，形成的氢电极和氧电极组成了原电池。在 298.15K 时，水中 $c(H^+)=c(OH^-)=10^{-7}\,mol\cdot dm^{-3}$，若 $p(H_2)=p(O_2)=p^{\ominus}$，则 H^+/H_2 和 O_2/OH^- 的电极电势分别为：

$$\varphi(\mathrm{H^+/H_2}) = \varphi^{\ominus}(\mathrm{H^+/H_2}) + \frac{0.0592}{2}\lg\frac{[c(\mathrm{H^+})/c^{\ominus}]^2}{p(\mathrm{H_2})/p^{\ominus}}$$

$$= 0 + \frac{0.0592}{2}\lg(10^{-7})^2 = -0.4144\mathrm{V}$$

$$\varphi(\mathrm{O_2/OH^-}) = \varphi^{\ominus}(\mathrm{O_2/OH^-}) + \frac{0.0592}{4}\lg\frac{p(\mathrm{O_2})/p^{\ominus}}{[c(\mathrm{OH^-})/c^{\ominus}]^4}$$

$$= 0.401 + \frac{0.0592}{4}\lg(10^{-7})^{-4} = 0.8154\mathrm{V}$$

$$E = \varphi(+) - \varphi(-) = 0.8154 - (-0.4144) = 1.23\mathrm{V}$$

此原电池电动势的方向和外加电压方向相反。显然，要使电解顺利进行，外加电压必须克服这一反向电动势。理论上要加 1.23V 的直流电即可，故 1.23V 称为水的**理论分解电压**。

3.6.2.2　实际分解电压

实际上，施加 1.23V 电压时，电解池的电流极小且变化很不显著，电极上没有气泡产生，水的分解基本没有发生。当电压超过 1.70V 后，电流迅速增大。这时两极产生大量气泡，电解反应明显发生。

使电解得以顺利进行的最低电压称为实际分解电压（$E_{实分}$）。

电解水的 $E_{实分} = 1.70\mathrm{V}$。

3.6.2.3　超电压

实际分解电压与理论分解电压之间的差称为超电压。

$$E_{超} = E_{实分} - E_{理分}$$

电解水的 $E_{超} = 0.47\mathrm{V}$。

电解过程中超电压的产生受电极材料和析出物质种类的影响。

3.6.3　电解产物的判断

电解槽两极的产物与电极材料有关，并与电解液中的阴离子和阳离子放电能力强弱有关。电解槽的阴极不论是用活性电极或者用惰性电极，一般都是电解液中放电能力强的阳离子优先放电。电解槽的阳极如果用惰性电极，则是电解液中放电能力强的阴离子优先放电；如果用活性电极，则是电极本身参与反应。电解产物的放电顺序有如下规律。

（1）热力学角度判断　在阳极放电的是电极电势代数值小的还原型物质，在阴极上放电的是电极电势代数值大的氧化型物质。

（2）实际放电顺序

① 阳极：金属阳极（除 Pt、Au 外）失电子放电大于简单负离子（如 S^{2-}、I^-、Cl^-等）放电，大于 OH^- 放电。OH^- 只比含氧酸根离子易放电。

即在阳极放电顺序为：金属阳极（除 Pt、Au 外）＞简单负离子＞OH^-＞含氧酸根离子

② 阴极：电极电势比 $\varphi(\mathrm{Al^{3+}/Al})$ 大的金属离子首先得电子，在阴极析出相应的金属；电极电势比 $\varphi(\mathrm{Al^{3+}/Al})$ 小的金属离子不放电，而是 H^+ 放电得到 H_2。

例 3.15　判断以下电解反应的电解产物。

（1）用石墨电极电解 Na_2SO_4 水溶液。

（2）用金属镍做电极电解 $NiSO_4$ 水溶液。

解：（1）在电解池的阳极上 OH^- 和 SO_4^{2-} 可能放电，按上述规律是 OH^- 放电，得到 O_2。在电解池的阴极上 H^+ 和 Na^+ 可能放电，按上述规律应是 H^+ 放电，得到 H_2。

所以用石墨电极电解 Na_2SO_4 水溶液的电解反应如下。

阳极：$4OH^- \Longrightarrow O_2 + 2H_2O + 4e^-$

阴极：$2H^+ + 2e^- \Longrightarrow H_2$

总反应：$2H_2O \xrightarrow{\text{电解}} 2H_2 + O_2$

这个结果相当于电解水，电解质 Na_2SO_4 只起到增加溶液导电性的作用。

（2）在阳极 OH^- 和 SO_4^{2-} 可能放电，还有金属电极可能溶解，此时首先是金属电极溶解；在阴极有 H^+ 和 Ni^{2+} 可能放电，按上述规律应是 Ni^{2+} 放电，在阴极有金属镍析出。

所以用金属镍做电极电解 $NiSO_4$ 水溶液的电解反应如下。

阳极：$\qquad\qquad\qquad Ni \longrightarrow Ni^{2+} + 2e^-$

阴极：$\qquad\qquad\qquad Ni^{2+} + 2e^- \longrightarrow Ni$

总反应：$\qquad\qquad Ni(阳极) + Ni^{2+} \Longrightarrow Ni^{2+} + Ni(阴极)$

3.6.4　电解的应用——电镀

电镀是利用电解原理在某些金属表面上镀上一薄层其他金属或合金的过程。电镀时，镀层金属做阳极，被氧化成阳离子进入电镀液；待镀的金属制品做阴极，镀层金属的阳离子在金属表面被还原形成镀层。为排除其他阳离子的干扰，且使镀层均匀、牢固，需用含镀层金属阳离子的溶液作电镀液，以保持镀层金属阳离子的浓度不变。电镀的目的是在基材上镀上金属镀层，改变基材表面性质或尺寸，电镀能增强金属的抗腐蚀性（镀层金属多采用耐腐蚀的金属），增加硬度，防止磨耗，提高导电性、润滑性、耐热性和表面美观。

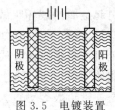

图 3.5　电镀装置
示意图

电镀装置主要由阴极、阳极和镀液三部分组成。图 3.5 为电镀装置示意图。其中被镀基体作为阴极与直流电源的负极相连，金属阳极与直流电源正极相连，将阴极和阳极都浸在镀液中。镀液中含有被镀金属的盐类，并添加一些其他物质。当直流电源与镀槽接通时，整个电路中有电流通过。

如在硫酸铜体系中进行电镀铜。它是将被镀的零件作为阴极，用金属铜（紫铜）作为阳极，在硫酸铜溶液中进行电镀。硫酸铜镀液的基本成分为硫酸铜和硫酸，镀液中一般加少量的氯离子。

两极主要反应为：

阴极　　　　　　　　　　$Cu^{2+} + 2e^- \Longrightarrow Cu$

阳极　　　　　　　　　　$Cu \Longrightarrow Cu^{2+} + 2e^-$

按照基体金属和镀层的电化学关系可将镀层分为两类：阳极镀层和阴极镀层。

所谓**阳极镀层**就是当镀层与基体金属构成腐蚀微电池时，镀层作为阳极而首先溶解。这种镀层不但能对基体起机械保护作用，而且能起电化学保护作用。如铁板上镀锌，在电化学腐蚀环境中，当镀锌层损伤，由于锌的电位比铁负，则锌作为阳极先被溶解，而基体金属铁作为阴极受到保护。

所谓**阴极镀层**就是镀层与基体构成腐蚀微电池时，镀层为阴极。这种镀层只能对基体金属起机械保护作用。在电化学腐蚀环境中只有在镀层无损伤、基体金属完全被镀层覆盖的情况下基体金属才能被保护而不受腐蚀。而一旦镀层损伤，基体金属将不能受到保护，而遭受腐蚀，如铁板上镀锡。

金属的电极电位随介质与工作条件的不同而发生变化，因而镀层究竟是阳极镀层还是阴极镀层，这要看它所处的介质和环境来定。对铁上镀锌而言，在一般条件下锌是典型的阳极镀层，但在 $70\sim80℃$ 的热水中锌的电极电位却变得比铁正，因而成了阴极镀层。

按照镀层用途可将镀层分为三类：防护性镀层、防护装饰性镀层和功能镀层。

防护性镀层，目的是提高金属制品和零件的抗腐蚀能力。通常的镀锌层、镀镉层和镀锡层以及锌基合金镀层（Zn-Fe、Zn-Co、Zn-Ni 等）属于此类镀层。

防护装饰性镀层，目的是既提高金属制品和零件的抗腐蚀能力，同时又赋予制品和零件表面以装饰性外观。这类镀层多半是由多层镀层组合而成，即首先在基体上镀上"底"层，然后再镀上"表"层，有时还要有"中间"层，这主要是由于很难找到一种单一的金属镀层能够同时满足防护与装饰的双重要求。例如，通常的铜/镍/铬多层电镀即属于此类。

功能镀层，目的是利用镀层金属的各种机械、物理、化学性能来满足各类场合的需要，根据镀层的性能，又可将它们分为主要的几类：耐磨和减摩镀层、热加工用镀层、导电性镀层、磁性镀层、抗高温氧化镀层、修复性镀层、可焊性镀层等。

3.7 金属的腐蚀与防护

当金属材料与周围介质接触时，由于发生化学作用或电化学作用而引起金属的破坏叫做**金属的腐蚀**。金属的腐蚀现象十分普遍，例如钢铁制品在潮湿空气中很容易生锈，钢铁在加热炉中加热时会生成一层氧化皮，地下的金属管道遭受腐蚀而穿孔，化工机械在强腐蚀介质中也较易腐蚀等。金属遭到腐蚀后，会使整个的机器设备和仪器仪表不能使用而造成经济上的巨大损失；另一方面，由于机械的局部腐蚀损坏而引起如锅炉爆炸、石油管道破裂等重大事故。由于腐蚀给各行各业造成了巨大的经济损失，因此，了解腐蚀发生的原理及防护方法有十分重要的意义。

3.7.1 金属腐蚀的分类

金属腐蚀的分类方法很多，以下是几种常用的分类方法。

（1）按照腐蚀环境分类，可分为化学介质腐蚀、大气腐蚀、海水腐蚀和土壤腐蚀。

（2）根据腐蚀过程的特点，可分为化学腐蚀、电化学腐蚀两大类。

化学腐蚀是指金属表面与非电解质直接发生纯化学作用而引起的破坏。金属在干燥气体或无导电性的非水溶液中的腐蚀，都属于化学腐蚀。温度对化学腐蚀的影响很大。例如钢材在高温下容易被氧化，生成一层由 FeO、Fe_2O_3 和 Fe_3O_4 组成的氧化皮，同时还会发生脱碳现象。这主要是由于钢铁中的渗碳体按以下式子与气体介质作用所产生的结果：

$$Fe_3C+O_2 \Longrightarrow 3Fe+CO_2$$
$$Fe_3C+CO_2 \Longrightarrow 3Fe+2CO$$
$$Fe_3C+H_2O \Longrightarrow 3Fe+CO+H_2$$

反应生成的气体产物离开金属表面，而碳从邻近尚未反应的金属内部逐渐地扩散到这一反应区，于是金属层中的碳逐渐减少，形成了脱碳层。钢铁表面由于脱碳导致硬度减少、疲劳极限降低。

此外在原油中含有多种形式的有机硫化物，对金属输油管道及容器也会产生化学腐蚀，另外铝在四氯化碳、乙醇中也属于化学腐蚀。

电化学腐蚀是指金属表面与电解质溶液接触时，因发生电化学作用产生的破坏而引起的腐蚀。电化学腐蚀是最普遍的、最常见的腐蚀。金属在各种电解质水溶液、大气、海水和土壤等介质中所发生的腐蚀都属于电化学腐蚀。

电化学腐蚀的特点是形成腐蚀电池，电化学腐蚀过程的本质是腐蚀电池放电的过程。电化学腐蚀过程中，金属通常作为阳极，被氧化而腐蚀；阴极反应则根据腐蚀类型而不同，可发生氢离子或氧气的还原，析出氢气或吸附氧气。

钢铁在大气中的腐蚀通常为**吸氧腐蚀**，腐蚀电池的阴极反应为：

$$\frac{1}{2}O_2 + H_2O + 2e^- \Longrightarrow 2OH^-$$

当铁完全浸没在酸溶液中，由于溶液中氧气含量较低，这时便可能发生**析氢腐蚀**（如钢铁酸洗时），腐蚀电流的阴极反应是析氢反应：

$$2H^+ + 2e^- \Longrightarrow H_2$$

（3）根据金属被破坏的基本特征，可把腐蚀分为全面腐蚀和局部腐蚀。

全面腐蚀是腐蚀分布在整个金属表面上，它可以是均匀的，也可以是不均匀的，碳钢在强酸、强碱中发生的腐蚀属于均匀腐蚀。

局部腐蚀是腐蚀主要集中于金属表面某一区域，而表面的其他部分则几乎未被破坏。

3.7.2 金属腐蚀的防护方法

根据不同情况采用的防护技术也不同，大致可分为如下几类：阴极保护，阳极保护，添加缓蚀剂，金属表面覆盖层。

（1）阴极保护　　阴极保护就是将被保护的金属作为腐蚀电池的阴极（原电池的正极）或作为电解池的阴极而不受腐蚀。阴极保护分为两类：外加电流阴极保护法和牺牲阳极保护法。

在外加直流电的作用下，以废钢或石墨等难溶性导电物质作为阳极，将被保护金属与直流电源的负极相连，这时被保护的金属作为阴极而免受腐蚀的方法称之为**外加电流阴极保护法**。

在被保护金属上连接一个电位更负的金属或其合金，它与被保护金属在电解液中形成电池，电位更负的金属或其合金作为阳极在电解液中会优先发生溶解，被保护的金属作为阴极而不受腐蚀的方法称之为**牺牲阳极保护法**。

海轮外壳、海湾建筑物、地下建筑物等大多采用阴极保护法来保护，防腐效果十分明显。

（2）阳极保护　　将被保护设备与外加直流电源的正极相连，即被保护设备作为阳极，在一定的电解质溶液中将金属进行阳极极化至一定电位，如果在此电位下金属能建立起钝态并维持钝态，则阳极溶解过程受到抑制，而使金属的腐蚀速度显著降低，这时设备得到了保护，这种方法称为**阳极保护法**。

阳极保护法适用于钝化溶液和易钝化的金属组成的腐蚀体系。

（3）添加缓蚀剂　　缓蚀剂是一种当它以适当的浓度和形式存在于环境时，可以防止或减缓腐蚀的化学物质或复合物质。

在石油工业中 H_2S 气体及 NaCl 溶液对管道及容器的腐蚀、酸洗防锈工艺中酸对被洗金属的腐蚀、工业用水中水对容器的腐蚀以及锅炉的腐蚀等需要采用缓蚀剂防腐。

缓蚀剂按其组分可分成无机缓蚀剂和有机缓蚀剂两大类，其中常见的无机缓蚀剂有铬酸盐、重铬酸盐、磷酸盐、硝酸盐等，应用于中性或碱性介质中，它们主要是在金属的表面形成氧化膜或沉淀物；而在酸性介质中，常用的是有机缓蚀剂，有机缓蚀剂一般是含有 N、S、O 的有机化合物。常用的有机缓蚀剂有乌洛托品 [六亚甲基四胺 $(CH_2)_6N_4$]、若丁

（其主要组成为二邻苯甲基硫脲等）。对于有机缓蚀剂主要是在金属表面形成良好的吸附膜，改变金属表面性质，从而防止腐蚀。

（4）金属表面覆盖层 采用油漆、电镀、表面钝化等方法在金属表面形成覆盖层，而与介质隔绝的方法以防止腐蚀。

3.8 化学电源

3.8.1 化学电源的分类

化学电源是一个能量转换装置，放电时将化学能转变为电能，充电时将电能转化为化学能的装置。

化学电源按工作性质及储存方式分为原电池（一次电池）、蓄电池（二次电池）、储备电池和燃料电池。

其中原电池是经过连续放电或间歇放电后，不能用充电的方法使两极的活性物质恢复到初始状态，即反应是不可逆的，因此两极上的活性物质只能利用一次。常见的有锌锰干电池、锌银电池等。

蓄电池工作时，在两极上进行的反应均为可逆反应，可用充电的方法使两极活性物质恢复到初始状态，从而获得再生放电能力，这种充电和放电能够反复多次，循环使用。常见的蓄电池有：铅酸蓄电池，锂离子电池，镍氢电池，锌空气蓄电池等。

储备电池是电池正负极活性物质和电解质在储存期间不直接接触（热电池例外），直到使用时才借助动力源作用于电解质，使电池激活，所以这种电池也称为激活性电池。如：镁-银电池 $Mg \mid MgCl_2 \mid AgCl$，热电池 $Ca \mid LiCl\text{-}KCl \mid CaCrO_4(Ni)$。

燃料电池是本身不包含活性物质，活性物质储存在电池体系之外，只要将活性物质连续不断地注入电池中，电池就能长期不断地进行放电。

3.8.2 化学电源的组成

化学电源必须具备两个必要条件：一是两个电极上进行的氧化还原反应必须分别在两个分开的区域进行；二是两电极的活性物质进行氧化还原反应时所需电子必须由外线路传递。

任何一种化学电源均由四部分组成：电极、电解质、隔膜、外壳。

（1）电极：由活性物质和导电骨架组成，活性物质是指正、负极中参加成流反应的物质。

（2）电解质：在电池内部担负着传递正负极之间电荷的作用，只能离子导电，不能电子导电。电解质有水溶液、有机液体电解质、凝胶和固体聚合物电解质以及熔融盐电解质。

（3）隔膜：置于电池两极之间，防止正负极活性物质直接接触，造成电池内部短路。常用隔膜的材料有棉纸、玻璃纤维、尼龙、石棉等。

（4）外壳：是电池的容器。

3.8.3 几种常见的化学电源

（1）碱性锌锰电池 以锌为负极（即阳极），二氧化锰为正极（即阴极），并与适宜的隔膜及电解液 KOH 组成的一种一次电池。我们常见的一次电池就是这种碱性锌锰电池（图3.6），主要应用于手电筒和一些小型电器上。

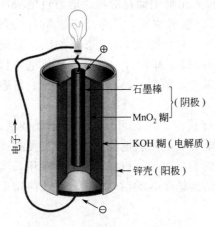

图 3.6 碱性锌锰电池示意图

（－）Zn｜KOH｜MnO$_2$（＋）碱性锌锰电池

负极：　$Zn+2OH^- -2e^- \longrightarrow Zn(OH)_2$

正极：　$2MnO_2+2H_2O+2e^-$

$$\longrightarrow 2MnOOH+2OH^-$$

电池反应：　$Zn+2MnO_2+2H_2O$

$$\longrightarrow 2MnOOH+Zn(OH)_2$$

碱性锌锰电池的电动势一般为 1.54V。

（2）锂离子电池　锂离子电池是指 Li$^+$ 嵌入化合物为正、负极的二次电池，正极一般采用 LiCoO$_2$、LiNiO$_2$、LiMn$_2$O$_4$，以及一些改性材料，负极常采用碳材料等，电解液为溶解有锂盐 LiPF$_6$ 等有机液体电解液或凝胶聚合物电解质。

锂离子电池的工作电压较高，为 3.6V，且具有体积小、质量轻、比能量高、循环寿命长的优点，因此应用十分广泛，比如手机、笔记本电脑、便携式仪器等。并且目前正在研究开发动力型锂离子电池应用于汽车、水下工具上。

锂离子电池在充放电过程中，Li$^+$ 在两个电极之间往返嵌入和脱嵌，被形象地称为摇椅电池（Rocking chair batteries）。

锂离子电池的电化学表达式为：

（－）C$_n$｜LiClO$_4$-EC＋DEC｜LiMO$_2$（＋）

表达式中 M ＝ Co、Ni、Fe、W 等，正极材料有 LiCoO$_2$、LiNiO$_2$、LiMn$_2$O$_4$、LiFeO$_2$、LiWO$_2$ 等，负极材料有 Li$_x$C$_6$、TiS$_2$、WO$_3$、V$_2$O$_5$ 等。

（3）铅酸蓄电池　铅酸蓄电池（图 3.7）是 1959 年由普兰特（Plante）发明的。目前许多汽车上仍然采用铅酸蓄电池作为汽车的主要电源。

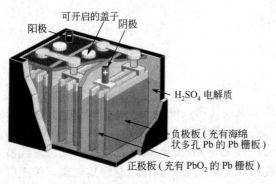

图 3.7　铅酸蓄电池剖面图

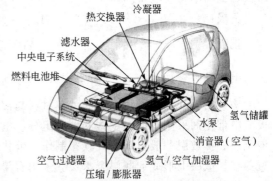

图 3.8　燃料电池汽车电化学发动机

正极活性物质为 PbO$_2$，负极活性物质为海绵状金属铅，电解液为硫酸。

（－）Pb｜H$_2$SO$_4$｜PbO$_2$（＋）

负极：　　　　　$Pb+HSO_4^- -2e^- \Longrightarrow PbSO_4+H^+$

正极：　　　　　$PbO_2+3H^+ +HSO_4^- -2e^- \Longrightarrow PbSO_4+2H_2O$

电池反应：　　　$Pb+PbO_2+2H^+ +2HSO_4^- \Longrightarrow 2PbSO_4+2H_2O$

铅酸蓄电池的电动势为 2.0V，一般是将 6 个电池单元组成一个电池组，其总电压可以达到 12.0V，且电池的价格较低，应用广泛，但主要缺点是笨重。

(4) 燃料电池 燃料电池 (图 3.8) 是一种将燃料和氧化剂中储存的化学能通过电极反应直接转换成电能的装置。其关键部件包括阴极、阳极、电解质等。其中阳极燃料有气态 (如氢气、一氧化碳和烃类)、液态 (如液氢、甲醇、肼、高价烃类)、固态 (如碳、金属等),阴极氧化剂有氧气、空气、H_2O_2 等,而且阴极和阳极上都含有一定量的催化剂,目的是用来加速电极上发生的电化学反应。电解质可分为碱型、磷酸型、固体氧化物型、熔融碳酸盐型和质子交换膜型五大类。

燃料电池具有产生的污染少、噪声低、能量密度大等优点,因此可以应用于空间领域,作为载人航天飞行器的电源,比如阿波罗飞船上采用的电源就是燃料电池;可以作为便携式电源,应用于移动电话、摄影像机、笔记本电脑等移动的装置上;可以以固定方式利用,满足私人居户和小型企业的所有热电需求;可以作为汽车的运输工具的动力电源;可以应用于水下和水面工具的电源。

燃料电池工作原理如图 3.9 所示。

质子交换膜燃料电池 (Proton exchange membrane fuel cell,简称 PEMFC) 又称为高分子电解质膜燃料电池 (Polymer electrolyte membrane fuel cell,简称 PEMFC)。在质子交换膜燃料电池中,电解质是一片薄的聚合物膜,例如聚〔全氟磺〕酸 (Poly〔perfluorosulphonic〕acid),而电极基本由碳组成。氢流入燃料电池到达阳极,裂解成氢离子 (质子) 和电子。氢离子通过电解质渗透到阴极,而电子通过外部网路流动,提供电力。以空气形式存在的氧供应到阴极,与电子

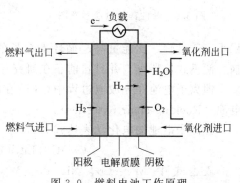

图 3.9 燃料电池工作原理

和氢离子结合形成水。其优点:可室温快速启动,无电解液流失及腐蚀问题,水易排出,寿命长,比功率与比能量高。

负极:
$$H_2 \longrightarrow 2H^+ + 2e^-$$

正极:
$$\frac{1}{2}O_2 + 2H^+ + 2e^- \longrightarrow H_2O$$

电池反应:
$$H_2 + \frac{1}{2}O_2 \longrightarrow H_2O$$

构成质子交换膜燃料电池的关键材料与部件为电催化剂、电极、质子交换膜及双极集流板。电催化剂采用以铂为主体的催化组分。电极是典型的气体扩散电极,一般包含扩散层和催化层。扩散层一般由碳纸或碳布制作。催化层一般是由铂/碳电催化剂和聚四氟乙烯乳液覆盖在扩散层上形成的薄层亲水层。采用石墨板作双极集流板,其作用是收集电流,传送气体,排放热量。

常见的燃料电池还有磷酸燃料电池、熔融碳酸盐燃料电池、固态氧化物燃料电池、直接甲醇燃料电池、直接甲酸燃料电池、直接硼氢化钠燃料电池、金属燃料电池、直接炭燃料电池等。

(5) 太阳能电池 太阳能电池又叫光电池或光伏电池,其本身不提供能量储备,只是将太阳能转换为电能,以供使用。它是利用某些半导体材料受到太阳光照射时产生的光伏效应将太阳辐射能直接转换成直流电能,通常需要用蓄电池等作为储能装置,以随时供给负载使用。太阳能电池的工作原理就是将某些半导体材料的光伏效应放大化。

太阳能电池不仅可以用于小型的计算器和手表上,也可以应用于卫星、导航浮标、信号

灯等，并且目前也正在试制太阳能电池驱动的汽车。

参 考 文 献

[1]　浙江大学普通化学教研组编. 普通化学. 第 5 版. 北京：高等教育出版社，2005.
[2]　天津大学物理化学教研室编. 物理化学. 第 4 版. 北京：高等教育出版社，2004.
[3]　李荻. 电化学原理. 修订版. 北京：北京航空航天大学出版社，1999.
[4]　张密林. 大学化学. 哈尔滨：哈尔滨工程大学出版社，2005.
[5]　大连理工大学无机化学教研室编. 无机化学. 第 4 版. 北京：高等教育出版社，2001.
[6]　Lucy Pryde Eubanks 编. 化学与社会. 段连运译. 北京：化学工业出版社，2008.
[7]　徐端钧，陈恒武，李浩然编. 普通化学. 北京：科学出版社，2004.
[8]　夏泉. 普通化学. 第 2 版. 北京：科学出版社，2009.
[9]　任丽萍，孙英. 普通化学. 北京：中国农业出版社，2005.
[10]　天津大学无机化学教研室编. 无机化学. 第 3 版. 北京：高等教育出版社，2002.
[11]　华彤文，陈景祖编. 普通化学原理. 北京：北京大学出版社，2005.
[12]　张宏祥. 电镀工艺学. 天津：天津科学技术出版社，2002.
[13]　安茂忠. 电镀理论与技术. 哈尔滨：哈尔滨工业大学出版社，2004.
[14]　陈延禧. 电解工程. 天津：天津科学技术出版社，1993.
[15]　陈军，陶占良. 能源化学. 北京：化学工业出版社，2004.
[16]　吕鸣祥，黄长保，宋玉瑾. 化学电源. 天津：天津大学出版社，1992.
[17]　魏宝明. 金属腐蚀理论及应用. 北京：化学工业出版社，1984.
[18]　肖纪美，曹楚南. 材料腐蚀学原理. 北京：化学工业出版社，2002.
[19]　孙英. 普通化学. 第 3 版. 北京：中国农业大学出版社，2007.
[20]　李晓丽. 普通化学. 北京：地质出版社，2009.

习　　题

1. 填空：

下列氧化剂当中，当其溶液中的 H^+ 浓度增大时，氧化能力增强的是 _____，不变的是 _____。

$KClO_3$　　Br_2　　$FeCl_3$　　$KMnO_4$　　H_2O_2

2. 下列说法是否正确：

(1) 某物质的电极电势代数值越小，则说明它的氧化性越弱，还原性越强；

(2) 由于 $\varphi^{\ominus}(Fe^{2+}/Fe)=-0.44V$，$\varphi^{\ominus}(H_2O_2/H_2O)=1.77V$，$\varphi^{\ominus}(Al^{3+}/Al)=-1.66V$；

所以还原能力为：$H_2O < FeCl_2 < Al$；

(3) 由于 $\varphi^{\ominus}(Fe^{2+}/Fe)=-0.44V$，$\varphi^{\ominus}(Fe^{3+}/Fe^{2+})=+0.771V$，故 Fe^{3+} 和 Fe^{2+} 能发生氧化还原反应；

(4) 因为电极反应　$Ni^{2+}+2e^- \Longrightarrow Ni$ 的 $\varphi^{\ominus}=-0.25V$，故 $2Ni^{2+}+4e^- \Longrightarrow 2Ni$ 的 $\varphi^{\ominus}=-0.50V$。

$$[(1)\times;(2)\times;(3)\times;(4)\times]$$

3. 指出下列反应中的氧化剂和还原剂，并写出反应的半电池反应：

$$2Ag^+ + Zn \Longrightarrow 2Ag + Zn^{2+}$$
$$Pb^{2+} + Cu + S^{2-} \Longrightarrow Pb + CuS$$
$$2Ag + 2H^+ + 2I^- \Longrightarrow 2AgI + H_2$$

4. 计算下列反应在 298.15K 下的标准平衡常数（$K^{\ominus}$）：

(1) $2Ag^+ + Zn \Longrightarrow 2Ag + Zn^{2+}$　　　　　　　　　　　　　　　　$[5.37\times10^{52}]$

(2) $Cr_2O_7^{2-} + 6Fe^{2+} + 14H^+ \Longrightarrow 2Cr^{3+} + 6Fe^{3+} + 7H_2O$　　　　$[5.28\times10^{46}]$

(3) $Fe^{2+} + Ag^+ \Longrightarrow Ag + Fe^{3+}$ 　　　　　　　　　　　　　　　　[2.97]

(4) $Cu + 2Fe^{3+} \Longrightarrow Cu^{2+} + 2Fe^{2+}$ 　　　　　　　　　　　　　[3.14×10^{14}]

5. 在 Ag^+、Cu^{2+} 浓度分别为 $1.0 \times 10^{-2} \, mol \cdot dm^{-3}$ 和 $0.1 mol \cdot dm^{-3}$ 的混合溶液中加入 Fe 粉，哪种金属先被还原，当第二种离子被还原时，第一种金属离子在溶液中的浓度为多少？

[$6.01 \times 10^{-9} mol \cdot dm^{-3}$]

6. 将下列反应组成原电池（温度为 298.15K）：

$$2I^- + 2Fe^{3+} \Longrightarrow I_2 + 2Fe^{2+}$$

(1) 计算原电池的标准电动势；

(2) 计算反应的标准摩尔吉布斯自由能；

(3) 用电池符号表示原电池；

(4) 计算 $c(I^-) = 0.01 mol \cdot dm^{-3}$ 以及 $c(Fe^{3+}) = c(Fe^{2+})/10$ 时，原电池的电动势。

[(1)0.2355V;(2)$-45.44kJ \cdot mol^{-1}$;(4)0.0579V]

7. 由镍电极和标准氢电极组成的原电池。若 $c(Ni^{2+}) = 0.0100 mol \cdot dm^{-3}$ 时，原电池的电动势为 0.315V，其中镍为负极，计算镍电极的标准电极电势。

[$-0.2558V$]

8. 由两个氢电极：

$Pt \mid H_2(100kPa) \mid H^+(0.10 mol \cdot dm^{-3})$ 和 $Pt \mid H_2(100kPa) \mid H^+(x \, mol \cdot dm^{-3})$

组成原电池，测得该原电池的电动势为 0.016V。若后一电极作为该原电池的正极，问组成该电极的溶液中 H^+ 的浓度值 x 为多少？

[$0.19 mol \cdot dm^{-3}$]

9. 判断下列氧化还原反应进行的方向（25℃的标准状态下）：

(1) $Ag^+ + Fe^{2+} \Longrightarrow Ag + Fe^{3+}$

(2) $2Cr^{3+} + 3I_2 + 7H_2O \Longrightarrow Cr_2O_7^{2-} + 6I^- + 14H^+$

(3) $Cu + 2FeCl_3 \Longrightarrow CuCl_2 + 2FeCl_2$

10. 在 pH=4.0 时，下列反应能否自发进行？试通过计算说明之（除 H^+ 及 OH^- 外，其他物质均处于标准条件下）。

(1) $Cr_2O_7^{2-} + H^+ + Br^- \longrightarrow Br_2 + Cr^{3+} + H_2O$

(2) $MnO_4^- + H^+ + Cl^- \longrightarrow Cl_2 + Mn^{2+} + H_2O$

[(1)$\varphi(Cr_2O_7^{2-}/Cr^{3+}) = 0.680V < \varphi^\ominus(Br_2/Br^-)$,不能自发进行,

(2)$\varphi(MnO_4^-/Mn^{2+}) = 1.128V < \varphi^\ominus(Cl_2/Cl^-)$,不能自发进行]

11. 如果下列原电池的电动势是 0.200V：

$(-)Cd \mid Cd^{2+}(x \, mol \cdot dm^{-3}) \parallel Ni^{2+}(2.00 mol \cdot dm^{-3}) \mid Ni(+)$

则 Cd^{2+} 的浓度应该是多少？

[$0.03 mol \cdot dm^{-3}$]

第 二 篇

物质结构基础

物质种类繁多，性质各异，人们会提出这样的问题：为什么金属铯与水反应剧烈，而金则与浓酸也不起化学反应？为什么钙和钡放在周期表同一族中？为什么锆和铪的性质与钛相比前两者更为相似？要从根本上回答这些问题，首先要了解物质内部的结构，特别是组成物质的原子的结构。

从 19 世纪末，电子、放射性现象和 X 射线等发现后，人们开始认识到原子有较复杂的内部结构。1900 年普朗克（Planck）在研究黑体辐射问题时，提出了著名的（旧）量子化理论，该理论指出物质吸收和发射能量是不连续的，也就是说，物质吸收和发射能量，就像物质微粒一样，只能以单个的、一定的能量、逐一地吸收和发射，此时能量是量子化的。在此基础上，1905 年爱因斯坦（Einstein）建立了光子论，成功地解释了光电效应。1911 年卢瑟福（Rutherford）建立了有核原子模型，指出原子是由原子核和核外电子组成的。通常就化学反应而言，原子核并不发生反应，它只涉及核外电子数量及运动状态的改变。因此，要阐明化学反应的本质，了解物质的结构与性质的关系，预言新化合物的合成等，就必须了解原子结构，特别是原子中的电子结构。

原子中核外电子的排布规律和运动状态的研究以及现代原子理论的建立，是从对微观粒子的波粒二象性的认识开始的。

第 4 章 原子结构

4.1 玻尔理论

19 世纪末，物理学已发展得比较完善。一般的物理现象，都能从理论上加以说明。例如，物体的机械运动遵循牛顿力学定律；电磁现象和光学现象都可归结为麦克斯韦方程组；对系统热现象的研究发展为经典热力学和统计物理学等。但是随着对客观世界研究的不断深人，人们发现了许多新的实验现象，例如黑体辐射、光电效应、原子光谱等，这些都已无法用经典物理学来加以解释。

以氢原子光谱为例，当人们企图从理论上解释氢原子光谱现象时，发现古典电磁理论和有核原子模型跟原子光谱的实验结果发生尖锐的矛盾。因为根据古典电磁理论，绕核高速运动的电子与电磁振动相似，应伴随有电磁波（或光波）的辐射，即不断以电磁波的形式发射出能量。这样将导致两种结果。

① 由于绕核运动的电子不断发射能量，电子的能量会逐渐减少，电子运动的轨道半径也将逐渐缩小，即电子将沿一条螺旋形轨道靠近原子核，最后坠落在原子核上，这样将引起原子的湮灭，原子将不复存在了，即原子将不是一个稳定的体系。

② 由于核外运动的电子是连续地放出能量，因此，发射出电磁波（光波）的频率也应该是连续的。即氢原子光谱似乎应是连续光谱。

但是这两种推论都与实验事实不符。实际上氢原子很稳定并没有发生自发的毁灭，氢原子的光谱也不是连续光谱而是线状光谱。显然，对这些矛盾现象，古典电磁理论是不能解释的。

为了阐明氢原子光谱实验的结果，1913 年，玻尔（Bohr）在普朗克量子论、爱因斯坦光子学说和卢瑟福的有核原子模型的基础上，提出了玻尔原子理论，成功地解释了氢原子光谱。其要点如下。

（1）定态轨道概念　根据经典力学，电子可以围绕原子核在无数轨道上运动，而玻尔则认为氢原子中的电子是在氢原子核的势能场中运动，其运动轨道不是任意的，电子只能在符合一定条件的特定的（有确定的半径和能量）圆形轨道上运动。这些轨道的能量状态不随时间而改变，电子在这些轨道上运动时，既不吸收能量也不释放能量，因而被称为定态轨道。

（2）轨道能级的概念　不同的定态轨道能量是不同的。离核越近的轨道，能量越低，电子被原子核束缚越牢；离核越远的轨道，能量越高。轨道的这些不同的能量状态，称为能级。在正常状态下，电子尽可能处于离核较近、能量较低的轨道上，这时原子所处的状态称为基态。在高温火焰、电火花或电弧作用下，基态原子中的电子获得能量，跃迁到离核较远、能量较高的空轨道上运动，这时原子所处的状态称为激发态。$n \to \infty$ 时，电子所处的轨道能量定为零，意味着电子被激发到这样的能级时，由于获得足够大的能量，可以完全摆脱核势能场的束缚而电离。因此，离核越近的轨道，能级越低，势能值越负。

（3）激发态原子发光的原因　激发态原子能量较高，不稳定。激发态原子中的电子有可能从能级较高的轨道（能量为 $E_{较高}$）跃迁到能级较低（能量为 $E_{较低}$）的轨道（甚至使原子恢复为基态），跃迁过程中原子释放出的能量值（ΔE）为：

$$\Delta E = E_{较高} - E_{较低} = h\nu \tag{4.1}$$

式中，h 是普朗克常数；ν 是光波的频率。

这份能量以光的形式释放出来，故激发态原子能发光。由于各轨道的能量都有不同的确定值，各轨道间的能差也就有不同的确定值，所以电子从一定的高能量轨道跃迁到一定的低能量轨道时，只能发射具有一定能量、一定波长（或频率）的光。

不同元素的原子，由于核电荷数和核外电子数不同，电子运动轨道的能量就有差别，所以不同元素的原子发光时各有其特征光谱。

玻尔原子模型成功地解释了氢原子和类氢离子（如 He^+、Li^+、Be^{2+} 等）的光谱现象。时至今日，玻尔提出的关于原子中轨道能级的概念仍然有用。但玻尔理论存在局限性，它只能解释单电子原子（或离子）光谱的一般现象，不能解释多电子原子光谱；更不能用来进一步去研究化学键的形成本质，其根本原因在于玻尔的原子模型是建立在牛顿的经典力学的理论基础上的。它的假设是把原子描绘成一个太阳系，认为电子在核外运动就犹如行星围绕着太阳转一样，会遵循经典力学的运动定律，但实际上像电子这样微小、运动速度又极快的粒子在极小的原子体积内的运动，是根本不遵循经典力学的运动定律的。微观粒子所特有的规律性——波粒二象性，是玻尔在当时没有认识到的。

4.2　微观粒子的波粒二象性

为什么经典力学不能用来描述微观粒子的运动规律呢？这是由于微观粒子具有波粒二象性的运动特征，它们表现的行为，在一些场合显示微粒性，在另一些场合又显示波动性。原子结构的近代概念以及化学键理论正是在认识微观粒子的这一基本特征的基础上逐步发展起来的。因此，要研究原子、分子的结构，了解原子、分子中电子运动的规律，首先要从微观世界的波粒二象性谈起，而微观粒子的波粒二象性又是从研究光的本性开始的。

4.2.1　光的波粒二象性

关于光的本质，是波还是微粒的问题，历史上有两个学派争论了 200 多年。一派是以惠更斯（Huygens）为代表的波动学说，认为光是一种波；另一派是以牛顿（Newton）为代表的微粒学说，认为光是沿直线传播的粒子流，两种说法都能解释光的直线传播和反射定律，但在解释光的折射定律时发生了严重分歧，微粒学说认为两种物质的折射率与光在它里面的传播速度成正比，而波动学说则认为相反，由于当时实验条件的限制，无法测量光在不同介质中的传播速度，因此无法判断这两种学说的是非。到 19 世纪，人们相继又发现了光的干涉、衍射与偏振等现象，波动学说能很好地解释它们，而微粒学说则无能为力，这时波动学说一度占得了上风。但是，后来又出现了光电效应现象，微粒学说能够很好地解释它，但波动学说却无能为力。1905 年爱因斯坦提出了光子学说，圆满地解释光电效应。光作为一束光子流，不仅具有波动性，而且具有粒子性。

其实光的粒子性和波动性的内在联系，结合爱因斯坦的质能关系式：

$$E = mc^2 \tag{4.2}$$

和 $E = h\nu$ 可以给出光子的波长 λ 和动量 p 之间的关系式：

$$p = mc = \frac{E}{c} = \frac{h\nu}{c} = \frac{h}{\lambda} \tag{4.3}$$

式中，p 是光子的动量；λ 是光子的波长；c 是电磁波在真空中的传播速度；h 是普朗克常数。在式(4.3) 中，等号左边表示光的微粒性，即光子的能量 E 和动量 p，等号右边表示光的波动性，即光波的频率 ν 和波长 λ。光的微粒性和波动性通过普朗克常量相联系，揭示了光的波粒二象性的本质。光在空间传播过程中的干涉、衍射现象突出表现了光的波动性；而光的吸收、光电效应则突出表现了光的粒子性。波粒二象性是光的本性。

4.2.2　微观粒子的波粒二象性

1924 年，法国理论物理学家德布罗依（de Broglie）在光的波粒二象性的启发下，大胆假设微观粒子的波粒二象性是具有普遍意义的一种现象。他认为不仅光具有波粒二象性，所有微观粒子，如电子、原子等也具有波粒二象性，并预言高速运动的微观粒子（如电子等），

其波长 λ 为

$$\lambda = \frac{h}{p} = \frac{h}{mv} \qquad (4.4)$$

式中，m 是粒子的质量；v 是粒子运动速度；p 是粒子的动量。式(4.4) 就是著名的德布罗依关系式。虽然它形式上同爱因斯坦关系式(4.3) 相同，但应该指出，它实际上是一个全新的假定，将二象性的概念从光子运用于微观粒子。这种实物微粒所具有的波称为德布罗依波或物质波。单从经典物理的角度对德布罗依的假设是很难理解的。为什么实物粒子既具有质量和速度，又具有频率和波长，二者之间又存在式(4.4) 的关系。这个关系正确与否，能否成立，关键的问题是需要有实验证实。

1927 年，德布罗依的大胆假设被戴维逊（Davission）和盖革（Geiger）的电子衍射实验所证实。他们发现，当经过电位差加速的电子束 A 入射到镍单晶 B 上，观察散射电子束的强度和散射角的关系，结果得到完全类似于单色光通过小圆孔那样的衍射图像，在屏上出现了一系列明暗交替的同心环纹即衍射环纹，如图 4.1 所示，这表明电子确实具有波动性。而且由实验所得的衍射环纹求得的波长与由测定电子速度后用公式（4.4）计算出的波长完全一致，这就从实验上证明了德布罗依关系式。电子衍射实验证明德布罗依关于微观粒子波粒二象性的假设和物质波的关系式是正确的。

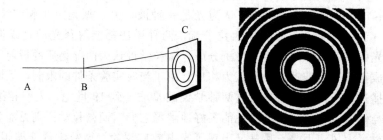

图 4.1　电子衍射示意图（白色线为衍射环）

4.3　波函数和原子轨道

4.3.1　薛定谔（Schrödinger）方程

在经典物理学中，宏观物体的运动状态，可由经典力学的方法，用坐标和动量来描述。牛顿运动方程就是描述宏观物体运动的普遍方程。但由于微观粒子具有波粒二象性，因而用坐标和动量来描述微观粒子的运动状态是没有意义的。1926 年，奥地利物理学家薛定谔根据波粒二象性的概念，运用德布罗依关系式，联系光的波动方程，提出了描述核外电子运动状态的数学表达式，建立了著名的微观粒子运动方程——薛定谔方程。

薛定谔方程是量子力学的基本方程，它是一个二阶偏微分方程，其具体形式为：

$$\frac{\partial^2 \psi}{\partial x^2} + \frac{\partial^2 \psi}{\partial y^2} + \frac{\partial^2 \psi}{\partial z^2} + \frac{8\pi^2 m}{h^2}(E-V)\psi = 0 \qquad (4.5)$$

式中，ψ 是波函数；$\psi(x,y,z)$ 是空间坐标 x，y，z 的函数；E 是体系总能量；V 是势能；m 是实物粒子的质量；h 是普朗克常数；π 是常数。求解这个方程也就求出了描述微观粒子运动状态的波函数 ψ。

在薛定谔方程中，包含着体现微粒性（如 m、E、V）和波动性（如 ψ）的两种物理量，所以它能正确反映微观粒子的运动状态。

从薛定谔方程中求出 $\psi(x,y,z)$ 的具体函数形式，即为方程的解。通常用 $\psi_{n,l,m}(x,y,z)$ 表示，特定常数 n、l、m 称为量子数。其中 n 为主量子数；l 为角量子数；m 为磁量子数。在解薛定谔方程时，由于受到特定条件的限制，所求得的解只是近似值。

4.3.2　波函数和原子轨道

波函数 ψ 是量子力学中描述核外电子在空间运动状态的数学函数式，即一定的波函数表示一种电子的运动状态，量子力学常借用经典力学中描述物体运动的"轨道"概念，把波函数 ψ 的空间图像叫做原子轨道。

波函数 ψ 的意义如下。

（1）波函数 ψ 是描述原子核外电子运动状态的数学函数式，它是空间坐标（x，y，z）的函数。在量子力学中，习惯上把原子体系的每一个这种波函数称为"原子轨道"，这不过是个沿袭的术语，而绝非经典力学中那种固定轨道（或轨迹）的概念，它和玻尔的轨道概念是完全不同的，这里"轨道"只是波函数的一个代名词，它只不过是代表原子中电子运动状态的一个函数，即代表原子核外电子的一种运动状态。

（2）每一个波函数都有相对应的能量 E，对于氢原子或类氢离子（核外只有一个电子）来说，其能量为：

$$E_n = \frac{-2\pi^2 m e^4 Z^2}{n^2 h^2} = -13.6\frac{Z^2}{n^2}eV \tag{4.6}$$

4.4　四个量子数

描述原子中各电子的状态，则需要四个参数，即四个量子数。

（1）主量子数 n

轨道能量是量子化的，可以推理出核外电子是按能级的高低分层分布的，这种不同能级的层次习惯上称为电子层。电子层是按电子出现概率较大的区域离核的远近来划分的。主量子数 n 是描述电子运动的区域离原子核的远近和能量高低的参数。

主量子数的取值可为除零以外的正整数，即 $n=1$，2，3，4 等正整数。$n=1$ 表示能量最低、离核最近的第一电子层，$n=2$ 表示能量次低、离核次近的第二电子层，其余类推，在光谱学上另用一套拉丁字母表示电子层，其对应关系为：

主量子数(n)　　1　　2　　3　　4　　5　　6…
电子层　　　　　K　　L　　M　　N　　O　　P…

n 值越大，该电子层离核平均距离越远，能级越高。

（2）角量子数 l

在分辨率较高的分光镜下，可以观察到一些元素原子光谱的每一条粗谱线往往是由两条、三条或更多的非常靠近的细谱线构成的。这说明在某一个电子层内电子的运动状态和所具有的能量还稍有所不同，或者说在某一电子层内还存在着能量差别很小的若干个亚层。因此，除主量子数外，还要用另一个参数来描述核外电子的运动状态和能量，这个量子数称为角量子数。角量子数 l 是描述原子轨道或电子云形状的参数。

角量子数 l 的取值可为 0 到 $(n-1)$ 的正整数，即 $l=0$，1，2，…，$(n-1)$ 等正整数。l 值受 n 值的限制，不能超过 $(n-1)$。例如，当 $n=1$ 时，l 只能为 0（一个数值）；$n=2$ 时，l 可以为 0，1（两个数值）。

l 的每一个数值可以用光谱学上的一个亚层来表示。l 数值与光谱规定的亚层符号之间的对应关系为：

角量子数(l)　　　0　1　2　3　4　5　…

亚层符号　　　　s　p　d　f　g　h　…

如 $l=0$ 表示 s 亚层，$l=1$ 表示 p 亚层，$l=2$ 表示 d 亚层等。

从角量子数的物理意义来看，l 的每一个数值表示一种形状的原子轨道或电子云。即 $l=0$(s 亚层) 表示圆球形的，$l=1$(p 亚层) 表示哑铃形的，$l=2$(d 亚层) 表示花瓣形等。

（3）磁量子数 m

实验发现，激发态原子在外磁场作用下，原来的一条谱线往往会分裂成若干条，这说明在同一亚层中还包含着若干个空间伸展方向不同的原子轨道。磁量子数就是用来描述原子轨道或电子云在空间的伸展方向的参数。m 的每一个数值表示原子轨道或电子云在空间的一种伸展方向。

m 可为从 $-l$ 经过 0 到 $+l$ 的整数。m 取值受 l 值的限制，不能小于 $-l$ 和大于 $+l$。例如 $l=0$ 时，m 只能为 0；$l=1$ 时，m 可以为 -1，0，$+1$ 三个数值，其余类推。

m 的每一个数值表示具有某种空间方向的一个原子轨道。一个亚层中，m 有几个可能取值，这个亚层就只能有几个不同伸展方向的同类原子轨道。例如：

$l=0$ 时，m 为 0。表示 s 亚层只有一个轨道，即 s 轨道；$l=1$ 时，m 有 -1，0，$+1$ 三个取值，表示 p 亚层有三个分别以 x，y，z 轴为对称轴的 p_x，p_y，p_z 原子轨道，这三个轨道伸展方向相互垂直；$l=2$ 时，m 有 -2，-1，0，$+1$，$+2$ 五个取值，表示 d 亚层有五个不同伸展方向的 d_{xz}，d_{yz}，d_{xy}，d_{z^2}，$d_{x^2-y^2}$ 轨道。

$l=0$ 的轨道都称为 s 轨道，其中按 $n=1$，2，3，4，…依次称为 1s，2s，3s，4s，…轨道。s 轨道内的电子称为 s 电子。

$l=1$，2，3 的轨道依次分别称为 p，d，f 轨道，其中按 n 值分别称为 np，nd，nf 轨道。p，d，f 轨道内的电子依次称为 p，d，f 电子。

在没有外加磁场情况下，同一亚层的原子轨道，能量是相等的，叫等价轨道或简并轨道。

亚　层　　　　　　　p　　　　　　d　　　　　　f

等价轨道　　　　三个 p 轨道　　五个 d 轨道　　七个 f 轨道

从上面的讨论可知，用 n，m，l 三个量子数可以决定一个特定原子轨道的能级大小、形状和伸展方向。

（4）自旋量子数 m_s

电子除绕核运动外，还有绕自身轴旋转的运动，称为自旋。为描述核外电子的自旋状态，需引入第四个量子数——自旋量子数 (m_s)。根据量子力学的计算规定，m_s 值只可能有两个数值，即 $-1/2$ 和 $+1/2$。其中每一个数值表示电子的一种自旋方向，即逆时针和顺时针方向。一般用向上和向下的箭头"↑"和"↓"来表示。

原子中一个电子的运动状态是由 n，l，m，m_s 四个量子数来描述的。四个量子数确定后，电子在核外空间的运动状态就确定了。

4.5　波函数的角度分布

角度分布图是将波函数的径向部分视为常量来考虑不同方位上 ψ 的相对大小，即角度函数 $Y(\theta,\phi)$ 随 θ，ϕ 变化的图像，这种分布图只与 l，m 有关，而与 n 无关，如图 4.2 所示。

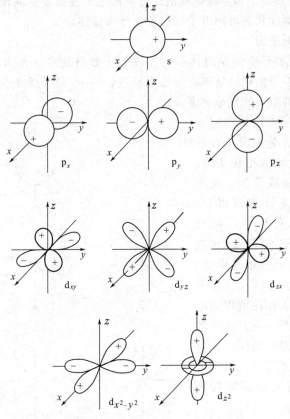

图 4.2　原子轨道角度分布图

角度分布图着重说明轨道函数的极大值出现在空间哪个方位，利用它便于直观地讨论化学共价键成键方向；轨道函数在空间的正负值可用以方便地判断原子相互靠近时是否能有效成键。

4.6　概率密度和电子云

（1）电子云

我们知道，宏观物体如绕太阳运动的地球、发射的炮弹等都是沿着一定的轨道运动的。但是具有波粒二象性的电子在核外的运动并不像宏观物体那样，沿着固定的轨道运动。我们不能同时确切地了解电子在某一瞬间在核外空间所处的位置和运动速度。但是我们能用统计的方法来判断电子在核外空间某一区域内出现机会的多少，在数学上称为概率。设想有一个

图 4.3　氢原子的
1s 电子云示意图

高速照相机能摄取一个电子在某一瞬间在核外空间的位置，然后在不同瞬间拍摄的千百万张照片，若分别观察每一张照片，则它们的位置各不相同，似乎无规律可言，但是若把千百万张照片重叠在一起进行统计性考察，则发现电子在核外空间的一个球形区域里经常出现（如图 4.3 所示），表现出明显的统计规律性。

这个图形如同天空的云雾一样，所以人们就用一个形象化的语言称它为电子云。小黑点较密的地方表示电子在核外空间这些地方出现机会较多。小黑点较稀疏的地方，即电子在核外空间出现机会较小。由此可见，原子核外电子的运动状态可用电子云形象化地来描述。

（2）概率密度与电子云

在某一时刻 t，在核外空间单位体积内发现粒子数目的多少称为概率。在某一时刻 t，在空间任一点上发现粒子出现的概率称为概率密度，$|\psi|^2$ 是描述在空间任一点上发现粒子出现的概率的多少，即电子的概率密度。

电子云是描述电子在核外空间运动的一种图像。电子云是与原子核外空间某处电子出现的概率相联系的，即与概率密度 $|\psi|^2$ 相联系的。概率密度 $|\psi|^2$ 可从理论上计算而得到，所以说电子云是概率密度 $|\psi|^2$ 的具体图像。核外空间处于不同运动状态的电子有不同的电子云分布或形状。把原子轨道的角度部分 $Y(\theta,\phi)$ 取平方后 $Y^2(\theta,\phi)$ 对 θ、ϕ 作图就得到电子云角度分布图，如图 4.4。由于数值取平方，所以不会出现负值，而且由于 $Y(\theta,\phi)$ 的数值小于 1，取平方后其值更小，所以后者的图形较为"瘦长"一些。

现将各种电子云的形状及特点简述如下。

s 电子云：凡是 s 状态的电子，它在核外空间半径相同的各个方向上出现的概率相同，所以 s 电子云的形状都是球形对称的。

p 电子云：当 $n=1$ 时只有 s 电子云。而当 $n=2$ 时则有 s 电子云和 p

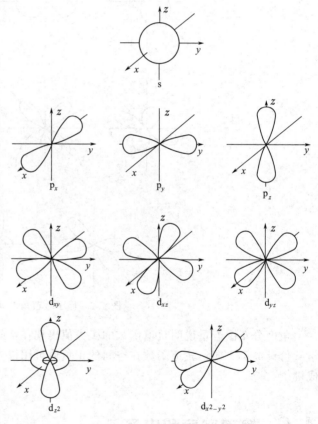

图 4.4　电子云的空间图像

电子云两种形状。p 电子云的分布状况与 s 电子云不同，它是沿着某一个轴的方向上电子出现的概率密度最大，即电子云在此方向上也最大，在另外两个轴的方向上电子出现的概率密度为零，而且在核附近电子出现的概率也几乎为零，所以 p 电子云的形状呈无柄的哑铃形。此外，p 电子云在核外空间可有 p_x、p_y、p_z 三种不同的取向。

d 电子云：当 $n=3$ 时，除了有 s 电子云和 p 电子云外，还有 d 电子云。d 电子云的形状比 s 电子云和 p 电子云复杂，形似花瓣，它在核外空间有五种不同的取向，所以 d 电子云有 d_{xy}，d_{xz}，d_{yz}，d_{z^2}，$d_{x^2-y^2}$ 五种。d_{xy}，d_{xz}，d_{yz} 三种电子云互相垂直，每种电子云的剖面有四个 "瓣"，分别在 xy，xz，yz 平面上，而且由坐标原点到各瓣端的连线为各坐标的分角线。$d_{x^2-y^2}$ 电子云的剖面也有处于 xy 平面的四个 "瓣"，但由坐标原点到瓣端连线正好在 x 轴和 y 轴上。d_{z^2} 电子云的剖面在 z 轴上有两个较大的 "瓣"，而围绕 z 轴在 xy 平面上有一个圆形环。

f 电子云：当 $n=4$ 时，除了有 s，p，d 电子云外，还有 f 电子云。它在空间有 7 种不同的取向。由于 f 电子云的形状比较复杂，在这里就不作介绍了。

4.7 多电子原子的能级

原子轨道的能量主要与主量子数（n）有关。对多电子原子来说（除 H 外其他元素原子的统称），原子轨道的能量还与角量子数（l）和原子序数有关。原子中各轨道的能级的高低主要根据光谱实验确定，但也可从理论上去推算。原子轨道能级的相对高低情况，若用图示近似表示，就是所谓近似能级图。

鲍林（Pauling）根据光谱实验的结果，提出了多电子原子中原子轨道的近似能级图（图 4.5）。图中的能级顺序是指价电子层填入电子时各能级相对的高低，此图基本上反映了多电子原子的核外电子填充的顺序。

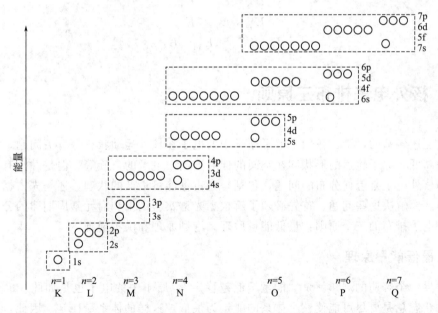

图 4.5 原子轨道的近似能级图

多电子原子的近似能级图有以下几个特点。

（1）近似能级图是按原子轨道的能量高低而不是按原子轨道离核的远近顺序排列起来的。在图中，把能量相近的能级划为一组，称为能级组。通常共分七个能级组，按 1，2，3…能级组的顺序能量逐次增加。值得注意的是：对于 4、5、6、7 能级组来讲，在一个能级组中可能包含不同电子层的能级，如第六能级组中除了有属于第六电子层的 6s、6p 能级以外，还有第四电子层的 4f 和第五电子层的 5d 能级。这种能级交错现象对核外电子排布有很大影响。此外，在能级图中还可以看到一般相邻的两个能级组之间的能量差较大。而在同一能级组内各能级的能量差较小。这种能级组的划分是造成元素周期表中元素划分为周期的本质原因。

（2）在近似能级图中，每个小圆圈代表一个原子轨道，s 分层中有一个圆圈，表示此分层只有一个等价原子轨道，p 分层中有三个圆圈，表示此分层有三个等价原子轨道。所谓等价轨道是指其轨道能量相同、成键能力相同，只是空间取向不同。在量子力学中把能量相同的状态叫简并状态，把能量相同的轨道数称简并度。因为三个 p 轨道能量相同，所以称 p 轨道是三重简并的。同理，d 分层有五个能量相同的 d 轨道，即 d 轨道是五重简并的；f 分层有七个能量相同的 f 轨道，即 f 轨道是七重简并的。

（3）角量子数 l 相同的能级，其能量由主量子数 n 决定，n 越大，能量越高。例如

$$E_{1s} < E_{2s} < E_{3s} < E_{4s}$$
$$E_{2p} < E_{3p} < E_{4p}$$

这是因为 n 越大，电子离核越远，核外电子受核的吸引力越小的缘故。

（4）主量子数 n 相同，角量子数 l 不同的能级，其能量随 l 的增大而升高。例如

$$E_{ns} < E_{np} < E_{nd} < E_{nf}$$
$$E_{4s} < E_{4p} < E_{4d} < E_{4f}$$

（5）主量子数 n 和角量子数 l 同时变动时，从图 4.5 中可知，能级能量变化的情况是比较复杂的。例如

$$E_{4s} < E_{3d} < E_{4p}$$
$$E_{5s} < E_{4d} < E_{5p}$$
$$E_{6s} < E_{4f} < E_{5d} < E_{6p}$$

4.8 核外电子排布三原则

通过上述各节的讨论，我们了解了原子中的电子在核外运动状态等有关问题，即原子轨道能量的高低，原子轨道的形状和在空间的伸展方向，电子的自旋等。但是并没有明确多电子原子的核外电子是怎样分布的问题，包括是先占据能量最低的状态，还是先占据能量最高的状态等。要解决这些问题，首先必须了解根据光谱实验结果和对元素周期律的分析，而得出的核外电子排布的三个原则：最低能量原理、泡利原理和洪特规则。

4.8.1 最低能量原理

自然界一个普遍的规律就是"能量越低越稳定"，原子中的电子也是如此。电子在原子中所处的状态总是要尽可能使整个体系的能量为最低，这样的体系最稳定。因此，多电子原子在基态时核外电子的排布，总是尽可能分布到能量低的轨道，然后按原子轨道近似能级图依次向能量较高的轨道顺次排布，这就是最低能量原理。例如氢原子的一个电子和氦原子的两个电子，通常都处于能量最低的 1s 能级中。但是，并不是原子中所有的电子都处于能量最低的能级，这里涉及每一个原子轨道中最多容纳电子数目的问题。1925 年瑞士物理学家泡利（Pauli）根据元素在周期系中的位置和光谱分析的结果，提出一个新的假定——泡利原理，使这一问题获得圆满的解决。

4.8.2 泡利原理

泡利原理也称为泡利不相容原理，其内容是：在同一原子中没有四个量子数完全相同的电子，或者说，在同一原子中没有运动状态完全相同的电子存在。例如氦原子的 1s 轨道中有两个电子，其中一个电子的量子数 n，l，m，m_s 如果是（1，0，0，$+1/2$），则另一个电子的量子数必然是（1，0，0，$-1/2$），即两个电子的自旋方向必定相反，否则就违反泡利原理。不难看出，根据泡利原理可以获得以下几个重要结论。

（1）每一种运动状态最多只能有一个电子。

（2）因为每一个原子轨道含有两种运动状态，所以每一个原子轨道最多只能容纳两个自旋相反的电子。

（3）因为 s，p，d，f 各分层中的原子轨道数分别为 1，3，5，7 个，所以 s，p，d，f 各分层中最多能容纳 2，6，10，14 个电子。

（4）每个电子层中原子轨道的总数为 n^2，因此，各电子层中电子的最大容量为 $2n^2$ 个。

4.8.3 洪特规则

所谓洪特规则，是洪特（Hund）在 1925 年从大量光谱实验数据总结出来的规律："电子分布到能量相同的等价轨道时，总是尽先以自旋相同的方向，单独占据能量相同的轨道"。或者简单地说，"在等价轨道中，自旋相同的单电子越多，体系就越稳定"。这个规律通常称为洪特规则（或称等价轨道原理）。

例如，碳原子核外的 6 个电子中，除了有 2 个电子分布在 1s 轨道、2 个电子分布在 2s 轨道外，另外的 2 个电子不是占据 1 个 2p 轨道，而是以自旋相同的方向分占据能量相同，但伸展方向不同的两个 2p 轨道。因此根据最低能量原理、泡利原理和洪特规则，碳原子核外的 6 个电子可分布如下：

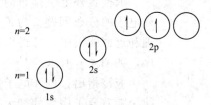

每一个圆圈代表一个原子轨道，圆圈中的每一个箭头代表 1 个电子，圆圈中两个相反箭头表示自旋相反的两个电子。如果用原子的电子结构式表示，则碳原子的电子结构式为：$1s^2 2s^2 2p^2$。

洪特规则是一个经验规则。电子按洪特规则分布可使原子体系能量最低，体系最稳定。因为当一个轨道中已占有一个电子时，另一个电子要继续填入同前一个电子成对，就必须克服它们之间的相互排斥作用，其所需要的能量叫做电子成对能。因此，电子以自旋相同的方向分布到等价轨道，有利于体系的能量降低。

应该指出，作为洪特规则的特例，等价轨道全充满、半充满或全空的状态是比较稳定的。全充满、半充满和全空的结构分别表示如下。

全充满：p^6，d^{10}，f^{14}

半充满：p^3，d^5，f^7

全　空：p^0，d^0，f^0

下面我们运用核外电子排布的三原则来讨论核外电子排布的几个实例。例如氮原子的核电荷数为7，核外有7个电子，根据核外电子分布的三原则，有2个电子首先分布到第一电子层的1s轨道，其余的5个电子分布到第二电子层上，其中2个电子分布到2s轨道，剩下的3个电子，以自旋相同的方向分别占据三个伸展方向不同但能量相同的2p轨道。氮原子的电子结构式为：$1s^2 2s^2 2p^3$。氖原子的核电荷数为10，核外有10个电子。第一电子层上有2个电子分布到1s轨道、第二电子层上有8个电子，其中有2个电子分布到2s轨道、6个电子分布到2p轨道上，因此氖原子的电子结构式为：$1s^2 2s^2 2p^6$。这种最外电子层为8电子的结构，通常是一种比较稳定的结构，故又称为稀有气体结构。铁原子的核电荷数为26，核外有26个电子。首先在第一层有2个电子分布到1s轨道，在第二层有2个电子要分布到2s轨道，6个电子分布到2p轨道上，在第三层有2个电子先分布到3s轨道，6个电子分布到3p轨道，余下还有8个电子，是先分布到3d轨道呢？还是先分布到4s轨道呢？由鲍林原子轨道近似能级图可知，3d和4s出现了能量交错现象，由于3d能量高于4s，所以这8个电子中有2个电子先分布到能量稍低的第四层4s轨道，最后余下的6个电子再分布到3d轨道。因此铁原子的电子结构式为：$1s^2 2s^2 2p^6 3s^2 3p^6 3d^6 4s^2$。

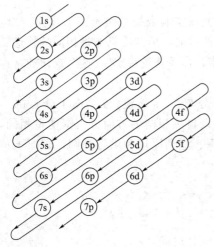

图4.6　电子填入轨道的次序图

为了避免电子结构式过长，通常可把内层已达到稀有气体的电子层结构写成"原子实"，并以稀有气体符号加方括号来表示。如：铁原子的电子结构式可表示为 $[Ar]3d^6 4s^2$。铬原子核外有24个电子，但铬原子的电子结构式不是 $[Ar]3d^4 4s^2$，而是 $[Ar]3d^5 4s^1$。这是因为$3d^4$差一个电子就达到半充满的$3d^5$结构，是比较稳定的结构，同时又由于4s和3d的能量较接近，因此4s中的1个电子很容易激发到3d轨道上达到更稳定的结构：$[Ar]3d^5 4s^1$。

根据核外电子排布的三原则，基本上可以解决核外电子的分布问题。为了便于记忆，根据最低能量原理和近似能级图，可得出核外电子填入轨道的先后次序，如图4.6所示。

应该指出，核外电子排布的三原则，只是一般规律。随着原子序数的增大、核外电子数目的增多和原子中电子之间相互作用增强，核外电子排布愈复杂，常出现例外的情况。因此对某一具体元素原子的电子排布情况，还应尊重实验事实，结合实验的结果予以判断。

4.9　原子的电子层结构和元素周期表

4.9.1　原子的电子层结构

根据核外电子排布的原则和光谱实验的结果，可得周期表各元素原子的电子层结构，如表4.1所示。下面我们分别讨论周期表中各元素原子的电子层结构。

从表4.1可知，第1号元素氢，它有1个核外电子，在正常状态下，电子填充到第一电子层上，电子结构式为$1s^1$。第2号元素氦，它有2个核外电子，并都填到第一电子层上，电子结构式为$1s^2$，这两个电子自旋相反。根据泡利原理，1s轨道最多能容纳2个电子，因此，第一电子层电子已填满，所以第一周期只有氢和氦两个元素。

第 3 号元素锂，它的核外有 3 个电子，其中 2 个电子填到 1s 上，第 3 个电子填充在第二电子层中，因此开始了第二周期，它的电子结构式为：$1s^2 2s^1$。第二电子层共有 4 个轨道，最多能容纳 8 个电子，所以第二周期从锂到氖共 8 个元素，其电子依次充填由 $2s^1$ 开始到 $2p^6$ 结束，完成了第二周期。

第 11 号元素钠，它的核外有 11 个电子，有 2 个电子填充到第一电子层上，有 8 个电子填充到第二电子层上，最后 1 个电子填充到第三电子层上，因此开始了第三周期。它的电子结构式为：$1s^2 2s^2 2p^6 3s^1$。从 11 号元素钠到 18 号元素氩，电子填充的次序与第二周期相似，依次由 $3s^1$ 开始到 $3p^6$ 结束。氩的电子结构式为：$1s^2 2s^2 2p^6 3s^2 3p^6$，直到氩完成了第三周期。

第 19 号元素钾，它的核外有 19 个电子，前 18 个电子填充为 $1s^2 2s^2 2p^6 3s^2 3p^6$，那么钾的最后 1 个电子是填充在 3d 轨道，还是填充在 4s 轨道呢？根据鲍林的近似能级图可知，3d 与 4s 出现能级交错现象（$E_{3d} > E_{4s}$）。因此钾的最后一个电子是填充在 4s 能级上，而不是填充在 3d 能级上，所以钾的电子结构式为：$1s^2 2s^2 2p^6 3s^2 3p^6 4s^1$。从 19 号元素钾开始到 36 号元素氪结束共 18 个元素，完成了第四周期。在这个周期中，钾、钙的最后一个电子分别填充到 4s 轨道上，从 21 号元素钪开始，它的最后一个电子填入 3d 轨道，随着原子序数的增加，电子依次填充在 3d 轨道，直到锌 3d 轨道填满，共 10 个元素，这 10 个元素通常形成第四周期的过渡元素。一般它们的电子结构式为：$[Ar]3d^{1\sim10}4s^2$。但其中也有例外，例如铬的电子结构式不是 $[Ar]3d^4 4s^2$ 而是 $[Ar]3d^5 4s^1$，铜的电子结构式不是 $[Ar]3d^9 4s^2$ 而是 $[Ar]3d^{10}4s^1$，这是由于半充满的 d^5 和全充满的 d^{10} 的结构一般比较稳定（洪特规则特例）的缘故。第五周期电子的填充与第四周期类似。

表 4.1　周期表中（1～49）号元素原子的电子层结构

周期	原子序数	元素符号	电子层																	
			K	L		M			N				O				P			Q
			1s	2s	2p	3s	3p	3d	4s	4p	4d	4f	5s	5p	5d	5f	6s	6p	6d	7s
1	1	H	1																	
	2	He	2																	
2	3	Li	2	1																
	4	Be	2	2																
	5	B	2	2	1															
	6	C	2	2	2															
	7	N	2	2	3															
	8	O	2	2	4															
	9	F	2	2	5															
	10	Ne	2	2	6															
3	11	Na	2	2	6	1														
	12	Mg	2	2	6	2														
	13	Al	2	2	6	2	1													
	14	Si	2	2	6	2	2													
	15	P	2	2	6	2	3													
	16	S	2	2	6	2	4													
	17	Cl	2	2	6	2	5													
	18	Ar	2	2	6	2	6													

续表

周期	原子序数	元素符号	电子层																	
			K	L		M			N				O				P			Q
			1s	2s	2p	3s	3p	3d	4s	4p	4d	4f	5s	5p	5d	5f	6s	6p	6d	7s
4	19	K	2	2	6	2	6		1											
	20	Ca	2	2	6	2	6		2											
	21	Sc	2	2	6	2	6	1	2											
	22	Ti	2	2	6	2	6	2	2											
	23	V	2	2	6	2	6	3	2											
	24	Cr	2	2	6	2	6	5	1											
	25	Mn	2	2	6	2	6	5	2											
	26	Fe	2	2	6	2	6	6	2											
	27	Co	2	2	6	2	6	7	2											
	28	Ni	2	2	6	2	6	8	2											
	29	Cu	2	2	6	2	6	10	1											
	30	Zn	2	2	6	2	6	10	2											
	31	Ga	2	2	6	2	6	10	2	1										
	32	Ge	2	2	6	2	6	10	2	2										
	33	As	2	2	6	2	6	10	2	3										
	34	Se	2	2	6	2	6	10	2	4										
	35	Br	2	2	6	2	6	10	2	5										
	36	Kr	2	2	6	2	6	10	2	6										
5	37	Rb	2	2	6	2	6	10	2	6			1							
	38	Sr	2	2	6	2	6	10	2	6			2							
	39	Y	2	2	6	2	6	10	2	6	1		2							
	40	Zr	2	2	6	2	6	10	2	6	2		2							
	41	Nb	2	2	6	2	6	10	2	6	4		1							
	42	Mo	2	2	6	2	6	10	2	6	5		1							
	43	Tc	2	2	6	2	6	10	2	6	5		2							
	44	Rn	2	2	6	2	6	10	2	6	7		1							
	45	Rb	2	2	6	2	6	10	2	6	8		1							
	46	Pd	2	2	6	2	6	10	2	6	10									
	47	Ag	2	2	6	2	6	10	2	6	10		1							
	48	Cd	2	2	6	2	6	10	2	6	10		2							
	49	In	2	2	6	2	6	10	2	6	10		2	1						

4.9.2　原子的电子层结构与元素的分区

根据元素原子的核外电子排布的特点，可将周期表中的元素分为五个区。如表 4.2 所示。

(1) s 区元素：最后一个电子填充在 s 能级上的元素称为 s 区元素。包括 IA 族碱金属和 IIA 族碱土金属元素。结构特点为：ns^1 和 ns^2。它们容易失去 1 个或 2 个价电子形成 M^+ 或 M^{2+}。是活泼的金属。

(2) p 区元素：最后一个电子填充在 p 能级上的元素称为 p 区元素。包括 IIIA～VIIA 各族和零族元素。除氦气外它们的结构特点为：$ns^2np^{1\sim6}$。其中大部分是非金属。

(3) d 区元素：最后一个电子填充在 d 能级上的元素称为 d 区元素。包括 IIIB～VIIB 各副族和第 VIII 族元素，结构的特点为：$(n-1)d^{1\sim9}ns^{1\sim2}$。它们都是过渡元素。每个元素都有多种氧化数。

表 4.2　周期表中元素的分区

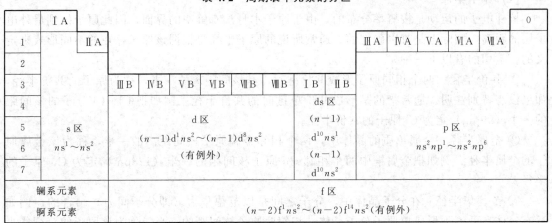

（4）ds 区元素：最后一个电子填充在 d 能级并且达到 d^{10} 状态的元素，称为 ds 元素。包括ⅠB 族和ⅡB 族元素。结构特点为：$(n-1)d^{10}ns^{1\sim2}$。通常也把它们算作过渡元素。

（5）f 区元素：最后一个电子填充在 f 能级的元素称为 f 区元素。包括镧系元素和锕系元素，结构特点为：$(n-2)f^{1\sim14}\ (n-1)d^{0\sim2}ns^2$。这些元素由于最外电子层和次外电层几乎相同，只是倒数第三电子层不同，所以每系各元素的化学性质极为相似。

4.9.3　原子的电子层结构与周期的关系

从原子核外电子排布的规律可知，原子的电子层数与该元素所在的周期数是相对应的，而各周期数又是与各能级组相对应的。根据原子的电子层结构不同，可把周期系中各元素划为七个周期：第一周期是特短周期，有 2 个元素；第二、三周期是短周期，各有 8 个元素；第四、五周期是长周期，各为 18 个元素；第六周期是特长周期，有 32 个元素；第七周期是未完成的周期，现有 26 个元素；各周期元素的数目恰好等于相应能级组中原子轨道所能容纳的电子总数。元素性质的周期性变化是原子的电子层结构周期性变化的反映。

4.9.4　原子的电子层结构与族的关系

按长周期表，族的划分是把元素分为 16 个族，除了稀有气体（零族）和第Ⅷ族元素外，还有七个 A 族和七个 B 族元素。A 族包括短周期中的元素，也叫主族，B 族不包括短周期元素，只包含长周期元素，也叫副族。

镧系和锕系元素，按其所在的族来讲应属于ⅢB 族，但因其性质的特殊而单列。

综上所述，原子的电子层结构与元素周期系有着密切的关系。若已知元素的原子序数，便可写出该元素的电子层结构，并能判断该元素所在的周期和族；反之，若已知某元素所在的周期和族，也可推知它的原子序数，从而可写出该元素的电子层结构。

4.10　元素基本性质的周期性

原子的电子层结构随着核电荷数的递增呈现周期性变化，影响到原子的某些性质，如原子半径、电离能、电子亲和能和电负性等，也呈现周期性的变化。

（1）原子半径

核外电子的运动是按概率分布的，由于原子本身没有鲜明的界面，因此原子核到最外电子层的距离，实际上是难以确定的。通常所说的原子半径是根据该原子存在的不同形式来定义的。常用的有以下三种。

① 共价半径 两个相同原子形成共价键时，其核间距离的一半，称为原子的共价半径，如果没有特别注明，通常指的是形成共价单键时的共价半径。例如把 Cl—Cl 分子的核间距的一半（99pm）定为 Cl 原子的共价半径。

② 金属半径 金属单质的晶体中，两个相邻金属原子核间距离的一半，称为该金属原子的金属半径。例如把金属铜中两个相邻 Cu 原子核间距的一半（128pm）定为 Cu 原子的半径。

③ 范德华半径 在分子晶体中，分子之间是以范德华力（即分子间力）结合的。例如稀有气体在低温下形成单原子分子晶体，相邻两原子核间距的一半，称为该原子的范德华半径。例如，氖（Ne）的范德华半径为 160pm。

表 4.3 列出元素周期表中各元素原子半径，其中非金属列出共价半径，金属列出金属半径（配位数为 12），稀有气体列出范德华半径。

表 4.3　原子半径　　　　单位：pm

H 37																	He 122
Li 152	Be 111											B 88	C 77	N 70	O 66	F 64	Ne 160
Na 186	Mg 160											Al 143	Si 117	P 110	S 104	Cl 99	Ar 191
K 227	Ca 197	Sc 161	Ti 145	V 132	Cr 125	Mn 124	Fe 124	Co 125	Ni 125	Cu 128	Zn 133	Ga 122	Ge 122	As 121	Se 117	Br 114	Kr 198
Rb 248	Sr 215	Y 181	Zr 160	Nb 143	Mo 136	Tc 136	Ru 133	Rh 135	Pd 138	Ag 144	Cd 149	In 163	Sn 141	Sb 141	Te 137	I 133	Xe 217
Cs 265	Ba 217	Lu 173	Hf 159	Ta 143	W 137	Re 137	Os 134	Ir 136	Pt 136	Au 144	Hg 160	Tl 170	Pb 175	Bi 155	Po 153	At	Rn

同一周期的主族元素，自左向右，随着核电荷的增加，原子共价半径变化的总趋势是逐渐减小的。

同一周期的 d 区过渡元素，从左向右过渡时，随着核电荷的增加，原子半径只是略有减小；而且，从ⅠB族元素起，由于次外层的 $(n-1)d$ 轨道已经充满，较为显著地抵消核电荷对外层 ns 电子的引力，因此原子半径反而有所增大。

原子半径越大，核对外层电子的引力越弱，原子就越易失去电子；相反，原子半径越小，核对外层电子的引力越强，原子就越易得到电子。但必须注意，难失去电子的原子，不一定容易得到电子。例如，稀有气体原子得、失电子都不容易。

（2）电离能（I）

原子失去电子的难易可用电离能（I）来衡量。气态原子要失去电子变为气态阳离子（即电离），必须克服核电荷对电子的引力而消耗能量，这种能量称为电离能（I），其单位常采用 $kJ \cdot mol^{-1}$。从基态（能量最低的状态）的中性气态原子失去一个电子形成气态阳离子所需要的能量，称为原子第一电离能（I_1）；由氧化数为 +1 的气态阳离子再失去一个电子形成氧化数为 +2 的气态阳离子所需要的能量，称为原子的第二电离能（I_2）；其余依次类推。

显然，元素原子的电离能越小，原子就越易失去电子；反之，元素原子的电离能越大，原子越难失去电子。这样，就可以根据原子的电离能来衡量原子失去电子的难易程度。一般情况下，只要应用第一电离能数据即可。元素原子的电离能，可以通过实验测出。

同一周期主族元素，从左向右过渡时，电离能逐渐增大。副族元素从左向右过渡时，电离能变化不十分规律。

同一主族元素从上往下过渡时，原子的电离能逐渐减小。副族元素从上往下原子半径只是略微增大，而且第五、六周期元素的原子半径又非常接近，核电荷数增多的因素起了作用，电离能变化没有较好的规律。

(3) 电子亲和能（E_A）

原子结合电子的难易可用电子亲和能（E_A）来定性地比较，与电离能恰好相反，元素原子的第一电子亲和能是指一个基态的气态原子得到一个电子形成气态阴离子所释放出的能量。元素原子的第一电子亲和能代数值越小，原子就越容易得到电子，反之，元素原子的第一电子亲和能代数值越大，原子就越难得到电子。

由于电子亲和能的测定比较困难，所以目前测得的数据较少（尤其是副族元素尚无完整数据），准确性也较差，有些数据还只是计算值。

(4) 电负性（x）

某原子难失去电子，不一定就容易得到电子；反之，某原子难得到电子，也不一定就容易失去电子。为了能比较全面地描述不同元素原子在分子中对成键电子吸引的能力，鲍林提出了电负性的概念。所谓电负性是指分子中的原子吸引电子的能力。指定最活泼的非金属元素氟的电负性 $x(F)=4.0$，然后通过计算得到其他元素原子的电负性值（见表 4.4）。

表 4.4　元素电负性（x）

H 2.1																
Li 1.0	Be 1.5											B 2.0	C 2.5	N 3.0	O 3.5	F 4.0
Na 0.9	Mg 1.2											Al 1.5	Si 1.8	P 2.1	S 2.5	Cl 3.0
K 0.8	Ca 1.0	Sc 1.3	Ti 1.5	V 1.6	Cr 1.6	Mn 1.5	Fe 1.8	Co 1.9	Ni 1.9	Cu 1.9	Zn 1.6	Ga 1.6	Ge 1.8	As 2.0	Se 2.4	Br 2.8
Rb 0.8	Sr 1.0	Y 1.2	Zr 1.4	Nb 1.6	Mo 1.8	Tc 1.9	Ru 2.2	Rh 2.2	Pd 2.2	Ag 1.9	Cd 1.7	In 1.7	Sn 1.8	Sb 1.9	Te 2.1	I 2.5
Cs 0.7	Ba 0.9	Lu 1.2	HF 1.3	Ta 1.5	W 1.7	Re 1.9	Os 2.2	Ir 2.2	Pt 2.2	Au 2.4	Hg 1.9	Tl 1.8	Pb 1.9	Bi 1.9	Po 2.0	At 2.2

从表 4.4 中可见，元素的电负性呈周期性变化。主族元素的电负性具有较明显的周期性变化，同一周期从左向右电负性逐渐增大。同一主族，从上往下电负性逐渐减小。而副族元素的电负性值则较接近，变化规律不明显。某元素的电负性越大，表示它的原子在分子中吸引成键电子（即习惯说的共用电子）的能力越强。

参 考 文 献

[1]　傅献彩主编．大学化学：上、下册．北京：高等教育出版社，1999.

[2]　浙江大学普通化学教研组编．普通化学．第 4 版．北京：高等教育出版社，1995.

[3]　天津大学无机化学教研室编．无机化学：上、下册．北京：高等教育出版社，1992.

[4]　邓存，刘怡春编．结构化学基础．第 2 版．北京：高等教育出版社，1995.

[5] 秦华宇主编.普通化学典型题分析解集.西安:西北工业大学出版社,2000.

[6] 武汉大学,吉林大学等校编.曹锡章,张晚惠等修订.无机化学:上、下册.第2版,北京:高等教育出版社,1983.

习　题

1. 选择题

(1) 当 $n=3$,l 的取值为（　　）

A. 1,2,3　　　　　B. -1,0,$+1$　　　　　C. 0,1,2　　　　　D. 2,3,4

(2) 下列成套量子数不能描述电子运动状态的是（　　）

A. 3,1,1,$-1/2$　　B. 2,1,1,$+1/2$　　　　C. 3,3,0,$-1/2$　　　　D. 4,3,-3,$-1/2$

(3) 下列元素中哪一个是人造元素？（　　）

A. 铟　　　　　　B. 钍　　　　　　C. 氦　　　　　　D. 镉

(4) 将钪原子的电子分布式写为 $1s^2 2s^2 2p^6 3s^2 3p^9$,这违背了（　　）原则；氧原子的电子分布式写为 $1s^2 2s^2 2p_x^2 2p_y^2 2p_z^0$ 违背了（　　）。

A. 能量最低原理　　　　　B. 泡利原理　　　　　C. 洪特规则

(5) 4p 亚层中轨道的主量子数为（　　）,角量子数为（　　）,该亚层的轨道中最多可以有多少（　　）种空间取向,最多可容纳多少（　　）个电子。

A. 1　　　　B. 2　　　　C. 3　　　　D. 4　　　　E. 6　　　　F. 12

2. 是非题（对的在括号内填"＋"号,错的填"－"号）

(1) 当主量子数 $n=2$ 时,其角量子数只能取一个数,即1。　　　　　　　　　（　　）

(2) p 轨道的角度分布图为"8"形,这表明电子是沿"8"轨迹运动的。　　　　（　　）

(3) 多电子原子轨道的能级只与主量子数 n 有关。　　　　　　　　　　　　（　　）

(4) $n=3$ 的第三电子层最多可容纳18个电子。　　　　　　　　　　　　　　（　　）

(5) 主族元素和副族元素的金属性和非金属性递变规律是相同的。　　　　　（　　）

(6) 原子序数为33,K,L,M,N 各层电子数依次为2,8,18,5。　　　　　　　（　　）

3. n、l、m 三个量子数的组合方式有何规律？这三个量子数各有何物理意义？

4. 3s 和 $3s^1$ 代表什么意思？

5. "主量子数为3时,有 3s,3p,3d,3f 四个原子轨道"。这种说法对吗？试述理由。

6. 一个电子主量子数为 $n=4$,这个电子的 l,m,m_s 量子数各可取什么值？这个电子共有多少种波函数？可有多少种可能的电子运动状态？

7. 写出 20,24,35 号元素的核外电子排布式。

8. 已知 M^{2+} 3d 轨道中有 5 个电子,试推出 (1) M 原子的核外电子排布式；(2) M 原子的最外层和最高能级组中电子数各为多少。

第 5 章 分子结构

分子是由原子组成的，原子之间所以能结合成分子，说明原子之间存在着相互作用力。通常把分子中直接相邻的两个（或多个）原子之间的强相互作用，称为化学键。化学键大致可分为离子键、共价键和金属键三种基本类型。此外，在分子之间还存在着一种较弱的相互吸引作用，通常称为分子间力或范德华力。有时分子间或分子内的某些基团之间还可能形成氢键。

5.1 离子键理论

活泼金属原子与活泼的非金属原子所形成的化合物如 NaCl、CsCl、MgO 等，通常都是离子型化合物。它们的特点是：在一般情况下，主要以晶体的形式存在，具有较高的熔点和沸点，在熔融状态或溶于水后其水溶液能导电。为了说明这类化合物的键合情况，从而阐明结构和性质的关系，人们提出了离子键理论。

5.1.1 离子键的形成过程

根据近代观点，离子型化合物中存在电荷相反的正、负离子，所以这类化合物在熔融或溶解状态下能导电。离子键理论有以下观点。

（1）当电负性小的活泼金属原子与电负性大的活泼非金属原子，如钠与氯原子相遇时，它们都有达到稳定结构的倾向，由于两个原子的电负性相差较大，因此原子间容易发生电子转移。

（2）活泼的金属钠原子易失去最外层的一个电子而成为带 1 个正电荷的 Na^+，活泼的非金属氯原子易获得 1 个电子而成为带 1 个负电荷的 Cl^-。

（3）Na^+ 和 Cl^- 借静电吸引力而相互靠拢，当它们充分接近时，Na^+ 与 Cl^- 还存在外层电子之间和原子核之间的相互排斥作用。

5.1.2 离子键的形成条件

离子键形成的重要条件是相互作用的原子的电负性差值较大。一般元素的电负性差越大，它们之间键的离子性也就越大。在周期表中，碱金属的电负性较小，卤素的电负性较大，它们之间相互化合时形成的化学键是离子键。但是近代实验表明，即使电负性最小的铯与电负性最大的氟形成的最典型的离子型化合物氟化铯中，键的离子性也不是百分之百的，而只有 92% 的离子性。也就是说，它们离子间也不是纯粹的静电作用，而仍有部分原子轨道的重叠，即正、负离子之间的键仍约有 8% 的共价性。当两个原子电负性差值为 1.7 时，单键约具有 50% 的离子性，这是一个重要的参考数据。若两个原子电负性差值大于 1.7 时，可判断它们之间形成离子键，该物质是离子型化合物，如果两个原子电负性差值小于 1.7，则可判断它们之间主要形成共价键，该物质为共价型化合物。

5.1.3 离子键的特点

（1）离子键的本质是静电作用力 离子键是由原子得失电子后，形成的正、负离子之间通过静电吸引作用而形成的化学键。在离子键的模型中，可以近似地将正、负离子的电荷分布看为球形对称的。根据库仑定律，两种带相反电荷（q^+ 和 q^-）的离子间的静电引力 f 与离子电荷的乘积成正比，而与离子间距离 R 的平方成反比。

$$f = k \frac{q^+ q^-}{R^2} \tag{5.1}$$

式中，k 是库仑常数，其值为 $9.0 \times 10^9 \ \text{N} \cdot \text{m}^2 \cdot \text{C}^{-2}$。

由此可见，当离子的电荷越大，离子间的距离越小（在一定的范围内），则离子间的引力越强。

（2）离子键没有方向性 由于离子键是由正、负离子通过静电吸引作用结合而成，而离子是带电体，它的电荷分布是球形对称的，因此只要条件许可，它可以在空间任何方向与带有相反电荷的离子互相吸引。例如在氯化钠晶体中，每个 Na^+ 周围等距离地排列着 6 个 Cl^-，每个 Cl^- 也同样等距离地排列着 6 个 Na^+。这说明离子并非只在某一方向，而是在所有方向上都可与带相反电荷的离子发生电性吸引作用，所以说离子键是没有方向性的。

（3）离子键没有饱和性 每一个离子可以同时与多个带相反电荷的离子互相吸引，在氯化钠晶体中，在钠离子（或氯离子）的周围只排列着 6 个相反电荷的氯离子（或钠离子）并不意味着它们的电性作用达到了饱和。实际上在氯化钠晶体中，钠离子（或氯离子）周围只排列了 6 个最接近的带相反电荷的氯离子（或钠离子），这是由正、负离子半径的相对大小、电荷多少等因素决定的，但这并不说明每个被 6 个 Cl^-（或 Na^+）包围的 Na^+（或 Cl^-）离子的电场已达饱和，因为在这 6 个 Cl^-（或 Na^+）离子之外，无论是在什么方向上或什么距离处，如果再排列有 Cl^-（或 Na^+），则它们同样还会受到该相反电荷的 Na^+（或 Cl^-）的电场的作用，只不过是距离较远，相互作用较弱罢了。所以离子键是没有饱和性的。

5.2 共价键理论

离子键理论能很好地说明离子型化合物，如 $NaCl$、KI 等的形成和性质。但这一理论无法说明由相同原子组成的单质分子，如 H_2、N_2、Cl_2 等，也不能说明不同非金属元素结合生成的分子如 HCl、CO_2 等和大量的有机化合物分子中形成的价键本质。

1916 年路易斯（Lewis）提出了共价学说，建立了经典的共价键理论。近 50 年来共价键理论发展很快。之后，海特勒和伦敦（Heitler-London）用量子力学的成就，阐明了共价键的本质，鲍林建立了现代价键理论（缩写成 VB，有时也称为电子配对法）和杂化轨道理论。

5.2.1 价键理论

价键理论又称为电子配对法，简称 VB 法。它是海特勒和伦敦处理 H_2 问题所得到结果的推广，它假定分子是由原子组成的，原子在未化合前含有未成对电子，这些未成对电子，如果自旋是相反的话，可以两两偶合构成"电子对"，每一对电子的偶合就形成一个共价键。这种方法与路易斯的电子配对法不同，它是以量子力学为基础的。

（1）共价键的形成 路易斯的经典共价键理论认为，分子中的每个原子都有达到稳定的稀有气体结构的倾向，在 H_2、O_2、Cl_2、HCl 等分子中，达到稳定结构不是靠电子的得失，而是通过共用电子对来实现的。分子中的原子通过共用电子对连接的化学键称为共价键。

经典价键理论初步揭示了共价键和离子键的不同，但无法阐明共价键的本质。例如，同性电荷是相斥的，电子皆带负电，彼此为什么不相斥，反而互相配对？有些化合物中心原子最外层电子超过 8 个，不是稳定的稀有气体结构，但仍然相当稳定。直到 1927 年海特勒和伦敦用量子力学原理处理了氢分子的成键问题，才使共价键的本质得到初步的阐明。

（2）价键理论的基本要点　价键理论（电子配对法）的要点可归纳如下。

① 自旋相反的单电子相互接近时，原子轨道的对称性匹配，核间的电子云密集，可形成稳定的化学键，此时体系的能量最低，称为能量最低原理。

② 如果 A、B 两个原子各有一个未成对的电子，且它们的自旋相反，则可互相配对，这对电子为两个原子所共有，而形成稳定的共价单键。如果 A、B 各有 2 个或 3 个未成对的电子，则自旋相反的单电子可以两两配对，形成共价双键或共价三键。如果 A 原子有 2 个单电子，B 原子只有 1 个单电子，则 1 个 A 原子就能和 2 个 B 原子形成 AB_2 型分子。例如

$$2H \cdot + \cdot \overset{\cdot \cdot}{\underset{\cdot \cdot}{O}} \cdot \longrightarrow H \overset{\cdot \cdot}{\underset{\cdot \cdot}{:O:}} H$$

③ 原子轨道叠加时，轨道重叠愈多，电子在两核间出现的机会愈大，形成的共价键也愈稳定。因此，共价键应尽可能地沿着原子轨道最大重叠的方向形成，称为最大重叠原理。

（3）共价键的两个基本特征——饱和性和方向性

① 共价键的饱和性　所谓共价键的饱和性是指每个原子成键的总数或以单键相连的原子数目是一定的。因为共价键的本质是原子轨道的重叠和共用电子对的形成，每个原子的未成对的单电子数是一定的，所以形成共用电子对的数目也就一定。例如，氯原子最外层有一个不成对电子，它与另一个氯原子 3p 轨道上的一个电子配对形成双原子分子 Cl_2 后，每个氯原子即不再有未成对的电子，若再有第三个氯原子与 Cl_2 靠近，不可能再形成键产生 Cl_3，这就是共价键的饱和性。

② 共价键的方向性　根据最大重叠原理，在形成共价键时，原子间总是尽可能地沿着原子轨道最大重叠的方向成键。轨道重叠愈多，电子在两核之间出现的概率密度愈大，形成的共价键也就愈稳定。除了 s 轨道呈球形对称外，其他的原子轨道（p，d，f）在空间都有一定的伸展方向。因此在形成共价键时，除了 s 轨道与 s 轨道之间可以在任何方向都能达到最大程度的重叠外，其他原子轨道与原子轨道之间一定要沿着某个方向重叠，才能形成稳定的共价键，这就是共价键的方向性。例如，在形成氯化氢分子时，氢原子的 1s 电子与氯原子的一个未成对电子（设为 $3p_x$）形成共价键，s 电子只有沿着 p_x 轨道的对称轴（x 轴）方向才能达到最大程度的重叠，而形成稳定的共价键（图 5.1）。

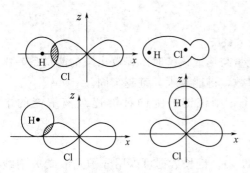

图 5.1　HCl 分子的成键示意图

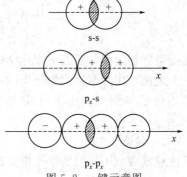

图 5.2　σ 键示意图

（4）共价键的类型　按原子轨道重叠的方式不同，可以形成两种不同类型的共价键——σ键和π键。如果原子轨道按"头碰头"的方式发生轨道重叠，轨道重叠部分沿着键轴呈圆柱形对称，这种共价键称为σ键（图5.2）。如果原子轨道按"肩并肩"的方式发生轨道重叠，轨道重叠部分对通过键轴的一个平面具有镜面反对称，这种共价键称为π键（图5.3）。

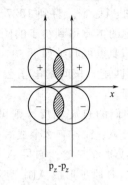

p_z-p_z

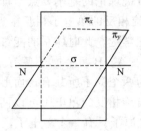

图 5.3　π键示意图　　　　　　　　　　　　图 5.4　N_2 分子结构示意图

以 N 的结构为例，氮原子的电子结构为 $1s^2 2s^2 2p_{x^1} 2p_{y^1} 2p_{z^1}$，我们把两个 N 原子原子核的连线称为键轴。设键轴为 x 轴，当两个氮原子结合时，每个氮原子上未成对的 p_x 电子，彼此沿着 x 轴的方向，以"头碰头"的方式进行重叠，形成一个 σ 键。在这种情况下，每个 N 原子的其余 2 个 p_y 和 p_z 电子，便只能采取"肩并肩"的方式重叠，形成两个 π 键（图 5.4）。

从原子轨道重叠的程度来看，π 键的重叠程度要比 σ 键重叠的程度小。一般说来，π 键的键能比 σ 键的键能小，π 电子比 σ 电子活泼，容易参与化学反应。

5.2.2　键参数

化学键的性质可以用某些物理量来描述。例如比较键极性的相对强弱可以用成键两元素电负性差值来衡量，比较键的强度可以用键能。总之，凡能表征化学键性质的量都可称为键参数，例如键能、键长和键角。目前可以从实验上获得有关它们的数据，从而可用于预测共价分子的空间构型、分子的极性以及稳定性等性质。

5.2.2.1　键能

共价键的强弱可以用键能数值的大小来衡量。化学反应中旧键的断裂或新键的形成，都会引起体系能量的变化。一般规定，在 298.15K 和 101.325kPa 下断开气态物质（如分子）中 1mol 化学键而生成气态原子时所吸收的能量叫做键离解能，以符号 D 表示。例如：

$$HCl(g) \xrightarrow[\text{标准态下}]{298.15K} H(g) + Cl(g)$$

$$D(H-Cl) = 431kJ \cdot mol^{-1}$$

根据能量守恒定律，断裂一个化学键所需的能量与形成该键时所释放出来的能量是一样的。因此，键能可作为衡量化学键牢固程度的键参数，键能越大，键越牢固。

多原子分子（例如 CH_4）中若某键不止一个，则该键能为同种键逐级离解能的平均值。

5.2.2.2　键长

分子内成键两原子核间的平衡距离称为键长（L_b）。键长数据可以用分子光谱或 X 射线衍射方法测得。一些双原子分子的键长列于表 5.1。

表 5.1　一些双原子分子的键长

键	L_b/pm	键	L_b/pm
H—H	74.0	H—F	91.8
Cl—Cl	198.8	H—Cl	127.4
Br—Br	228.4	H—Br	140.8
I—I	266.6	H—I	160.8

从分析大量实验数据发现，同一种键在不同分子中的键长数值基本上是个定值。这说明一个键的性质主要取决于成键原子的本性。

两个确定的原子之间，如果形成不同的化学键，其键长越短，键能就越大，键就越牢固，如表 5.2 所示。

表 5.2　若干化学键的键长与键能

化学键	C—C	C=C	C≡C	N—N	N=N	N≡N	C—N	C=N	C≡N
L_b/pm	154	134	120	146	125	109.8	147	—	116
D/kJ·mol^{-1}	356	598	813	160	418	946	285	616	866

两个相同原子所组成的共价单键键长的一半长度，即为该原子的共价半径（有时又简称原子半径）。A—B 键的键长约等于 A 和 B 共价半径之和。

5.2.2.3　键角

在分子中两个相邻化学键之间的夹角称为键角。例如 H_2O 分子，两个 O—H 键之间的夹角为 $104°45'$。$104°45'$ 就是水分子内化学键的键角数值。像键长一样，键角数据可以用分子光谱或 X 射线衍射法测得。一些分子内化学键的键长、键角和几何构型列于表 5.3。

表 5.3　一些分子内化学键的键长、键角和几何构型

分子	L_b/pm	键角	几何构型	分子	L_b/pm	键角	几何构型
H_2O	95.8	$104°45'$	V 形	CH_4	109.1	$109°28'$	正四面体形
NH_3	100.8	$107°18'$	三角锥形	CO_2	116	$180°$	直线形

如果知道了某分子内全部化学键的键长和键角数据，那么这个分子的几何构型就确定了。因此，键角和键长是描述分子几何结构的两个因素。

5.3　分子空间构型（杂化轨道理论）

5.3.1　价键理论的局限性

如前所述，价键理论能较好地说明了不少双原子分子（如 H_2、Cl_2、N_2、CO、HCl 等）价键的形成。随着近代物理技术的发展（如 X 射线衍射、电子衍射、旋光、红外等），许多分子的几何构型已经被实验所确定。当运用价键理论去说明多原子分子的价键形成以及几何构型时，遇到了困难。以甲烷（CH_4）为例，经实验测知，CH_4 分子的空间结构如图 5.5 所示。

图中实线代表 C—H 键，虚线表示出 CH_4 分子具有正四面体的空间结构。C 原子位于正四面体的中心，而四个 H 原子则分别位于正四面体的四个顶点上。四个 C—H 键都是等同的（键长和

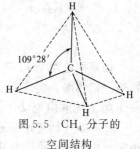

图 5.5　CH_4 分子的空间结构

键能都相等），其夹角（即键角）均为 $109°28'$。对 CH_4 分子来说，由于基态 C 原子的价层电子构型是 $2s^2 2p^2$：

按照这个结构，C 原子只能提供两个未成对电子，与 H 原子形成两个 C—H 键，而且键角应该是 $90°$ 左右，显然，这与上述实验事实不符。即使考虑到 C 原子价层有一个空的 2p 轨道，且能量比 2s 轨道只稍高一些，如果设想在成键时有一个 2s 电子会被激发到 2p 的一个空轨道上去，而使价层内具有四个未成对电子：

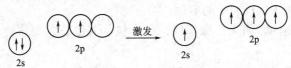

这样，可以和 H 原子形成四个 C—H 键。因为从能量的观点来说，2s 电子被激发到 2p 所需要的能量，可以被形成四个 C—H 键后放出的能量所补偿而有余。但这样形成的四个 C—H 键将是不完全等同的：由于 2p 轨道较 2s 轨道角度分布有一突出的部分，和相邻原子轨道重叠较大，因而由三个 p 电子所构成的三个 C—H 键的键能应该较大一些，而由 s 电子所构成的 C—H 键的键能应该较小一些，由 p 电子所构成的三个 C—H 键应该互相垂直。显然，由以上假设并经过推理所得出的结论仍然与实验事实不符，说明价键理论是有局限性的，难以解释一般多原子分子的价键形成和几何构型问题。

5.3.2 杂化轨道理论的要点

为了解决以上的矛盾，鲍林在价键理论中引进了杂化轨道的概念，并发展为杂化轨道理论。杂化轨道理论的要点如下。

（1）某原子成键时，在键合原子的作用下，价层中若干个能级相近的原子轨道有可能改变原有的状态，"混杂"起来并重新组合成一组利于成键的新轨道（称杂化轨道），这一过程称为原子轨道的杂化（简称杂化）。

（2）同一原子中能级相近的 n 个原子轨道，组合后只能得到 n 个杂化轨道。例如，同一原子的一个 ns 轨道和一个 np 轨道，只能杂化成两个 sp 杂化轨道。这两个 sp 杂化轨道的形成过程可以图 5.6 表示。

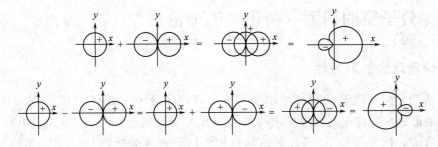

图 5.6 sp 杂化轨道的形成示意图

如果把这两个 sp 杂化轨道图形合绘在一起，则得图 5.7，为了看得清楚起见，这两个轨道分别用虚、实线表示。由此可见，两个 sp 杂化轨道的形状一样，但其角度分布最大值在 x 轴上的取向相反。

（3）杂化轨道比原来未杂化的轨道成键能力强，形成的化学键键能大，使生成的分子更稳定。由于成键原子轨道杂化后，轨道角度分布图的形状发生了变化（一头大，一头小），杂化轨道在某些方向上的角度分布，比未杂化的 p 轨道和 s 轨道的角度分布大得多，成键时从分布比较集中的一方（大的一头）与别的原子成键轨道重叠，能得到更大程度的重叠，因而形成的化学键比较牢固。

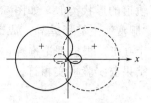

图 5.7　sp 杂化轨道

5.3.3　杂化类型与分子几何构型

（1）sp 杂化　同一原子内由一个 ns 轨道和一个 np 轨道发生的杂化，称为 sp 杂化。杂化后组成的轨道称为 sp 杂化轨道。sp 杂化可以而且只能得到两个 sp 杂化轨道。

实验测知，气态 $BeCl_2$ 是一个直线形的共价分子。Be 原子位于两个 Cl 原子的中间，其键角为 180°，两个 Be—Cl 键的键长和键能都相等：

Cl—Be—Cl

基态 Be 原子的价层电子构型为 $2s^2$，表面看来似乎是不能形成共价键。但杂化轨道理论认为，成键时 Be 原子中的一个 2s 电子可以被激发到 2p 空轨道上去，从而使基态 Be 原子转变为激发态 Be 原子（$2s^1 2p^1$）：

与此同时，Be 原子的 2s 轨道和一个刚跃进一个电子的 2p 轨道发生 sp 杂化，形成两个能量等同的 sp 杂化轨道：

其中每一个 sp 杂化轨道都含有 1/2s 轨道和 1/2p 轨道的成分。每个 sp 杂化轨道的形状都是一头大，一头小。成键时，都是以杂化轨道比较大的一头与 Cl 原子的成键轨道重叠而形成两个 σ 键。根据理论推算，这两个 sp 杂化轨道正好互成 180°，亦即在同一直线上。这样，推断的结果与实验相符。

（2）sp^2 杂化　同一原子内由一个 ns 轨道和两个 np 轨道发生的杂化，称为 sp^2 杂化。杂化后组成的轨道称为 sp^2 杂化轨道。

实验测知，气态氟化硼（BF_3）具有平面三角形的结构。B 原子位于三角形的中心，三个 B—F 键是等同的，键角为 120°，如图 5.8 所示。基态 B 原子的价层电子构型为 $2s^2 2p^1$，表面看来似乎只能形成一个共价键。但杂化轨道理论认为，成键时 B 原子中的一个 2s 电子可以被激发到一个空的 2p 轨道上去，使基态的 B 原子转变为激发态的 B 原子（$2s^1 2p^2$），与此同时，B 原子的 2s 轨道与各填有一个电子的两个 2p 轨道发生 sp^2 杂化，形成三个能量等同的 sp^2 杂化轨道：

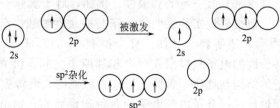

其中每一个 sp^2 杂化轨道都含 1/3s 轨道和 2/3p 轨道的成分。sp^2 杂化轨道的形状和 sp 杂化

轨道的形状类似，如图 5.9 所示。由于其所含的 s 轨道和 p 轨道成分不同，表现在形状的"肥瘦"上有所差异。成键时，以杂化轨道比较大的一头与 F 原子的成键轨道重叠而形成三个 σ 键。根据理论推算，键角为 120°，BF_3 分子中的四个原子都在同一平面上。这样，推断结果与实验事实相符。

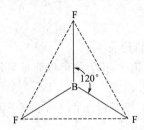

图 5.8 BF_3 分子的空间结构   图 5.9 sp^2 杂化轨道

除 BF_3 气态分子外，其他气态卤化硼分子内，B 原子也是采取 sp^2 杂化的方式成键的。

（3）sp^3 杂化　同一原子内由一个 ns 轨道和三个 np 轨道发生的杂化，称为 sp^3 杂化，杂化后组成的轨道称为 sp^3 杂化轨道。sp^3 杂化可以而且只能得到四个 sp^3 杂化轨道。

CH_4 分子的结构经实验测知为正四面体结构，四个 C—H 键均等同，键角为 109°28′。这样的实验事实，是电子配对法难以解释的。但杂化轨道理论认为，激发态 C 原子（$2s^1 2p^3$）的 2s 轨道与三个 2p 轨道可以发生 sp^3 杂化，从而形成四个能量等同的 sp^3 杂化轨道：

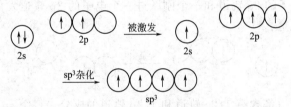

其中每一个 sp^3 杂化轨道都含 1/4s 轨道和 3/4p 轨道的成分。sp^3 杂化轨道的形状也和 sp 杂化轨道类似。成键时，都是以杂化轨道比较大的一头与 H 原子的成键轨道重叠而形成四个 σ 键。根据理论推算，键角为 109°28′，CH_4 分子为正四面体结构，与实验测得的结果完全相符。

除 CH_4 分子外，CCl_4、CF_4、$SiCl_4$、SiF_4、$GeCl_4$ 等分子也是采取 sp^3 杂化的方式成键的。

5.4 分子轨道理论

价键理论、杂化轨道理论和价层电子对互斥理论都能比较直观地说明共价键的形成和分子的空间构型，但这些理论都具有一定的局限性。例如，对于氧分子，价键理论认为电子配对成键，没有成单电子。但是磁性实验表明氧分子是顺磁性物质，分子中一定有成单电子，而这个实验事实价键理论无法解释。又如，H_2^+ 和 He_2^+ 的形成，也是价键理论无法解释的。价键理论把形成共价键的电子只局限在两个相邻原子之间，没有考虑整个分子的情况，因此不能解释多单电子的结构与性质。美国人米立肯和德国人洪特提出的分子轨道理论着眼于分子整体，比较全面地反映了分子内部电子的各种运动状态，对分子中的各种成键形式、成键过程的能量变化及分子的空间结构问题给出了很好的解释。

5.4.1 分子轨道理论的要点

（1）分子轨道理论认为，分子中的电子不再从属于某个特定的原子，而是在分子轨道中运动。每个电子在分子中的运动状态可用相应的波函数 ψ 来描述，这种描述电子在分子中运动状态的波函数称为分子轨道。

（2）分子轨道是由分子中原子的原子轨道线性组合而成的。形成的分子轨道与组合前的原子轨道数目相等，轨道能量不同。例如，Ψ_a 和 Ψ_b 两个原子轨道线性组合成两个分子轨道 Ψ_1 和 Ψ_1^*。

$$\Psi_1 = C_1\Psi_a + C_2\Psi_b$$
$$\Psi_1^* = C_1\Psi_a - C_2\Psi_b$$

式中，C_1 和 C_2 是常数。

（3）分子轨道中能量低于线性组合前原子轨道的分子轨道称为成键分子轨道，简称成键轨道，如 Ψ_1，它是原子轨道同号重叠（波函数相加）形成的，电子在两个原子核间出现的概率加大，对原子核产生强烈吸引作用，形成的键强度大。能量高于组合前原子轨道的分子轨道称为反键分子轨道，简称反键轨道，如 Ψ_1^*，它是原子轨道异号重叠（波函数相减）形成的。由于两核之间出现节面，电子在核间区域出现概率减小，对成键不利。

（4）根据原子轨道线性组合方式的不同，分子轨道可分为 σ 轨道和 π 轨道。

① s 轨道和 s 轨道的线性组合 2 个原子的 s 轨道可线性组合成成键分子轨道 σ_s 和反键分子轨道 σ_s^*，其分子轨道如图 5.10 所示，值得注意的是，成键分子轨道在两核间没有节面，而反键分子轨道在两核间有节面。通过键轴垂直于 z 轴的平面上，电子云的概率密度分布为零，这一平面通常称节面。

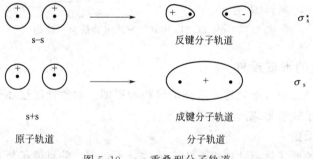

图 5.10 s-s 重叠型分子轨道

② s 轨道和 p 轨道的线性组合 当一个原子的 s 轨道和另一个原子的 p_x 轨道沿 x 轴方向重叠时，则形成成键分子轨道 σ_{sp} 和反键分子轨道 σ_{sp}^*，如图 5.11 所示，其中 σ_{sp}^* 能量高于 σ_{sp}。

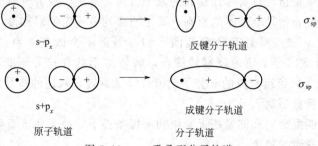

图 5.11 s-p 重叠型分子轨道

③ p 轨道和 p 轨道的线性组合　p 轨道和 p 轨道可以"头碰头"和"肩并肩"两种方式组合。当两个原子的 p_x 轨道沿 x 轴以"头碰头"方式重叠时，会组合成一个成键分子轨道 σ_{p_x} 和一个反键分子轨道 $\sigma_{p_x}^*$，如图 5.12 所示。同时，两个原子的两个 p_y 之间及两个 p_z 轨道分别以"肩并肩"的方式发生重叠，形成成键分子轨道 π_{p_y} 和 π_{p_z} 以及反键分子轨道 $\pi_{p_y}^*$ 和 $\pi_{p_z}^*$，如图 5.13 所示，π 分子轨道有通过键轴的节面，σ 分子轨道没有。

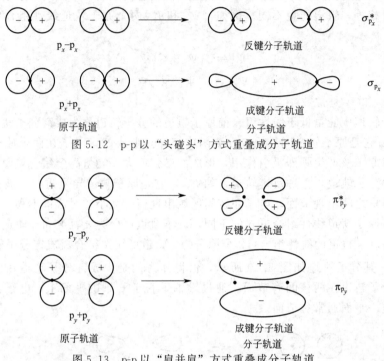

图 5.12　p-p 以"头碰头"方式重叠成分子轨道

图 5.13　p-p 以"肩并肩"方式重叠成分子轨道

5.4.2　分子轨道的形成条件

原子轨道线性组合成分子轨道要遵循能量相近原则、对称性匹配原则和轨道最大重叠原则，这些原则是分子轨道形成的必要条件。

（1）能量相近原则

只有能量相近的原子轨道才能组合成有效的分子轨道，并且原子轨道的能量越接近，所形成分子轨道的能量就越低。如果两个原子轨道能量相差很大，不能组成有效的分子轨道。能量相近原则对于确定不同类型的原子轨道之间能否组成分子轨道尤为重要。

（2）对称性匹配原则

对称性匹配原则是指只有对称性相同的原子轨道才能组合成分子轨道。在分子轨道形成过程中，对称性匹配原则是最基本的原则。原子轨道均有一定的对称性，如 s 轨道属于球形对称，p_x 轨道绕着 x 轴旋转任意角度其图形和符号都不会改变。当以 x 轴为键轴，s-s、s-p_x、p_x-p_x 等组合成的分子轨道绕键轴旋转，各轨道形状和符号不变，此为 σ 分子轨道。p_y-p_y、p_z-p_z 等原子轨道组合成的 π 分子轨道绕键轴旋转，轨道的符号发生改变。

（3）轨道最大重叠原则

在满足对称性匹配原则和能量相近原则的前提条件下，原子轨道重叠程度越大，成键效率越高，形成的化学键越稳定。

5.4.3　同核双原子分子的分子轨道能级

(1) 同核双原子分子的分子轨道能级图

　　每个分子轨道都有对应的能量，分子轨道的能量次序主要根据光谱实验数据来确定。把分子中各分子轨道按能量高低排列，就得到分子轨道能级图。图 5.14 是同核双原子分子的分子轨道能级图。根据能量相近原则，当原子的 2s 和 2p 轨道能量差较大时，如 O 原子的 2p 与 2s 轨道的能级差 $\Delta E = 2.64 \times 10^{-18}$ J，F 原子的 2p 与 2s 轨道的能级差 $\Delta E = 3.45 \times 10^{-18}$ J，此时 2s 和 2p 轨道之间不能有效地组成分子轨道，分子轨道按图 5.14(a) 排列，$E_{\pi_{2p}} > E_{\sigma_{2p}}$。第二周期其他双原子分子 N_2、C_2 等，其 2s 和 2p 轨道能量差较小，当原子互相靠近时，不仅发生 s-s 重叠和 p-p 重叠，还会发生 s-p 轨道间的相互作用，导致能级次序的改变，分子轨道会按照图 5.14(b) 排列，$E_{\pi_{2p}} < E_{\sigma_{2p}}$。

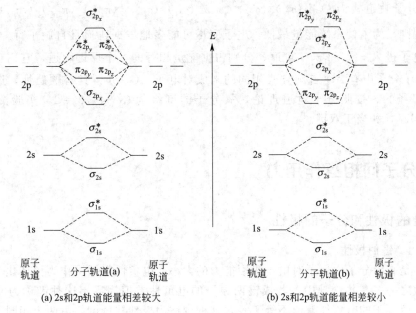

图 5.14　同核双原子分子的分子轨道能级图

(2) 键级

　　在分子轨道中，常用键级大小来描述分子的稳定性。由于分子中全部电子属于整个分子所有，电子进入成键分子轨道使系统能量降低，对成键有利；当电子进入反键分子轨道时，系统能量会升高，对成键有削弱作用。因此分子轨道理论把分子中成键电子数和反键电子数差值的二分之一定义为键级。

$$键级 = \frac{成键电子数 - 反键电子数}{2}$$

5.4.4　分子轨道理论的应用举例

　　下面以具有代表性的双原子分子为例，说明分子轨道理论的应用。

(1) He_2 分子和 He_2^+

　　2 个 He 原子所组成的分子轨道为 $He_2 [(\sigma_{1s})^2 (\sigma_{1s}^*)^2]$。由于填入成键分子轨道的电子数与填入反键分子轨道的电子数相等，键级是 0，因此 He_2 分子不存在。同样可以判断 Be_2 分子也是不存在的。

He_2^+ 的分子轨道式为 $He_2^+ \left[(\sigma_{1s})^2 (\sigma_{1s}^*)^1 \right]$，键级只有 0.5，但 He_2^+ 能够存在，不太稳定。

(2) N_2 分子

N_2 分子的分子轨道式为 $N_2 \left[(\sigma_{1s})^2 (\sigma_{1s}^*)^2 (\sigma_{2s})^2 (\sigma_{2s}^*)^2 (\pi_{2p_y})^2 (\pi_{2p_z})^2 (\sigma_{2p_x})^2 \right]$。其中，$(\sigma_{1s})^2 (\sigma_{1s}^*)^2$ 是内层电子，$(\sigma_{2s})^2 (\sigma_{2s}^*)^2$ 中成键电子数和反键电子数相等，对化学键的形成没有贡献，其作用相当于孤电子对。对成键有贡献的主要是 $(\pi_{2p_y})^2 (\pi_{2p_z})^2 (\sigma_{2p_x})^2$ 中三对电子，即两个 N 原子之间形成的 2 个 π 键和 1 个 σ 键。在 N_2 分子中，能量高的 σ 电子处于能量低的 π 电子的中间，不易与其他分子作用，而 N 原子之间又存在共价三键，原子之间作用力大，所以 N_2 分子具有特殊的稳定性。

(3) O_2 分子

O_2 的分子轨道式为 $O_2 \left[(\sigma_{1s})^2 (\sigma_{1s}^*)^2 (\sigma_{2s})^2 (\sigma_{2s}^*)^2 (\sigma_{2p_x})^2 (\pi_{2p_y})^2 (\pi_{2p_z})^2 (\pi_{2p_y}^*)^1 (\pi_{2p_z}^*)^1 \right]$。根据洪特规则，为了使系统能量最低，电子应尽可能多地占据轨道且自旋平行。O_2 分子的最后两个电子进入 $\pi_{2p_y}^*$ 和 $\pi_{2p_z}^*$ 轨道，分别占据能量相等的 2 个反键轨道，它们自旋方式相同。由于 O_2 分子中有 2 个自旋方式相同的未成对电子，O_2 分子具有顺磁性，这点是价键理论无法解释的。按照分子轨道理论，氧分子的键级为 $(8-4)/2 = 2$，实验测得键能为 $494kJ \cdot mol^{-1}$，相当于双键。

5.5 分子间相互作用力

5.5.1 键的极性和分子的极性

5.5.1.1 键的极性

电负性是表示分子内原子对电子吸引能力的大小，电负性数据可作为预计化合物化学键类型的参数之一。在共价键中，若成键两原子的电负性差值为零，这种键称为非极性共价键；若成键两原子的电负性差值不等于零，这种键称为极性共价键。由两个相同原子形成的单质分子，如 H_2、Cl_2 等，两个原子电负性相等，对共用电子对的吸引力相同，整个分子中正电荷重心和负电荷重心重合，这种分子叫非极性分子，分子中的键是非极性共价键。由两个不同原子所形成的分子，如 HCl，由于氯原子对电子的吸引力大于氢原子，共用电子对偏向氯原子一边，结果氯原子一边显负电，而氢原子一边显正电，形成正负两极，这种分子称为极性分子，分子中的键为极性共价键。

电负性差值愈大，键的极性也就愈大。离子键和共价键是有本质差别的。然而，根据键的极性的概念，两者又没有严格的界限。离子键是一个极端，电负性差值大；非极性共价键是另一个极端，电负性差值为零。在两者之间存在着一系列不同极性的极性共价键。

5.5.1.2 分子的极性

分子是由原子通过一定的化学键组合而成的，分子的极性当然与键的极性有关。如果组成分子的化学键是非极性键，则分子一定为非极性分子。如果组成分子的化学键有极性，对双原子分子来说，必定为极性分子，而对多原子分子来说，分子可能有极性，也可能没有极性。这不仅取决于组成分子的元素的电负性，而且也与分子的空间构型有关。例如，在 NH_3 和 BF_3 这两种分子中，虽然都为极性键，但是因为 BF_3 分子具有平面三角形的构型，键的极性互相抵消，因此它是一个非极性分子。相反地，NH_3 分子具有三角锥形的构型，键的极性不能抵消，是一个极性分子。

　　分子极性的大小常用偶极矩来衡量，偶极矩的定义是：距离为 d、电量为 $\pm q$ 的两个基本点电荷所构成的一个电偶极子，其偶极矩（即电偶极矩的简称）$\mu = qd$。偶极矩是一个向量，其方向规定从负电荷指向正电荷。分子的偶极矩可作为分子极性的衡量，若 $\mu = 0$，则为非极性分子，μ 愈大，表示分子的极性也愈强。

5.5.2　分子间力

　　气体能凝结成液体，固体表面有吸附现象，毛细管内的液面会上升，粉末可压成片等，这些现象都证明分子与分子之间有引力存在。通常把分子间力叫做范德华力。

　　分子间力一般包括三个部分。

　　(1) 取向力（或定向力）　取向力发生在极性分子和极性分子之间，当两个极性分子相互接近时，同极相斥，异极相吸；一个分子的带负电的一端和另一个分子带正电的一端接近，使极性分子按一定方向排列。在已取向的极性分子间，由于静电引力而互相吸引，称为取向力。两个极性分子的相互作用如图 5.15 所示。当然由于分子的热运动，分子不会完全定向地排列成行。

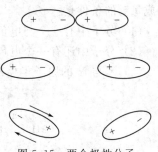

图 5.15　两个极性分子相互作用示意图

　　取向力的本质是静电引力，可根据静电理论求出取向力的大小。取向力与分子偶极矩的平方成正比，与热力学温度成反比，与分子间距离的七次方成反比。由此可见，随着分子间距离变大，取向力递减得非常之快。

　　(2) 诱导力　在极性分子和非极性分子间以及极性分子间都存在诱导力。当极性分子和非极性分子充分接近时，极性分子使非极性分子产生诱导偶极，这种由于诱导偶极而产生的吸引力，称为诱导力。极性分子与非极性分子的相互作用如图 5.16 所示。同样，当极性分子与极性分子相互接近时，

图 5.16　极性分子与非极性分子相互作用示意图

除取向力外，在彼此偶极的相互影响下，每个分子也会发生变形而产生诱导偶极，因此也存在着诱导力。

　　诱导力的本质是静电引力，它与极性分子偶极矩的平方成正比，与被诱导分子的变形性成正比，与分子间距离的七次方成反比。诱导力与温度无关。

　　(3) 色散力　任何一个分子，由于电子的不断运动和原子核的不断振动，常发生电子云和原子核之间的瞬时相对位移，从而产生瞬时偶极。分子靠瞬时偶极而相互吸引，这种力称为色散力，又称为伦敦力。色散力必须根据近代量子力学原理才能正确理解它的来源和本质，由于从量子力学导出的这种力的理论公式与光色散公式相似，因此把这种力叫做色散力。

　　总之，分子间的力是一种永远存在于分子或离子间的作用力，由于随着分子间的距离增大而迅速减小，所以它通常表现为分子间近距离的吸引力，其作用能的大小从几到几百焦每摩尔，约比化学键小 1～2 个数量级。它没有方向性和饱和性。范德华力由三种力所组成，因相互作用的分子不同，这三种力所占的份额也不尽相同，但通常色散力是主要的。

5.5.3　氢键

除了上述三种分子间力之外，在某些化合物的分子之间或分子内还存在着与分子间力大小接近的另一种作用力——氢键。水有一些"反常"的物理性质，如介电常数和比热容特别大，水的密度在4℃时最大等。这些反常现象表明分子间除了范德华力外，还存在有另外一种力，这种力就是这些分子间形成了氢键。

当氢与电负性很大、半径很小的原子X（X可以是F、O、N等）以共价键结合时，共用电子对偏向于X原子，即氢原子的唯一一个电子与X原子共用后，氢原子仅带有部分正电荷，它的半径又很小，因此这个质子的电荷密度很大。这个几乎赤裸的质子能与电负性很强的其他原子相互吸引，它也可以和另一个X原子再结合，因为X含有孤对电子而形成氢键。形成氢键的条件是：

（1）分子中有一个与电负性很大的原子X形成共价键的氢原子；

（2）分子中还有一个电负性很大、有孤对电子并且带有部分负电荷的原子Y；

（3）X与Y的原子半径都要小。

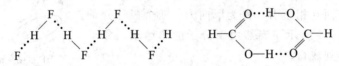

图5.17　几种化合物中存在氢键

图5.17绘出氟化氢和甲酸中存在的氢键，用"…"表示。在化合物中容易形成氢键的元素有F、O、N等，形成氢键的强弱与这些元素的电负性有关，元素的电负性愈大，形成的氢键也愈强。氢键强弱的次序如下：

$$F—H\cdots F > O—H\cdots O > O—H\cdots N > N—H\cdots N$$

分子间形成的氢键是直线形的，因为只有在直线方向上两个带负电原子间的夹角最大，为180°，排斥力最小。同时X—H也只能与一个电负性很强的原子形成氢键，因为当它再与另一个原子接近时，要受到两个电负性大的原子的排斥，所以氢键与范德华力的主要区别是氢键具有方向性。

氢键的方向性是指Y原子与X—H形成氢键时，其方向尽可能与X—H键轴在同一个方向，因为这样成键可使X与Y距离最远，而能形成较强的氢键。氢键的饱和性是指每一个X—H可能与一个Y原子形成氢键，由于H原子半径比X和Y的半径小得多，当X—H与一个Y原子形成氢键X—H…Y后，如果再有一个极性分子和Y原子靠近，则这个原子的电子云受X—H…Y上的X、Y电子云的排斥力，比受带正电荷H的吸引力大，因此，X—H…Y上的氢原子不可能再与第二个Y原子形成第二个氢键。

氢键有分子间氢键，也可以在一个分子内部形成氢键，如水杨醛分子内可形成氢键：

分子内的氢键常不能在一条直线上。冰是具有分子间氢键的典型化合物。由于分子必须按照氢键轴排列，所以它的排列不是最紧密排列，因此冰的密度比水小。又因为它有氢键，必须吸收大量的热去破坏它，因此冰的熔点比没有氢键的同类化合物来得高，例如冰的熔点就比H_2S高。

氢键的形成对物质的性质有各种不同的影响，分子间形成氢键时，使分子间产生较强的结合力，因而使化合物的沸点和熔点升高。分子内氢键的形成，一般会使化合物熔点和沸点降低。氢键的形成也会影响化合物的溶解度，在极性溶剂中，溶质和溶剂的分子间形成氢键时,使溶质的溶解度增大。在溶质的分子内形成氢键时,在极性溶剂中溶解度减小,在非极性溶剂中,溶解度增加。此外,氢键的形成对于物质的酸碱性、密度、介电常数甚至反应性等都有影响。

氢键在生物大分子如蛋白质、核酸及糖类等中有重要的作用。蛋白质分子的 α-螺旋结构就是靠羰基(C＝O)上的氧和氨基(—NH)上的氢以氢键(C＝O…H—N)彼此联合而成。DNA 脱氧核糖核酸的双螺旋结构各圈之间也是靠氢键联合,而增强其稳定性的。氢键在人类和动植物的生理、生化过程中也起着十分重要的作用。

参 考 文 献

[1]　周公度编著.结构化学基础.北京:北京大学出版社,1989.
[2]　郭用猷编.物质结构基本原理.北京:高等教育出版社,1984.
[3]　大连理工大学无机化学教研室编.无机化学(第 5 版)[M].北京:高等教育出版社,2006.
[4]　宋天佑主编.无机化学(上册)[M].北京:高等教育出版社,2009.
[5]　傅献彩主编.大学化学(下册)[M].北京:高等教育出版社,1999.
[6]　李保山主编.基础化学(第二版)[M].北京:科学出版社,2009.

习 题

1. 选择题

(1) 下列分子中分子构型不是直线形的是 (　　)

A. BCl_3　　　　B. $BeCl_2$　　　　C. $HgCl_2$　　　　D. CO_2

(2) 下列分子中键有极性,分子也有极性的是 (　　)

A. NH_3　　　　B. SiF_4　　　　C. BF_3　　　　D. CO_2

(3) 下列分子中偶极距不等于零的是 (　　)

A. $BeCl_2$　　　　B. BCl_3　　　　C. CO_2　　　　D. NH_3

(4) 熔化下列晶体,只需要克服色散力的是 (　　)

A. HF　　　　B. NH_3　　　　C. SiF_4　　　　D. OF_2

(5) 下列化合物中 (　　) 的氢键表现得最强?

A. NH_3　　　　B. H_2O　　　　C. HCl　　　　D. HF

(6) 水具有反常高的沸点,是因为分子间存在 (　　)

A. 色散力　　　　B. 诱导力　　　　C. 取向力　　　　D. 氢键

(7) 下列各分子中,中心原子在成键时以 sp^3 等性杂化的是 (　　)

A. $BeCl_2$　　　　B. BF_3　　　　C. H_2O　　　　D. $SiCl_4$

(8) 下列各种含氢的化合物中含有氢键的是 (　　)

A. HI　　　　B. $CH_3C＝OCH_3$　　　　C. CH_4　　　　D. HCOOH

(9) 氯分子的偶极矩的数值是 (　　)

A. 0　　　　B. 1.03　　　　C. 1.85　　　　D. 1.67

(10) 只存在于极性分子与极性分子之间的作用力是 (　　)

A. 色散力　　　　B. 取向力　　　　C. 诱导力　　　　D. 氢键

2. 试写出下列各化合物分子的空间构型,成键时中心原子的杂化轨道类型以及分子的电偶极矩(是否为零)。

(1) SiH_4　　　　(2) BCl_3　　　　(3) $BeCl_2$

3. 比较并简单解释 BBr_3 与 NCl_3 分子的空间构型。

4. 试用杂化轨道理论说明下列物质的成键过程并画出分子的几何构型。

(1) $BeCl_2$ 为直线形，键角为 $180°$；

(2) $SiCl_4$ 为正四面体，键角为 $109.5°$。

5. 下列每对分子间均有氢键存在，试将各氢键由强到弱排列顺序。

(1) HF 与 HF   (2) H_2O 与 H_2O (3) NH_3 与 NH_3

6. 试判断下列各组分子间存在哪些分子间力？

(1) Cl_2 和 CCl_4 (2) CO_2 和 H_2O (3) H_2S 和 H_2O (4) NH_3 和 H_2O

7. 下列每种化合物的分子间有无氢键存在？为什么？

(1) C_2H_6 (2) NH_3 (3) C_2H_5OH (4) CH_4

8. 说明下列每组分子间存在着什么形式的分子间作用力（取向力、色散力、诱导力、氢键）？

(1) 苯和 CCl_4 (2) 甲醇和水   (3) HBr 液体

第 三 篇
化学的应用

第6章　环境保护与化学

6.1　化学与环境概述

　　化学是研究物质化学变化规律的基础科学，人类居住的地球环境是由各类物质组成的，其演化也是物质遵循化学规律变化的过程。人类赖以生存的环境由自然环境和社会环境组成。当今人类面临最严峻的挑战之一就是保护和恢复已经严重退化而且还在日益退化的环境。环境退化的标志是普遍的空气污染、水污染和土壤污染。造成环境污染的因素大体上可分为物理因素（噪声、振动、热、光辐射及放射性等）、生物因素（微生物、寄生虫等）和化学因素（重金属、有机物等）三方面，而其中化学物质引起的环境污染要占到约 $80\% \sim 90\%$，因此，研究环境问题离不开化学。要保护和治理环境，必须清楚以下问题：在空气、水、土壤和食品中，存在着哪些潜在的有害物质？这些物质来自何方？有什么方案能缓解和消除这些污染问题？某种物质的危险程度与人们接触他们的程度之间的依赖关系如何？等等，解决这些问题，化学知识起着核心作用。要了解在环境中存在哪些物质，需要化学家开发越来越灵敏、选择性越来越高的分析技术，同时还要与气象学家、海洋学家、火山学家、生物学家以及水文学家开展合作研究，详细了解污染源与最终有害或有毒产物之间发生的各种反应，制定解决方案需要全面的化学知识。

　　综上所述，我们要及早发现环境污染的出现，了解环境污染的根源，选择经济上可行的解决方案，就必须保障化学事业的健康发展。

6.1.1　环境

　　环境是指与某一中心事物有关（相适应）的周围客观事物的总和，中心事物是指被研究的对象。对人类社会而言，环境就是影响人类生存和发展的物质、能量、社会、自然因素的总和。这里包括自然环境和社会环境两个方面。本章所讨论的环境，主要指自然环境。自然环境是一个复杂多变的体系，具有因素多、层次多和各系统交错的特点。研究环境问题必须从整体出发，否则就会造成重大损失。如毁林开荒，会造成水土流失；围湖造田，会影响气候变迁等。

6.1.2　环境问题

所谓环境问题是由于人类活动作用于周围的环境所引起的环境质量变化，以及这种变化对人类的生产、生活和健康的影响问题。例如温室效应既是环境被破坏引起的后果，而其本身又是导致环境进一步恶化的重要因素。环境问题的实质是人类在社会发展过程中不当行为导致环境向不利于人类生存的方向转化。可以分为原生环境问题和次生环境问题。前者是指自然力引发，也称第一类环境问题，如火山喷发、地震、洪灾等。后者是指人类生产、生活引起生态破坏和环境污染，反过来危及人类生存和发展的现象，也称第二类环境问题，它包括：环境污染和生态破坏。目前所讲的环境问题一般都是次生环境问题。

当前全球性的环境问题日益突出，全人类共同面临的问题至少有以下 10 个方面。

（1）大气污染　全球有 11 亿人口生活在空气污染的城市里。

（2）酸雨危害　世界各国都受到不同程度的酸雨危害，当前我国酸雨覆盖率以国土面积计算累计已近 40%，而且半数以上的城市受到酸雨的危害。

（3）臭氧层破坏　按照 1998 年 9 月记录的南极上空臭氧空洞的面积已达 2720 万平方千米，几乎比南极大陆面积大 1 倍。

（4）水资源污染　在世界范围内已经确定存在于饮用水中的有机污染物已达 1100 种，每年约有 1500 万人死于由于水污染引起的疾病。

（5）土地荒漠化　全球荒漠化问题日趋严重，约有 196 亿平方千米土壤正趋于荒漠化。

（6）森林减少　世界每年约减少 2 亿平方千米的森林。

（7）固体垃圾积留　全球每年产生 10 万亿千克以上的垃圾。

（8）物种濒危　据有关估计，到 2040 年，现有 1000 万个物种将永远消失。

（9）人口剧增　世界人口数量由 1960 年的 30 亿增加至 1999 年的 60 亿，约有 12 亿人口处于贫困生活线以下。

（10）温室效应　自 1993 年以来，北极冰盖体积逐年缩减。由于人类的活动导致大量二氧化碳等温室气体的排放，使北极冰层正在融化。

由于环境污染导致的环境问题日益加深，环境污染也引起全球的高度关注，已成为制约世界经济发展重要的条件之一。

6.1.3　环境问题的种类

从本质上看，大多数环境问题是环境污染，特别是化学物质的污染。所谓环境污染，是指由于自然的或人为的（生产、生活）原因，使原先处于正常状况的环境中附加以物质、能量或生物体，其数量或强度超过了环境的自净能力（自动调节能力），使环境质量变差，并对人或其他生物的健康或环境中某些有价值物质产生有害影响的现象。环境污染概念中所说的自然原因即是指火山爆发、森林火灾、地震、有机物的腐烂等。以火山爆发为例，活动性火山喷发出的气体中含有大量硫化氢、二氧化硫、三氧化硫、硫酸盐等，严重污染了当地的区域环境；从一次大规模的火山爆发中喷出的气溶胶（火山灰）其影响有可能波及全球。环境污染的人为原因主要是指人类的生产活动，包括矿石开采和冶炼、化石燃料燃烧、人工合成新物质（如农药、化学药品）等。近代，随着人类社会进步、生产发展和人们生活水平的不断提高，同时也造成了严重的环境污染现象。由于环境发生污染，定会影响到环境的质量。自然环境的质量包括化学的、物理的和生物学的三个方面。这三方面质量相应地受到三种环境污染因素的影响，即化学污染、物理污染和生物污染。化学污染主要包括无机污染物质、无机有毒物质、有机有毒物质和需氧污染物质等。物理污染主要是一些能量性因素，如放射性、噪声、振动、热能、电磁波等。生物污染体包括细菌、病毒、水体中有毒的或反常生长的藻类等。

人类生活离不开衣食住行，生活质量的高低与这四大要素密切相关。现在人们已经逐渐认识到室内空气质量（指家庭居室、旅馆客房、办公室、车间、实验室、载人客车和飞机内部的空气质量）是建筑物常规清洁的重要内容。根据世界卫生组织的统计，全世界30%的建筑物存在室内空气质量问题。室内污染的最大来源是发展中国家对传统烹饪、加热燃料和有害装饰材料的使用。由于室内空间有限，空气流动性差，容易积累大量的颗粒烟尘和其他空气污染物，为高度污染提供了条件。在这种条件下，在室内遭受污染的程度往往比在室外高得多。由于室内污染对人体健康影响的严重性，世界卫生组织指出，发展中国家的室内空气污染已成为全球四大环境问题之一。室内空气污染包括化学性、生物性和物理性污染。化学性污染指因化学物质，如甲醛、苯系物、氨气、氡及其子体和悬浮颗粒物等引起的污染。室内空气污染主要是人为污染，以化学性污染和生物性污染为主。居室的环境舒适及污染防治和室外近域的环境保护对于健康居室十分重要。室内环境质量很大程度上决定了人们生活质量的优劣。环境污染已对人们生活和经济发展造成了严重危害。

包围在地球表面的空气层构成了人类赖以生存的大气环境，称为大气或大气层。大气能提供给人们呼吸所需的氧气，人几分钟不呼吸空气就有生命危险。大气能提供植物光合作用所需的二氧化碳。大气吸收了来自太阳和宇宙空间的大部分高能宇宙射线和紫外辐射，保护了地球上所有生物免受这些辐射的致命伤害。在人类的生活和生产活动中，向大气中排入大量粉尘、硫化物、氮化物、氧化物、卤化物和有机化合物，造成严重的空气污染。

地球是一个蔚蓝色的星球，有71%的表面覆盖着水，共有14.5×10^9亿立方米之多。但是地球上水资源中97.5%是又咸又苦的海水，仅有2.5%是淡水。而且在淡水中，将近70%冻结在南极和北极中，其余大部分存在于土壤中的水分或深层地下水，难以开采和供人类使用。易于被人类直接使用的水资源是江河、湖泊、水库以及浅层地下水仅为世界淡水的0.26%，约有9.4×10^5亿立方米。

我国水资源总量令人担忧，干旱缺水现象十分严重。我国的淡水资源要供给世界上7%左右的土地以及21%以上的人口，对水源造成了很大的压力。2009年我国淡水资源总量在28000亿立方米左右，但是在众多土地以及人口的压力下，我国成为了全球人均水资源最贫乏的国家之一。随着工业的不断发展，许多污水直接被排放入河流，其中工业污水的排放不仅使水资源中各项化学指标超标，同时对水生物生存也造成了很大的威胁。另外，农业用水的过程中大量化肥、农药的使用也对水资源造成了污染，影响区域内的水质。因此，水污染问题在我国各个地区不同程度地存在着。

6.2　大气污染的防治与处理

6.2.1　地球大气层概述

（1）地球大气层的结构
包围地球的气体外壳称为地球大气层，大气层根据大气温度的垂直分布特点分为对流层、平流层、中间层、热层和散逸层。

对流层是紧邻地表的大气最低层，其厚度随着纬度和季节的不同而不同，对流层的平均厚度12km，其中在赤道地区的平均厚度19km，在两极地区的平均厚度8～9km；在夏季厚，而在冬季薄。对流层集中了占大气总质量75%的空气和90%以上的水蒸气量。

对流层空气直接吸收太阳的辐射很少，其主要是吸收地面发射的红外辐射。这样大气受到地面加热，通过空气的对流运动将热量输送到上层空气。所以对流层内气温随高度升高而降低，平均而言，高度每增加100m，气温约下降0.65℃。

对流层中气象条件复杂，主要的天气现象（如云、雾、雨、雪、雹等）都在此层形成，因此对流层既会出现污染物，同时又有污染物易于扩散的条件，所以我们最熟悉的一些空气污染都出现在对流层。

平流层是自对流层层顶之上约55km处的大气层。在15～35km的范围内，有厚度约为20km的臭氧层。

在平流层内大气稳定，因受地面长波辐射影响小，且臭氧层可直接吸收太阳的紫外线辐射，造成了该层大气气温的增加，是上热下冷的一层。平流层内垂直对流运动很小，平流运动占显著优势。且空气比对流层稀薄，水汽、尘埃含量很少，很少有天气现象，透明度极高。

中间层是从平流层顶约85km高处的大气层。

在中间层内温度随高度增加而迅速降低，在中间层顶，气温最低可达到约−100℃。该层中垂直温度梯度很大，有相当强烈的垂直混合。中间层内空气更稀薄，且水汽极少，几乎没有云层出现。在中间层中上部，气体分子（O_2、N_2）开始电离。

热层又称为热成层，是从85km到约500km的大气层。

热层内空气更为稀薄，大气温度随高度增加迅速增高。太阳辐射中波长小于$0.17\mu m$的紫外辐射几乎全部被该层中的空气分子吸收，大部分空气分子被电离成为离子和自由电子，又称电离层，此层可以反射无线电波。

散逸层又称为外层，500km以上高空，热层以上的大气层，为大气圈向星际空间的过渡地带，没有确定的上界。

散逸层中的空气稀薄，密度几乎与太空相同。该层空气分子受地球引力极小，所以气体及其微粒可以不断地向星际空间逃逸出去。

（2）地球表面大气的物质组成

地球表面大气的物质组成中分为恒定组分、可变组分。其中恒定组分在地球上任何地方的体积分数几乎是不变的，比如氮气的浓度约为78%，氧气的浓度约为21%。而可变组分的含量往往随各地季节、天气变化和人类活动的状况而变化的，比如二氧化碳和水蒸气。还有如煤烟、尘埃、NO_x、SO_x及CO等，包括自然灾害和人为原因造成的大气污染物及有毒气体等都是可变组分，它们是人类保护大气和防治大气污染的主要对象。

6.2.2 大气污染物

由于人类活动或自然过程向大气中排入了一些有害物质，当排放量足够大（即污染物浓度达到一定程度）时，使原来洁净的空气品质下降，若这种情况维持时间足够长，便会对人类、动物、植物和大气中的物品产生危害和不良影响，这种大气状态称为大气污染。

大气中的污染物如一氧化碳、硫氧化物、氮氧化物、颗粒物等在空气中仅以微量存在，但是即使处于百万分之一或十亿分之一的水平，这些微量组分仍会危及我们呼吸的空气的质量。为更好地理解如何降低大气污染，我们需要了解这些污染物的物理化学性质、危害以及它们是如何产生的。

6.2.2.1　来源

大气污染物的来源可分为两种：天然源和人为源。

大气污染物的天然源有：（1）自然尘（扬尘、沙尘暴、土壤粒子等）；（2）森林、草原火灾（会排放出 CO、CO_2、SO_x、NO_x、挥发性有机物等）；（3）火山活动（会排放出 SO_2、硫酸盐尘等颗粒物）；（4）森林排放（主要为萜烯类碳氢化合物）；（5）海浪飞沫（颗粒物主要为硫酸盐和亚硫酸盐）；（6）海洋浮游植物，海洋表层（会产生二甲基硫等挥发性含硫气体）。

人为源主要包括：（1）燃料燃烧燃料（煤、石油、天然气、生物质等）的燃烧过程是向大气输送污染物的重要发生源。火力发电厂、钢铁厂、大型锅炉厂等是用煤量最大的工矿企业，以及生活用煤即民用家庭小炉灶等都是燃煤产生大气污染的主要来源。除此之外，内燃机为主的各种交通运输工具也是重要的大气污染物的发生源。（2）工业排放产生工业废气的工厂很多。例如，石油工业排出硫化氢和各种碳氢化合物；有色金属冶炼工业排出 SO_2、NO_x 以及有毒的重金属；磷肥厂排出氟化物；酸碱盐工业排出 SO_2、NO_x、HF 以及各种酸性废气；钢铁工业在炼焦、炼铁和炼钢过程中，排放出大量的粉尘、碳氧化物、CO、氨、氰及相当数量的氟化物等。（3）固体废弃物的焚烧目前处理固体废弃物的主要方法之一是焚烧。用焚烧炉焚烧垃圾，其热能可以加以利用，但是垃圾中有害成分排入大气还是会造成大气污染。（4）农业活动排放　农药及化肥的使用，提高农业生产量的同时也会给环境带来不利影响。如施用农药时，一部分农药会以粉尘等颗粒物形式散逸到大气中，残留在作物上或黏附在作物表面的则可以挥发到大气中。进入大气的农药可以被悬浮的颗粒物吸收并随气流向各地输送，造成大气农药污染。氮肥施用后，在土壤中经一系列的变化过程会产生氮氧化物释放到大气中。

6.2.2.2　几种常见的主要大气污染物

常见的主要大气污染物主要包含：含硫化合物、含氮化合物、碳氧化合物、含卤素化合物、挥发性有机物、颗粒污染物等。

(1) 含硫化合物

① SO_2　SO_2 是无色有刺激性臭味的气体，当浓度为 $1\sim5\mu L \cdot L^{-1}$（ppm）时就可闻到臭味，$5\mu L \cdot L^{-1}$（ppm）时长时间吸入可引起心悸、呼吸困难等心肺疾病。重者可引起反射性声带痉挛，喉头水肿以至窒息。最主要的是一定条件下二氧化硫可以进一步与氧气反应形成三氧化硫，即 $2SO_2+O_2 \Longrightarrow 2SO_3$，而三氧化硫易溶于水形成硫酸颗粒形式的气溶胶，即 $SO_3+H_2O \Longrightarrow H_2SO_4$，形成硫酸烟雾。若呼入这种气溶胶，易于被肺部组织吸收，对人体造成严重伤害。著名的伦敦型烟雾就是硫酸烟雾。而且还可以形成酸雨，主要是硫酸型酸雨。

二氧化硫的来源主要是由火力发电厂、石油化工厂、有色金属冶炼厂、使用硫化物的企业（如造纸厂、缫丝厂等）产生的。硫氧化物产生的主要原因是含硫燃料（煤中含硫 $0.5\%\sim5\%$，石油中含硫 $0.5\%\sim3\%$）的燃烧反应产生的，即 $S+O_2 \Longrightarrow SO_2$。硫氧化物的另一个主要来源是从硫化物矿中提取某些金属的过程，矿石在氧化焙烧过程中总是要排放出二氧化硫，如金属锌冶炼过程中的第一步反应 $2ZnS+3O_2 \Longrightarrow 2ZnO+2SO_2$ 就是放出 SO_2 的过程。

② H_2S　H_2S 是一种无色、易燃的酸性气体，浓度低时带恶臭，气味如臭鸡蛋；浓度

高时反而没有气味（因为高浓度的硫化氢可以麻痹嗅觉神经）。H_2S 有急性剧毒，短期内吸入高浓度的硫化氢后出现流泪、眼痛、眼内异物感、畏光、视觉模糊、流涕、咽喉部灼烧感、咳嗽、胸闷、头痛、头晕、乏力、意识模糊等。重者可出现脑水肿、肺水肿，极高浓度（$1000\,mg\cdot m^{-3}$ 以上）时可在数秒内突然昏迷，发生闪电型死亡。低浓度的硫化氢对眼、呼吸系统及中枢神经也有影响。H_2S 具有较强的还原性，很容易被氧化成 SO_2。

大气中的 H_2S 人为源排放量不大，主要是天然源排放的，除了火山活动外，H_2S 主要来自动植物机体的腐烂。

（2）含氮化合物

① NO、NO_2 一氧化氮是无色无味的气体，微溶于水，与易燃物、有机物接触易着火燃烧，在空气中易被氧化成二氧化氮。而二氧化氮有强烈毒性，二氧化氮是棕红色的刺鼻气体，吸入气体初期仅有轻微的眼及上呼吸道刺激症状，如咽部不适、干咳等。常经数小时至十几小时或更长时间潜伏期后发生迟发性肺水肿、成人呼吸窘迫综合征，出现胸闷、呼吸窘迫、咳嗽、咳泡沫痰等，可并发气胸及纵隔气肿。肺水肿消退后两周左右可出现迟发性阻塞性细支气管炎。并且二氧化氮还是酸雨的成因之一，主要形成的是硝酸型酸雨。此外，氮氧化物是"光化学烟雾"的引发剂之一。

一般情况下空气中的氮和氧并不能直接反应生成氮氧化物，但是当空气遇到高温，如工厂采用煤进行高温燃烧时，汽车内燃机中温度也非常高，这时氮气和氧气就会化合生成两个一氧化氮分子，即 $N_2 + O_2 \rightleftharpoons 2NO$，随后一氧化氮非常容易与大气中的氧气反应生成二氧化氮，即 $2NO + O_2 \rightleftharpoons 2NO_2$，此反应的发生一般需要一氧化氮的浓度较高时反应的速率才比较快。在城市大气中氮氧化物约 2/3 来自汽车等流动源的排放。

② NH_3 NH_3 是一种无色气体，有强烈的刺激气味，对人体的眼、鼻、喉等有刺激作用。在一定条件下可被催化氧化为 NO。

大气中的 NH_3 不是重要的污染物，它主要来自动物废弃物、土壤腐殖质的氨化、土壤 NH_3 基肥料的损失及工业排放。

（3）碳氧化合物

一氧化碳是一种无色无味的气体，它对血液中的血色素亲和能力比氧大 210 倍，一氧化碳进入体内后会立刻与血红蛋白结合，从而阻碍血红蛋白输送氧的功能，能引起严重缺氧症状。当一氧化碳达到约 $100\,\mu L\cdot L^{-1}$ 时就可以使人感到头痛和疲劳。不过一氧化碳对植物没有影响和危害。

二氧化碳是一种无色无味的气体，密度比空气略大，无毒，但不能供给动物呼吸，是一种窒息性气体。在空气中通常含量为 0.03%（体积），若含量达到 10% 时，就会使人呼吸逐渐停止，最后窒息死亡。二氧化碳是产生温室效应的主要作用者，当二氧化碳在大气层中的含量增加，会使地面反射的红外辐射大量截留在大气层中，导致大气层温度升高，形成温室效应。而温室效应会使全球气候变暖，从而导致海平面上升，另外还会使气候带移动，造成物种的变化，而且水的贮存、分配等都会受到影响。

一氧化碳和二氧化碳的主要来源是含碳类物质如煤、石油、天然气等燃料的不完全燃烧和完全燃烧产生的。

（4）含卤素化合物

含卤素化合物中最值得一提的是氟利昂（氯氟烃）。因为它是破坏臭氧层的主要物质之一。氟利昂是 20 世纪 20 年代合成的，常温下是无色气体或易挥发液体，无味或略有气味，化学性质稳定，不具有可燃性和毒性，被当作制冷剂、发泡剂和清洗剂，广泛用于家用电器、泡沫塑料、日用化学品、汽车、消防器材等领域。20 世纪 80 年代后期，氟利昂的生产达到了高峰。在对氟利昂实行控制之前，全世界向大气中排放的氟利昂已达到了 2000 万吨。由于它们在大气中的平均寿命达数百年，所以排放的大部分氟利昂仍留在大气层中，其中大部分仍然停留在对流层，一小部分升入平流层。

当氟利昂（氯氟烃）进入平流层中后其分子受紫外光照射，首先产生非常活泼的氯原子，反应如下式：

$$CF_2Cl_2(g) \Longrightarrow CF_2Cl(g) + Cl(g)$$
$$CF_2Cl_2(g) \Longrightarrow CF_2(g) + 2Cl(g)$$
$$CFCl_3(g) \Longrightarrow CFCl_2(g) + Cl(g)$$
$$CFCl_3(g) \Longrightarrow CFCl(g) + 2Cl(g)$$

反应中产生的 Cl 原子导致 O_3 分子是在下述两个反应组成的链反应中不断被消耗，同时又不断产生新的 Cl 原子，Cl 原子实际上并没有被消耗。

$$Cl(g) + O_3(g) \Longrightarrow O_2(g) + ClO(g)$$
$$ClO(g) + O(g) \Longrightarrow Cl(g) + O_2(g)$$

(5) 挥发性有机污染物（volatile organic compounds，VOC）

世界卫生组织对总挥发性有机物的定义为熔点低于室温而沸点在 50～260℃的挥发性有机物的总称。而美国国家环境保护局则将挥发性有机物定义为除了一氧化碳、二氧化碳、碳酸、金属碳化物或碳酸盐之外的，任何能参加大气光化学反应的含碳化合物。在我国《环境标志产品技术要求：水性涂料》中将在 101.325kPa 压力下，任何初沸点低于或者等于 250℃的有机化合物定义为挥发性有机物。

大气环境中挥发性有机物的浓度虽然低（一般为 $\mu g \cdot m^{-3}$），却在大气化学过程中扮演着极为重要的角色，影响着大气的氧化性、二次气溶胶的形成和大气辐射平衡等，对一些区域或全球气候环境问题有着重要影响。而且，一些挥发性有机物还具有毒性、致畸致癌性，严重危害人体健康，如甲醛、苯、甲苯等。

挥发性有机物的排放有天然源和人为源两种。天然源主要是属于植物生态功能性排放，如异戊二烯、α-蒎烯、β-蒎烯、甲基丁烯醇等。人为源主要源于人类生产生活中的不完全燃烧过程和涉及有机产品的挥发散逸过程，其化学组成也极为丰富。其中交通运输和溶剂使用是共同重点源，约占排放总量的一半以上，其中道路机动车排放约占交通移动源总排放量的 80%以上，而涂料喷涂和油墨印刷等过程也是重要排放源，约占溶剂使用过程总排放量的 50%。另外，我国固定燃烧源和废物处理处置源的相对高排放则主要源于农村地区生物质家庭炉灶燃烧和农业秸秆废物野外焚烧两大活动行为。人为排放的挥发性有机物含有一定比例的苯、甲苯、二甲苯、甲醛等毒性化学组分，威胁到人体的健康安全，因此人为源的挥发性有机物的控制技术受到研究领域和市场领域的广泛关注。

(6) 颗粒污染物

大气颗粒物的形态主要有粉尘、烟、灰、雾、霭、霾、烟尘、烟雾。

粉尘（微尘，dust）是指颗粒直径为 1～100μm 的固体颗粒物；主要源于机械粉碎的固体微粒，风吹扬尘，风沙。

烟（烟气，fume）是指颗粒直径为 0.01～1μm 的固体颗粒物；主要源于由升华、蒸馏、熔融及化学反应等产生的蒸气凝结而成的固体颗粒。如熔融金属、凝结的金属氧化物、汽车排气、烟草燃烟、硫酸盐等。

灰（ash）是指颗粒直径为 1～200μm 的固体颗粒物；主要源于燃烧过程中产生的不燃

性微粒，如煤、木材燃烧时产生的硅酸盐颗粒，粉煤燃烧时产生的飞灰等。

雾（fog）颗粒直径为 $2\sim200\mu m$ 的液体颗粒物；主要源于水蒸气冷凝生成的颗粒小水滴或冰晶，水平视程小于 1km。

霭（mist）是指颗粒直径为大于 $10\mu m$ 的液体颗粒物；主要来源与雾相似，所以气象上规定霭为轻雾，水平视程在 $1\sim2km$ 之内，使大气呈灰色。

霾（haze）是指颗粒直径小于 $1\mu m$ 的固体颗粒物；主要源于干的尘或盐粒悬浮于大气中形成，使大气混浊呈浅蓝色或微黄色。水平视程小于 2km。

烟尘（熏烟，smoke）是指颗粒直径为 $0.01\sim5\mu m$ 的固体液体颗粒物；主要源于含碳物质，如煤炭燃烧时产生的固体碳粒、水、焦油状物质及不完全燃烧的灰分所形成的混合物，如果煤烟中失去了液态颗粒，即成为烟炭。

烟雾（smog）是指颗粒直径为 $0.001\sim2\mu m$ 的固体颗粒物；主要源于粒径在 $2\mu m$ 以下，现泛指各种妨碍视程（能见度低于 2km）的大气污染现象。光化学烟雾产生的颗粒物，粒径常小于 $0.5\mu m$ 使大气呈淡褐色。

根据大气颗粒物的化学组成可分为无机颗粒物和有机颗粒物。

大气中无机颗粒物包括硫酸和硫酸盐颗粒物、硝酸盐颗粒物、氯化物颗粒物等。其中硫酸和硫酸盐颗粒物直径很小，95％以上集中在细粒子范围，即粒子直径小于 $2\mu m$，在大气中漂浮，对太阳光能产生散射和吸收作用，大幅度降低大气能见度，危害人体健康，也是形成霾和酸雨的重要成分之一。硫酸和硫酸盐颗粒物的主要来源是 SO_2 的化学转化，转化的 H_2SO_4 在大气条件下凝结，形成硫酸或硫酸盐（主要是硫酸铵）颗粒物。陆地颗粒物中 SO_4^{2-} 的平均含量为 $15\%\sim25\%$，而海洋性气溶胶粒子中 SO_4^{2-} 的量可达 $30\%\sim60\%$。硝酸盐颗粒物一般以 $NaNO_3$、NH_4NO_3 颗粒或者 NO_2 被某些颗粒物吸附的形式存在。硝酸盐颗粒物的形成机理尚不是很清楚，一般大致有以下三类气相反应：①NO 氧化生成重要的 NO_2、NO_3、N_2O_5 等；②高价氮氧化物与水蒸气作用形成挥发性硝酸和亚硝酸；③在气相中反应形成硝酸盐颗粒物。

大气中有机颗粒物是指大气中的有机物质凝聚而形成的颗粒物或有机物吸附在其他颗粒物上面而形成的颗粒物。有机颗粒物一般粒径很小，大致在 $0.1\sim5\mu m$ 范围内，其中 $55\%\sim70\%$ 的粒子集中于粒径小于 $2\mu m$ 的范围，对人类危害较大。有机颗粒物的种类很多，其中烃类（烷烃、烯烃、芳香烃、多环芳烃等）是有机颗粒物的主要成分。此外还有亚硝铵、氮杂环化合物、环酮、醌类、酚类等。有机颗粒物的主要来源是煤和石油等的不完全燃烧或者其他化学反应。

除此之外还有微量元素，目前已经发现的大气颗粒物中的微量元素种类达到 70 多种。由于粗、细颗粒物的来源及成因不同，所含的元素种类相差很大，地壳元素如 Si、Fe、Al、Na、Ca、Mg、Ti 等一般以氧化物的形式存在于粗粒子中，而 Zn、Cd、Ni、Cu、Pb、Sb 等元素则大部分存在于细粒子中。颗粒物中微量元素的来源多种多样，比如 Pb 主要来自汽油的燃烧释放；Na、Cl、K 等主要来自海盐溅沫；Si、Al 主要来自土壤飞尘；Fe、Mn、Cu 主要来自钢铁工业；Zn、Sb、Cd 等主要来自垃圾焚烧；Ni、V、As 等主要来自石油、煤、焦炭的燃烧。

而大气质量评价中的一个通用的重要污染指标是看总悬浮颗粒物（total suspended particulate TSP），用标准大容量颗粒采集器在滤膜上所收集的颗粒物的总质量来表示这个指标。总悬浮颗粒物是指生产加工过程中产生的粉尘、建筑和交通扬尘、风沙扬尘以及粒径小于 $100\mu m$ 的空气中的全部粉尘，它主要来源于燃料燃烧时产生的烟态污染物经过复杂物理化学反应在空气中生成相应的盐类颗粒。

在总悬浮颗粒物中包括飘尘和降尘。长期漂浮在大气中颗粒直径小于 $10\mu m$ 的悬浮物称为飘尘（airborne particle），大于 $10\mu m$ 的微粒，由于自身的重力作用而很快沉降下来的这部分微粒称为降尘（dustfall）。

大气颗粒物可分为天然源和人为源两类。

天然源可起因于地面扬尘（风吹灰尘、风沙、地球表面的岩石风化，它们和地壳、土壤的成分很相似），海浪溅出的浪沫，火山爆发的喷出物，森林火灾的燃烧物，宇宙来源的陨星尘及生物界产生的颗粒物如花粉、袍子等一次颗粒物。而二次颗粒物的天然来源主要是森林中排出的碳氢化合物（主要是萜烯类），进入大气后经光化学反应，产生的微小颗粒；与自然界硫、氮、碳循环有关的转化产物，如由 H_2S、SO_2 经氧化生成的硫酸盐，由 NH_3、NO 和 NO_2 氧化生成的硝酸等。

颗粒物的人为来源主要是燃料燃烧过程中产生的固体颗粒物，如煤烟、飞灰等；各种工业生产过程中排放的固体微粒，如冶金过程，使大量的环境重要金属进入大气，颗粒物直径小于 $2\mu m$ 的占 46.6%；汽车尾气排出的卤化铅凝聚而形成的颗粒物以及人为排放 SO_2 在一定条件下转化为硫酸盐粒子等的二次颗粒物。

微粒三种最重要的表面性质：成核作用、黏合和吸着。成核是指过饱和蒸气在微粒上凝结形成液滴的现象，雨滴的形成也涉及成核作用。粒子可以彼此互相紧紧地黏合或在固体表面上黏合。黏合或凝聚是小颗粒形成较大的凝聚体并最终达到很快沉降粒径的过程。吸着是指气体等分子被颗粒物吸着的现象。其中如果气体或蒸气溶解在微粒中，这种现象称为吸收。若吸着在颗粒物表面上，则定义为吸附。涉及特殊的化学相互作用的吸着，定义为化学吸附作用。例如 $Ca(OH)_2(s) + CO_2(g) \longrightarrow CaCO_3(s) + H_2O(l)$。

颗粒物通过呼吸道进入人体，较大的粒子可能停留在鼻腔及鼻咽部，很小的颗粒可以进入并停留在肺部。目前，世界上对可吸入粒子的粒径大小有两种意见，一种定为 $10\mu m$ 以下，一种定为 $15\mu m$ 以下。一般直径在 $10\mu m$ 以下的人呼吸后这些颗粒就可以沉积在呼吸道上，而当颗粒物的直径降到 $2.5\mu m$ 以下，这些颗粒物进入呼吸道的部位就更深，可以直接深入到细的支气管，甚至肺泡中，对人体造成很大的危害，可以引发呼吸道疾病、肺病、心脏病等，尤其这些细小的颗粒物其比表面积大，可以吸附大量的病菌，更会造成一些传染性病菌的传播。我国近几年来冬春季大规模爆发的雾霾天气的罪魁祸首就是这些细的颗粒物，主要是 $PM_{2.5}$（直径小于 $2.5\mu m$ 的颗粒物），这些颗粒物能较长时间悬浮于空气中，输送距离远，影响范围大，严重影响了我国部分大城市的空气质量。而且 $PM_{2.5}$ 还能影响成云和降雨过程，间接影响着气候变化。比如在离大城市不远的下风向地区，降水量比四周其他地方要多，这种现象称为"拉波特效应"。

6.2.3　大气污染的危害

（1）对人体的危害

污染物浓度较低时，通常不会造成人体急性中毒，但在某些特殊条件下，如工厂在生产过程中出现特殊事故，大量有害气体泄露外排，外界气象条件突变等，便会引起人群的急性中毒。如印度帕博尔农药厂异氰酸甲酯泄露，直接危害人体，造成 3000 多人丧生，20 多万人受害的惨剧。

慢性中毒主要表现为污染物质在低浓度、长时间连续作用于人体后，出现的患病率升高等现象。增加人体对病毒感染的敏感性而易于患上肺炎、支气管炎、哮喘、肺气肿，同时还加重心血管疾病。城市地区呼吸系统疾病很大程度上是空气污染的结果之一，使得城市居民呼吸系统疾病明显高于郊区。

若污染物长时间作用于肌体，损害体内遗传物质，引起突变，如果生殖细胞发生突变，使后代机体出现各种异常，称致畸作用；如果引起生物体细胞遗传物质和遗传信息发生突然改变作用，又称致突变作用；如果诱发成肿瘤则称致癌作用。

（2）对工农业生产的危害

大气中的酸性污染物和二氧化硫、二氧化氮等，对工业材料、设备和建筑设施的腐蚀，造成建筑物褪色、腐蚀，材料老化分解。大气中的飘尘增多给精密仪器、设备的生产、安装调试和使用带来不利影响。对动植物和水生生物产生毒害。比如空气污染会抑制或降低植物的生长速率，增加植物及不利天气条件变化的敏感程度，干扰破坏植物的繁殖过程，更有甚者严重的酸雨会使森林衰亡和鱼类绝迹。

（3）对空气能见度的影响

大气污染最常见的后果之一是空气能见度的下降。能见度下降不仅使人们感到不愉快，而且还会造成极大的心理影响；另外还会产生安全方面的公害。

6.2.4　几种常见大气污染现象

6.2.4.1　酸雨

pH 值小于 5.6 的雨雪或其他形式的大气降水称为酸雨。最早引起注意的是酸性降雨，所以习惯上统称为酸雨。

酸雨中的阳离子主要有 H^+、Ca^{2+}、NH_4^+、Na^+、K^+、Mg^{2+}，阴离子主要有 SO_4^{2-}、NO_3^-、Cl^-、HCO_3^-。其中 Cl^- 和 Na^+ 主要是来自海洋，浓度相近，对降水酸度不产生影响。在阴离子总量中 SO_4^{2-} 占绝对优势，在阳离子总量中，H^+、Ca^{2+}、NH_4^+ 占 80％以上。而酸雨区与非酸雨区，阴离子 SO_4^{2-} 和 NO_3^- 浓度相差不大，而阳离子 Ca^{2+}、NH_4^+、K^+ 浓度相差却较大。

大气中 SO_2、NO_x 经过气相、液相或者在气液界面转化为 HNO_2、HNO_3、H_2SO_4 等导致 pH 值降低；在转化过程中，O_3、HO_2、HO 等成为重要的氧化剂；Fe、Mn 等金属离子在氧化过程中扮演了催化剂的重要角色；大气中 NH_3、Ca^{2+}、Mg^{2+} 等则使降水的 pH 值有升高的趋势。因此多数情况下，降水的酸碱性取决于该地区大气中酸碱物质的比例关系。

酸雨的形成必须具备以下几个条件。

（1）污染源条件，即酸性污染物的排放以及转化条件。如果大气中二氧化硫的排放量较大，污染严重，降水中 SO_4^{2-} 的浓度就高，pH 值就低；

（2）大气中的气态碱性物质浓度较低，对酸性降水的缓冲能力很弱。氨是大气中唯一的常见气态碱。由于它的水溶性，能与酸性气溶胶或雨水中的酸反应，中和作用而降低酸度。在大气中，氨与硫酸气溶胶形成中性的硫酸铵，SO_2 也可由于与 NH_3 的反应而减少，避免了进一步转化成酸。大气中氨的来源主要是有机物分解和农田施用的氮肥的挥发；

（3）大气中颗粒物的酸碱度及其缓冲能力，许多研究表明，降水的 pH 值不但取决于某一地区排放酸性物质的多少，而且和该地区的土壤酸碱性质有很大关系，如果碱性土壤中颗粒漂浮到大气中后和酸性物质中和，不易形成酸雨。但是颗粒上的金属离子往往容易成为二氧化硫氧化的催化剂，加剧酸雨的形成，我国很多地方的大气中颗粒物浓度较高，在酸雨研究中不容忽视。所以颗粒物作用：一是所含的催化金属促使 SO_2 氧化成酸，二是对酸起中和作用；

（4）天气形式的影响，如果地形和气象条件有利于污染物的扩散，则大气中污染物的浓度降低，酸雨就减弱，反之则会加重。比如重庆地区燃煤量仅仅相当于北京的 1/3，但是每年由于重庆地区山地不利于污染物扩散，所以容易形成酸雨。

酸雨带来的危害有：（1）湖泊酸化；（2）酸雨使流域土壤和水体底泥中的金属（例如铝）可被溶解进入水中毒害鱼类；（3）酸雨抑制土壤中有机物的分解和氮的固定，淋洗与土壤粒子结合的钙、镁、钾等营养元素，使土壤贫瘠化；（4）酸雨伤害植物的新生芽叶，干扰光合作用，影响其发育生长；（5）酸雨腐蚀建筑材料，金属结构、涂料及名胜古迹等。

6.2.4.2　光化学烟雾

光化学烟雾主要含有氮氧化物和碳氢化合物等一次性污染物的大气，在阳光照射下发生化学反应而产生的二次污染物，这种由一次污染物和二次污染物的混合物所形成的烟雾污染现象，因最早在 1940 年的美国洛杉矶首先发现，因此又称为洛杉矶烟雾。当前，世界许多大城市发生过光化学烟雾：日本东京、英国伦敦、中国的兰州西固石油化工区以及澳大利亚和德国等国的一些大城市。

只要大气中存在三个条件：强烈的太阳光＋碳氢化合物＋氮氧化合物时，就会由光化学反应引发一系列的化学过程，产生一些氧化性很强的物质，如臭氧、PAN（过氧乙酰硝酸酯），HNO_3，H_2O_2 等二次污染物，该过程实际就是光化学烟雾的形成过程。

光化学烟雾呈蓝色；具有强氧化性，能使橡胶开裂；对眼睛、呼吸道等有强烈刺激，并引起头痛、呼吸道疾病恶化，严重造成死亡；对植物叶子有害，能使大气能见度降低；刺激物浓度峰值出现在中午和午后；污染区域出现在污染源下风向几十到几百公里的范围内。

6.2.4.3　温室效应

来自太阳的各种波长的辐射一部分在到达地面之前被大气反射回外空间或者被大气吸收后再次反射回外空间；一部分直接达到地面或者通过大气散射到达地面。到达地面的辐射有少量的紫外光、大量的可见光和长波红外光；这些辐射在被地面吸收之后，除了地表存留一部分用于维持地表生态系统热量需要，其余最终都以长波辐射的形式返回外空间，从而维持地球的热平衡。地球表面能量返回大气由传导、对流和辐射三种能量传输机制来完成。被地面反射回外空间的长波辐射，被大气中能够吸收长波辐射的气体如二氧化碳、甲烷等吸收后再次反射回地面，从而保证了地球热量不大量散失，如果该过程过强，就会造成温室效应。

可以用人们熟悉的花园温室来说明。花园温室一般由塑料或玻璃隔开外界空气形成一个相对封闭的室内空间，以保持室内、花草生长所需要的温度。绝大多数来自太阳的相对波长较短的辐射能够透过玻璃，达到温室内的地面和花草上，并被它们吸收。被温室内物体吸收后的太阳辐射转换成能够致热的长波辐射，再次从地面向上空反射，欲要通过玻璃或塑料顶棚辐射出去。但是玻璃或透明塑料就像大气中的一些气体 [H_2O、CO_2、CH_4、N_2O、CFCs（氯氟烃）、O_3 等] 一样，只允许短波辐射通过，而不允许长波辐射通过，所以温室内的这些致热长波辐射被"禁闭"在里面，导致温室内的温度要比外面的高，这个过程就是"温室效应"形成过程。

温室气体能够吸收红外辐射是由于其分子能够发生振动-转动跃迁或纯转动跃迁，跃迁频率位于 $1\sim100\mu m$ 的红外区。只有能够产生振荡偶极矩的分子才能发生振动-转动跃迁。

地球长波辐射的能量绝大部分被低层大气中的水蒸气、CO_2、CH_4、N_2O、CFCs、O_3 等吸收。其中水蒸气是非常重要的温室气体，它在 $6\mu m$ 附近有一个较强的吸收带，对 $18\mu m$ 以上的地面长波辐射几乎能够全部吸收。CO_2 在 $15\mu m$ 有一个强的吸收带，在 $2.7\sim4.3\mu m$ 的波段也有较强的吸收。但是在 $7\sim13\mu m$ 的波段，地球本身辐射量很大，而 H_2O 和 CO_2

对它的吸收却很小。由于地球大气系统向外的长波辐射主要集中于此，因此被形象地称为"大气窗口"。在"大气窗口"强烈吸收的温室气体有 CFCs、O_3，而 N_2O 和 CH_4 在其附近也有强烈的吸收，而这几种气体的浓度一般较低，若它们增加一个单位浓度，对于红外光的吸收量是很大的。

判断一种物质是不是大气中重要的温室气体，主要从三方面考虑：①该气体必须有足够宽的红外吸收带，且在大气中的浓度足够高，这样才能显著吸收红外辐射；②该气体如果在 $7 \sim 13\mu m$ 的"大气窗口"有吸收，对温室效应的增强最有效；③该种气体在大气中的寿命要长。

大气中温室气体主要有：CO_2、H_2O、N_2O、CH_4、CFCs、O_3、CFC-11、CFC-12、CCl_4。

CO_2：自 1750 年以来，大气中 CO_2 的浓度增加了 31％，目前大气中 CO_2 的浓度是过去 42 万年内最高的。人为排放 CO_2 的 3/4 是化石燃料的燃烧，其余 1/4 来自土地利用变化造成毁林开荒（绿色植物对 CO_2 吸收的减少）。过去的 20 年里，CO_2 的增长幅度为 $1.55\mu L \cdot L^{-1}$。

CH_4：增长很快，1975 年以来增长了 $1060 nL \cdot L^{-1}$，目前大气中 CH_4 浓度是 42 万年以来最高的。目前约有一半多是人为排放，例如燃烧化石燃料、家畜饲养、水稻种植、垃圾填埋等。

N_2O：1750 年以来增加了 $46 nL \cdot L^{-1}$，还在增长，目前浓度也是过去 1000 年中最高的。大约增加的 1/3 来自人为排放，主要有农业土壤、家畜饲养、化学工业。

CFCs：原来在大气中不存在，完全来自人为排放。从 1995 年开始由于执行蒙特利尔议定书的结果，全球大气中 CFCs 开始缓慢下降。然而一些替代物（如哈龙类物质）的浓度却开始上升。哈龙类物质比 CFCs 稳定一些，但是也能够光解，并破坏臭氧。

人类活动增加了大气中这些温室气体的浓度，使得温室效应加重，而温室效应给人类带来的危害是巨大的，比如：①全球平均温度上升，两极冰融化，海平面上升，沿海一些城市可能被淹没；②全球气温上升中，由于两极温度升高快，而赤道升温慢，因此会导致全球的大气环流发生改变，例如西风漂流等减弱，东北信风和东南信风都会减弱等，从而引发一系列的气候变化反应；③另外由于温室气体上升，还会伴随大量其他环境问题，如物种对气候不适应导致的物种灭绝，生物对气候的不适应可能导致的疾病流行等等。

6.2.4.4　臭氧层破坏

一般太阳辐射线分为三个波段：紫外 $<400 nm$，可见 $400 \sim 760 nm$，红外 $>760 nm$；其中紫外又分为三个波段：$<290 nm$，$290 \sim 320 nm$，$320 \sim 400 nm$；其中 $<290 nm$，$290 \sim 320 nm$ 的紫外光几乎全部被平流层的臭氧吸收，只有 $320 \sim 400 nm$ 波段中的约 1％ 紫外线能够到达地球表面。所以我们经常说臭氧层能够吸收 99％ 的太阳紫外线。所以说臭氧层是地球的"保护伞"。1985 年南极地区发现臭氧层空洞以后，1988 年发现北极上空也出现了一个臭氧层空洞。而臭氧层的破坏主要是氟氯烃和氮氧化物引起的。

科学家认为，臭氧层中的臭氧浓度减少 10％，则地面紫外线的辐射将增加 20％，导致皮肤癌的发病率增加 15％～25％。若臭氧层破坏，地球上 2/3 的生物将失去繁殖能力，最终危害人体免疫系统功能。

臭氧（O_3）是氧气（O_2）的同素异形体，在常温下，它是一种有特殊臭味的淡蓝色气体，吸入过量会影响人体的呼吸系统（当 1h 内臭氧的平均水平超过 $1.22\mu L \cdot L^{-1}$ 时，呼吸这种空气是有害的），即使臭氧分子的浓度较低，但是在锻炼期间，臭氧可以降低正常健康人的肺功能，还会影响植物的生长，而且能破坏橡胶，进而损害车辆的轮胎。但是高空的臭

氧层主要集中在 $15\sim35km$ 的平流层中，它可以保护人类，像一个屏障一样可以挡住太阳强烈的紫外线照射，使地面的、动植物免受强烈紫外线带来的伤害。

6.2.5　大气污染的治理技术

6.2.5.1　颗粒污染物控制技术

从废气中回收颗粒污染物的过程称为除尘。实现的设备装置称为除尘器，常用的除尘器有：机械式除尘器、过滤式除尘器、湿式除尘器、静电除尘器。

(1) 机械式除尘器

机械式除尘器是通过重力、惯性力和离心力等质量力的作用使颗粒物与气体分离的装置。机械式除尘器主要有：重力除尘器、惯性除尘器、旋风除尘器。

重力除尘器是使含尘气体中的尘粒借助重力作用沉降，并将颗粒物与载气分离并被捕集的装置。一般捕集 $50\mu m$ 以上的大粒子。沉降室主要由含尘气体进出口、沉降空间、灰斗和出灰口、检查清扫口等部分组成。在输送气体的管道中置入一段扩大部分（即沉降空间），在扩大部分，气流由于截面突然增大而减速，只要气流通过这段沉降空间的时间大于或等于尘粒由沉降空间顶部沉到底部时间，颗粒物就能被沉降到灰斗底面而去除。这种除尘器的优点是结构简单、施工方便、投资少、压力损失小，且可以处理高温气体。但是其体积庞大，占地多效率低。因此仅作为高效除尘器的预处理装置，去除较大和较重的粒子。

惯性除尘器是使含尘气流冲击挡板或使气流急剧地改变流动方向，然后借助粒子的惯性力作用将尘粒从气流中分离的装置。主要用来去除 $10\sim30\mu m$ 的微粒。惯性除尘器分为碰撞式（又称为冲击式）和弯转式。碰撞式是在含尘气流前方加挡板或其他形状的障碍物。比如若惯性除尘器中有两个挡板。当高速运动的含尘气流遇到第一个挡板时，气流改变方向绕过，尘粒由于惯性大，冲击到第一个挡板上被捕集，被气流带走的尘粒遇到第二个挡板时，借助惯性力也被捕集。气流速度越高，气流方向转变角度越大，转变次数越多，除尘效果就越好。弯转式惯性除尘器设有弯曲的入口或导流片，使含尘气流弯曲或转折。惯性除尘器的捕集效率比重力除尘器高，但是仍为低效除尘设备，也主要用于高浓度、大颗粒粉尘的预净化。

旋风除尘器是含尘气体进入装置后，气流做旋转即含尘气体做圆周运动。具体过程是含尘气体从除尘器圆筒上部切向进入，由上向下做螺旋状运动，逐渐到达锥体底部；气流中的颗粒在离心作用下被甩向外筒壁，由于重力的作用和气流的带动落入底部灰斗；向下的气流到达锥底后，再沿轴线旋转上升，形成内旋流，最后由上部内筒排出。旋风除尘器的优点是结构简单，占地面积小，维修方便，设备费用低，可以用于高温、高压及有腐蚀性的气体，并可以直接回收干颗粒物等优点。但是其除尘效率不高。因此一般用作高浓度含尘气体预处理。

(2) 过滤式除尘器

过滤式除尘器是使含尘气流通过过滤材料将粉尘分离捕集的装置。可以采用滤纸或玻璃纤维为填充层的过滤器，或者采用砂砾、焦炭等颗粒物填充的颗粒层为过滤器，还可以以纤维织物作为滤料，为增大设备单位体积内的过滤面积，通常将滤层做成袋状，即袋式除尘器。它们的除尘机理是依靠过滤器运行一段时间后形成的所谓粉尘初层作为主要过滤层，而其本身的滤料层相当于是粉尘初层的骨架。一旦粉尘初层形成，过滤器的除尘效率即刻剧增。

(3) 湿式除尘器

湿式除尘器又称洗涤除尘。利用液体（水）与含尘气体接触，利用水形成液网、液膜或者液滴与尘粒发生惯性碰撞、扩散效应、黏附、扩散漂移与热漂移、凝聚等作用捕集尘粒或使粒径增大，以达到从废气中捕集、分离尘粒，并兼备吸收气态污染物的目的的装置。湿式除尘器的优点是能够处理高温、高湿气流，高比电阻粉尘及易燃易爆的含尘气体。且在去除粉尘粒子同时，还可去除气体中的水蒸气及某些气态污染物。所以湿式除尘器既能除尘又能冷却净化。并且相同能耗下，去除效率比干式机械除尘器高，尤其适用于处理高温、易燃、易爆气体。但是也存在许多缺点，比如排出的污水污泥需要处理；净化含有腐蚀性的气态污染物时，洗涤水有一定的腐蚀性，要注意设备和管道的腐蚀问题；不适用于含有憎水性和水硬性粉尘的气体；寒冷地区使用，易结冻，应采取防冻措施。

（4）电除尘器

电除尘器是利用高压电场使浮游在气体中的粉尘颗粒荷电，并在电场的驱动下作定向运动，从而实现粒子和气流分离的装置。驱使粉尘作定向运动的力是静电力——库仑力。电除尘器优点是它几乎可以捕集一切细微粉尘及雾状液滴，其捕集粒径范围在 $0.01\sim100\mu m$，粉尘粒径大于 $0.1\mu m$ 时，除尘效率可高达 99% 以上。由于电除尘器是利用库仑力捕集粉尘的，所以风机仅仅担负运送烟气的任务，因而电除尘器的气流阻力很小，风机的动力损耗很少。尽管本身需要很高的运行电压，但是通过的电流却非常小，因此电除尘器所消耗的电功率很少。电除尘器的适用范围广泛，从低温、低压到高温、高压，在很宽的范围内均适用，尤其能耐高温，最高温度可达 $500\,^{\circ}\!C$，但是投资高、技术要求高、占地面积大。

6.2.5.2　气体污染物控制技术

废气中的气态污染物与载气形成均相体系。与颗粒物污染物不同的是，颗粒物可以用机械的或者简单的物理方法，比如靠作用在颗粒物上的重力、离心力、电场力等，其颗粒物与载气分离。而气态污染物要利用污染物与载气二者在物理、化学性质上的差异，经过物理、化学变化，使污染物的物相或物质结构改变，从而实现分离或转化。一般常用的气体污染物的控制技术主要有：气体吸收法、气体吸附法、气体催化法、气体燃烧法、气体冷凝法。

（1）气体吸收法

不同气体在液体中溶解度不同，含有多种成分的混合气体，当与液体接触时，气体中溶解度大的成分（比如污染物气体）就源源不断地溶解于液体中，这样污染物在气体中浓度显著降低，溶解组分和不溶解组分就分开了。或者是气体中某些欲除去的有害气体与吸收剂发生选择性化学反应，从而将有害组分从气流中分离出来。不过需要针对不同的气体选择合适的吸收剂。该种方法具有捕集效率高、设备简单、一次性投资低等特点。

其中物理吸收比较简单，可以看成是单纯的物理溶解过程，如用水吸收氯化氢或二氧化碳。此时吸收所能达到的限度决定于在吸收进行条件下气体在液体中的平衡浓度，吸收的速率取决于污染物从气相转移到液相的扩散速率。物理吸收适用于污染物成分单一，并且溶解度大的废气处理。

在大气污染控制过程中，一般废气量大、成分复杂、吸收组分浓度低，单靠物理吸收难以达到排放标准，因此大多采用化学吸收法。例如用碱液吸收二氧化硫，此时吸收限度同时取决于气液平衡和液相反应的平衡条件，吸收的速率也取决于扩散速率和液相反应速率。化学吸收由于化学反应的存在，提高了吸收速率，并使吸收的程度更趋于完全。一般而言，化学吸收的效率高于物理吸收。

（2）气体吸附法

让废气与多孔材料的固体吸附剂接触，固体吸附剂通过分子力或化学键力来吸附不同类型的有害气体分子，使气体净化。一般需选择具有如下特点的吸附剂：如内表面积大、具有选择吸附性、高机械强度、化学和热稳定性、吸附容量大、来源广泛、廉价。

根据固体表面吸附力的不同，吸附可分为物理吸附和化学吸附。物理吸附是由分子间的引力引起的。由于物理吸附时不发生化学反应，故是一种可逆过程。化学吸附是固体表面与被吸附物质间的化学键力作用的结果，其实质是表面化学反应。化学吸附具有较高的选择性；物理吸附没有多大的选择性。化学吸附总是单分子层的，且不易解吸；物理吸附可以是单分子层，也可以是多分子层的，容易解吸。

(3) 气体催化法

气态污染物在催化剂作用下，通过氧化或还原反应，转化成无害气体的方法。比如可以利用气体催化法进行工业尾气和烟气中 SO_2、NO_x 的去除，采用燃烧净化法对汽车尾气进行催化净化。下面简单介绍一下汽车尾气的净化问题。它是利用排气自身温度和组成，在催化剂的作用下将有害物质碳氢化合物（HC）、CO 和 NO_x 利用氧化还原反应转化为无害的 H_2O、CO_2、N_2。具体的氧化还原反应如下：

$$HC + NO_x \longrightarrow CO_2 + H_2O + N_2$$
$$CO + NO_x \longrightarrow CO_2 + N_2$$

其中 HC、CO 作为还原剂被氧化，而 NO_x 作为氧化剂被还原，这种氧化还原法可以同时净化三种有害物质，因此称为三效净化法，所用的催化剂称为三效催化剂。常用的三效催化剂有 Pt、Ru 等贵金属催化剂，金属氧化物和合金催化剂（如 $Cu\text{-}Al_2O_3$），钙钛矿型复合氧化物催化剂。

(4) 燃烧法

利用污染物的可燃性，通过氧化燃烧（直接燃烧）或高温分解（催化剂）将气态污染物转化为无害物质，比如一些有机物污染物经过燃烧法可以转化为 CO_2 和 H_2O。燃烧法比较简便、有效，且可以利用燃烧热。

燃烧可分为直接燃烧和热力燃烧。直接燃烧是把废气中的可燃有害组分当作燃料直接烧掉，适用于含可燃组分浓度高或有害组分燃烧时热值较高的废气。直接燃烧是由火焰燃烧，燃烧温度高（>1100℃），一般的窑、炉均可做直接燃烧的设备。热力燃烧是利用辅助燃料燃烧放出的热量将混合气体加热到一定温度，使可燃的有害物质进行高温分解变为无害物质。热力燃烧一般用于可燃组分含量较低的废气或燃烧热值低的废气处理。

(5) 冷凝法

利用污染物和载气在不同温度下具有不同的饱和蒸气压的性质，降低系统温度或提高系统压力的方法。该种方法主要用于含高浓度有机蒸气和高沸点无机气体的净化回收或预处理。

6.2.5.3　挥发性有机物控制技术

挥发性有机物的控制方法可以分为两大类：第一类是清洁生产，主要包括替换原材料、防止泄漏、改进工艺为主的预防性措施；第二类是以末端治理为主的控制措施，主要包括热力燃烧氧化法、催化氧化法、冷凝法、吸附法、吸收法、生物氧化法等。

(1) 清洁生产

① 替换原材料。即在涂料施工、喷漆、金属清洗等用有机溶剂作为原料的稀释剂或清洗剂时，采用无毒或低毒的原材料代替或部分代替有机溶剂。

② 泄漏损耗的控制。当挥发性有机物溶液充入容器或从容器中导出时，易产生操作损耗。当温度发生变化时，容器会产生"吸进和呼出"从而导致有机物的损耗，这种损耗方式称为呼吸损耗。而呼吸、充入和排空损耗可以通过在容器出口附加的真空压力阀来控制。当

通过的压力差异较小时，阀门是关闭的，当充入、排空或温度与压力较大变化而引起明显的蒸气流出、流入时，阀门会自动打开。

③ 改进工艺，减少石油及石油化工生产过程中的原料及成品等的各种损耗是减少挥发性有机物排放的重要措施。采用各种方法回收利用放空气体，改进、改善工艺设备，减少油品的挥发损失。

（2）以末端治理为主的控制措施

① 热力燃烧氧化法　通常的燃烧温度为 $700 \sim 1000℃$，停留时间为 $0.5 \sim 1.0s$，并可通过配置热回收系统减少运行费用，在国内外的石化企业中应用很广。热力燃烧系统的实际运行温度取决于处理气体的性质、浓度和要求的净化效率。在污染组分不易燃烧或入口浓度较低时，需要输入较多的能量和较长燃烧区停留时间才能确保所需的净化效率。

② 催化氧化法　与热力燃烧氧化法的系统一样，催化氧化处理系统也是一种燃烧，不同之处在于，由于催化剂的作用，催化氧化的温度在 $370 \sim 480℃$。与热力燃烧相比，催化氧化适合于低浓度及气体循环使用的场合，常用于气体流量和浓度波动的场合。其净化效率通常大于 90%，最大为 95%。但是催化剂材料极易受硫、氯和硅等非挥发性有机物的毒害而失活。由于更换催化剂的费用非常昂贵，因此其应用要少于热力燃烧。

③ 冷凝法　冷凝能有效地分离沸点 $37℃$ 以上，体积分数为 5×10^{-3} 以上的污染气体。对于更低沸点的物质，其冷凝需要更深的冷却程度或更大的压强，因而大大增加运行费用。

④ 吸附法　活性炭吸附是一种广泛使用的挥发性有机物排放控制手段，其主要利用活性炭的表面吸附作用将挥发性有机物从气体中分离出来。除了活性炭作为吸附剂外还有沸石、聚合吸附剂和碳纤维。

⑤ 吸收法　吸收是通过让含挥发性有机物的污染气体与液体溶剂接触而达到使污染物从气相转移到液相的一种操作过程。本过程在填料塔、板式塔、喷雾塔等吸收装置中完成。

⑥ 生物氧化法　微生物能氧化气体中含有的挥发性有机物。典型的生物过滤器包括与游泳池类似的系统，在底部有一系列气体分配管道，被几英尺的土壤或堆肥或肥土覆盖，其中活着微生物。污染气体进入气体分配管道，慢慢流过土壤，挥发性有机物溶解在土壤含有的水分中，然后被生活在这里的微生物氧化成二氧化碳和水。

6.3　水污染的防治与处理

6.3.1　水分子结构、天然水基本特征

水是地球上常见的物质之一。众所周知，水是氧的氢化物，具有 V 形结构的极性分子。这种 V 形结构使水分子正负电荷向两端集中，一端为两个 H 离子带正电荷，一端为氧带负电荷，通过 x 射线对水的晶体（冰）结构的测定，O—H 键角为 $104.5°$；通过对水蒸气分子的测定，O—H 距离为 $96pm$，H—H 距离为 $154pm$。水的分子结构有两个突出的特点：一是水的极性很大（偶极矩 $\mu = 1.84D$），二是水分子间有很强的氢键。

广义上的水泛指处于自然界中的所有的水，它具有水的所有特征和性能。天然水仅指处于天然状态下的水，不包括人为因素的作用，不含有水的社会属性和经济属性。天然水中含有可溶性物质和悬浮物、胶体物质、水生生物等物质，可溶性物质非常复杂，主要是岩石风化过程中，经过水文地球化学和生物地球化学的迁移、搬运到水中的地壳矿物质。

6.3.1.1　天然水中的主要离子组成

常见的离子主要有 K^+、Na^+、Ca^{2+}、Mg^{2+}、HCO_3^-、NO_3^-、Cl^-、SO_4^{2-} 等八种离子。常见的这八大离子约占天然水中离子总量的 $95\%\sim99\%$。如表 6.1 所示。水中这些主要离子的分类，常用来作为表征水体主要化学特征性指标。除上述的八大离子之外，还有 H^+、OH^-、NH_4^+、HS^-、S^{2-}、NO_2^-、$H_2PO_4^-$、PO_4^{3-}、Fe^{2+}、Fe^{3+} 等离子。

表 6.1　水中的主要离子组成（汤鸿霄，1979）

硬度	酸	碱金属	阳离子
Ca^{2+}　Mg^{2+}	H^+	Na^+　K^+	
碱度	酸根		阴离子
HCO_3^-　CO_3^{2-}　OH^-	SO_4^{2-}　Cl^-　NO_3^-		

天然水中常见主要离子总量可以粗略地作为水中的总含盐量（TDS）：

$$TDS=[Ca^{2+}+Mg^{2+}+Na^++K^+]+[HCO_3^-+SO_4^{2-}+Cl^-]$$

6.3.1.2　一般水体中的特征离子

不同的天然水体中含有的特征离子不一样。

海水中通常含有的离子成分按浓度依次为：Cl^-，Na^+，Mg^{2+}，SO_4^{2-}，Ca^{2+}，K^+ 和 $HCO_3^-+CO_3^{2-}$。由于各大洋水流相通，而且混合充分，因此这些离子中除了 $HCO_3^-+CO_3^{2-}$ 浓度变化较大外，其他粒子相对比例基本恒定，因此可通过含氯量来推算其他主要组分在海水中的浓度。

海洋的污染来源主要有以下几个方面：

① 入海河水夹带的工农业污水，其中含有丰富的营养物质；

② 投弃海洋的各种工业、渔业废物等；

③ 依傍海岸建扩的核电站、热电站排水中的放射性污染物和热污染；

④ 内运输船只机房排出的机油以及海难事件中油轮的原油倾泄；

⑤ 旅游开发引起的海滨地区污染等。

大气降水及来自地下的水向低洼处汇集、并在重力作用下沿长条形凹槽流动且终年有水者称为河流。河流水体的基本综合性质受纳水量、水位、流速、流量、含固量、矿化度（即以 $g\cdot kg^{-1}$ 表示的离子总浓度）等因素的影响。

与地下水相比，河流是敞开流动的水体，与海洋相比，河流只有很小的水量（占地球总水量的百万分之一）。所以河流水质变动幅度很大，因地区、气候等条件而异，且受生物和人类社会活动的影响最大。

一般说来，河水（还有海水）都是含碳酸型的水质系统。以平衡碳酸组分作为水质的基本调节因素。在主要离子中，一般 Na^+、Ca^{2+} 占大多数，阴离子含量一般递减顺序是 HCO_3^-，Cl^-，SO_4^{2-}。河流的主要污染物是各种有毒金属和各类有机物。

世界上大多数工业城市都是依傍着大的河流建造发展起来的。生产用水和生活用水以及随后产生的废水、污水都以河流作为吞吐对象。也就是说，河流是人们汲取用水的源泉，也是藏污纳垢之处。虽然许多工厂，特别是造纸厂、食品加工厂、化工厂、钢铁厂、石油炼制厂等都设有废水处理系统，但这种系统的处理效率有限，最终排水中仍含有一定数量的有毒有害物质。流入河流的重金属污染物（Hg、Cd、Pd 等）容易被水中悬浮颗粒吸附，随即沉入水底。所以中上层水体受金属污染的程度较轻，危害性也较小。当含有机物的城市污水经排污管进入河流水体后，污染物引起水中溶解氧逐渐降低，破坏生态系统。

由地面上大小形状不同的洼地积水而成湖泊。湖泊的形成条件是具有一个周围高、中间低的蓄水湖盆及长期有水蓄积。湖水水流缓慢，蒸发量大，蒸发掉的水靠河流及地下水补偿。湖水中含钙、镁、钠、钾、硅、氮、磷、锰、铁等元素，其中氮、磷等元素引起的富营养化问题是湖泊的主要污染问题。呈低营养度的水体适宜于水体流动和水生生物游动，而中等营养度的水体最适宜藻类和鱼类等水生生物正常生活，但具有高营养度的水体反而造成藻类大量萌生，水中溶解氧浓度大为降低，因此会进一步引起水道阻塞、鱼类生存空间缩小、有害有毒的还原性气体 H_2S 的产生等一系列不良后果。还可以认为，富营养化是湖泊等水体衰老的表现，极端富营养化会使湖泊演化为沼泽或干地。由酸雨引起的湖水酸化是湖泊的另一严重污染问题。例如，由火成岩基质构成湖盆的湖泊因缺少碱性物质而不能抵御酸雨侵袭，当湖水 pH 值降到 5.5 以下时，会发生鱼类大量死亡的后果。

地球表面的淡水大部分是储存在地面之下的地下水，所以地下水是极宝贵的淡水资源。地下水的主要补给来源是大气降水。降水中一部分通过土壤和岩石的空隙而渗入地下形成地下水。严格地说，存在于地表之下饱和层的水体才是地下水。降水抵达地面之后，在与土壤、岩石物质及细菌等长久反复接触的天然过程中，发生了过滤、吸附、离子交换、淋溶和生物化学等作用，使原降水水质发生很大变化。归纳起来，地下水水质有如下特点：悬浮颗粒物含量很少，水体清澈透明；无菌、盐分高、硬度大、含较少量的有机物；地下水中含有较多的元素为 Fe^{2+}、Mn^{2+}、NO_3^-、Na^+、H^+ 和 As^{3+} 等；水温不受气温影响；各部位水层的水质也有很大差异，地下水的矿化度变化幅度很大，具有各种矿化等级的水，由淡水直到卤水。

6.3.1.3　天然水中的金属离子

水溶液中金属离子的表示式常写成 M^{n+}，表示简单的水合金属离子 $M(H_2O)_x^{n+}$。它可通过化学反应达到最稳定的状态，酸-碱、沉淀、配合及氧化-还原等反应是它们在水中达到最稳定状态的过程。

水中可溶性金属离子可以多种形态存在，例如，铁以 $Fe(OH)^{2+}$、$Fe(OH)_2^+$、$Fe_2(OH)_2^{4+}$、Fe^{3+} 等形态存在。这些形态在中性（pH＝7）水体中的浓度可以通过平衡常数加以计算。

$$Fe^{3+}+H_2O \Longrightarrow Fe(OH)^{2+}+H^+ \qquad K_1^\ominus=\frac{[Fe(OH)^{2+}][H^+]}{[Fe^{3+}]}=8.9\times10^{-4}$$

$$Fe^{3+}+H_2O \Longrightarrow Fe(OH)_2^++2H^+ \qquad K_1^\ominus=\frac{[Fe(OH)_2^+][H^+]^2}{[Fe^{3+}]}=4.9\times10^{-7}$$

$$2Fe^{3+}+H_2O \Longrightarrow Fe_2(OH)_2^{4+}+2H^+ \qquad K_1^\ominus=\frac{[Fe_2(OH)_2^{4+}][H^+]^2}{[Fe^{3+}]^2}=1.23\times10^{-3}$$

假如存在固体 $Fe(OH)_3(s)$，则 $Fe(OH)_3(s)+3H^+ \Longrightarrow Fe^{3+}+3H_2O$，在 pH＝7 时：$[Fe^{3+}]=9.1\times10^3\times(1.0\times10^{-7})^3=9.1\times10^{-18}$ mol·L^{-1}。

将这个数值代入上面的方程式中，可得出其他各形态的浓度：$[Fe(OH)^{2+}]=8.1\times10^{-14}$ mol·L^{-1}，$[Fe(OH)_2^+]=4.5\times10^{-10}$ mol·L^{-1}，$[Fe_2(OH)_2^{4+}]=1.02\times10^{-23}$ mol·L^{-1}。

虽然这种处理是简单化了，但很明显，在近于中性的天然水溶液中，水合铁离子的浓度可以忽略不计。

6.3.1.4　天然水中溶解的重要气体

天然水中溶解的气体有氧气、二氧化碳、氮气、甲烷等。许多工业生产过程排放的有毒有害气体，如 HCl、SO_2、NH_3 等进入水体后，会对水体中的生物产生各种不良影响。

水体溶解氧（dissolved oxygen，DO）指的是溶解在水中的氧分子。水体中溶解氧对水生生物的生长繁殖具有很大的影响。例如：鱼需要溶解氧，一般要求水体溶解氧浓度不能低于 $4mg \cdot L^{-1}$，鱼类呼吸作用的结果消耗溶解氧的同时又释放出 CO_2。在污染水体中许多鱼的死亡，不是由于污染物的直接毒害致死，而是由于在污染物的生物降解过程中大量消耗水体中的溶解氧，导致它们无法生存。一般在阳光能够照射到的水域中，能够进行光合作用而向水体中释放出氧气。水体中的溶解氧主要来源于大气氧及水生藻类等的光合作用。

水体和大气处于平衡时，水体中溶解氧的最大数值与温度、压力、水中溶质的量、水体曝气作用、光合作用、呼吸作用及水中有机污染物的氧化作用等因素有关。水体溶解氧（DO）是一项重要的水质参数，也是鱼类等水生动物、微生物生长和繁殖的必要条件。溶解氧受到多种环境因素的影响，水中 DO 值变化很大，在一天当中也相差很大。一般来说藻类等的光合作用受到阳光照射强度等的影响，所以在一天当中，早晨日出后，由于光合作用和再曝气作用同时发生，水中 DO 值不断上升；但过了午后，因 DO 值受到溶解度的限制，傍晚日落后光合作用停止，DO 值下降；而鱼类、微生物等的呼吸作用是不分昼夜地进行的，不断消耗水体中的氧而使 DO 降低。

CO_2 在干燥的空气中占的比重很小，大约是 0.03%。由于 CO_2 的含量较低，且是酸性气体，测定和计算水体中 CO_2 的溶解度要比测定和计算 O_2 等其他气体的溶解度复杂得多。水体中游离的 CO_2 浓度对水体中动植物、微生物的呼吸作用和水体中气体的交换产生较大的影响，严重的情况下有可能引起水生动植物和某些微生物的死亡。一般要求水中 CO_2 的浓度应不超过 $25mg \cdot L^{-1}$。

水体中的 CO_2 主要是由有机体进行呼吸作用时产生的，空气中的 CO_2 在水中的溶解量很少，有机物的耗氧量分解过程可表示为：

$$(CH_2O)_x + O_2 \xrightarrow{\text{细菌}} CO_2 + H_2O$$

同时水体中的藻类等又可以利用光能及水体中的 CO_2，合成生物体自身的营养物质。

$$CO_2 + H_2O \xrightarrow[\text{藻类}]{h\nu} (CH_2O)_x + O_2$$

6.3.1.5　天然水中的水生生物

水生生物可直接影响许多物质的浓度，其作用有代谢、摄取、转化、存储和释放等。天然水体中的生物种类和数量非常多，但可简单地划分为底栖生物、浮游生物、水生植物和鱼类四大类。生活在水体中的微生物是关系到水质的最重要的生物体，可分为植物性的和动物性的两类。植物性微生物按其体内是否含叶绿素又可分为藻类和菌类微生物，一般的细菌（单细胞和多细胞）和真菌（霉菌、酵母菌等）都属于体内不含叶绿素的菌类。生活在天然水体中的较高级生物（如鱼）在数量上只占相对很小的比例，所以它们对水体化学性质的影响较小。相反，水质对它们生活的影响却很大。

细菌是关系到天然水体环境化学性质的最重要生物体。它们结构简单、形体微小，在环境条件下繁殖快分布广。由于比表面积大，从水体摄取化学物质的能力极强，还由于细胞内含有各种酶催化剂，由此引起生物化学反应速度也非常快。按外形可将细菌分为球菌、杆菌和螺旋菌等。它们可能是单细胞或多至几百万个细胞的群合体。按营养方式，可将细菌分为自养菌和异养菌两类。自养菌具有将无机碳化合物转化为有机物的能力，光合细菌（绿硫细菌、紫硫细菌等）和化能合成细菌（硝化菌、铁细菌、氢细菌、硫氧化细菌等）属于此类。大多数细菌属于化能异养型，它们合成有机物的能力弱，需要现成有机物作为自身机体的营养物。异养菌又分为腐生菌和寄生菌。前者包括腐烂菌、放线菌等，它们从死亡的生物机体中摄取营养物；寄生菌则生活在活的机体中，一些病原性细菌属于此类，它们以进入水体的生物排泄物为媒介，传播各类疾病。

藻类是在缓慢流动水体中最常见的浮游类植物。它们能在阳光辐照条件下，以水、二氧化碳和溶解性氮、磷等营养物为原料，不断生产出有机物并放出氧。合成有机物一部分供其呼吸消耗之用，另一部分供合成藻类自身细胞物质之需。在无光条件下，藻类消耗自身体内有机物以营生，同时也消耗着水中的溶解氧，因此在暗处有大量藻类繁殖的水体是缺氧的。按藻类结构，它们可能是以单细胞、多细胞或菌落形态生存。一般河流中可见到的有绿藻、硅藻、甲藻、金藻、蓝藻、裸藻、黄藻等大类，它们的外观大多数有鲜明的色泽，这是因为在它们的体内除含叶绿素外，还含行各种附加色素，如藻青蛋白（青色）、藻红蛋白（红色）、胡萝卜素（橙色）、叶黄素（黄色）等。水体中藻类的种类和数量依季节和水体环境条件（底质状况、含固量、水速、水污染状况等）而有很大变化。

水处理过程中由于藻类的大量繁殖，大大增加了污水处理的难度，因为藻类尺寸很小，能够穿透污水处理厂的过滤网。水体中含有藻类，会导致处理后的水中有异味，这时一般采用臭氧和活性炭杀菌过滤的处理方法，但是增加了处理成本。

6.3.1.6 天然水中的碱度和酸度

大多数含有矿物质的天然水，其 pH 值一般都在 6～9 这个狭窄的范围内，并且对于任意水体，其 pH 值几乎保持恒定。在与沉积物的生成、转化及溶解等过程有关的化学反应中，天然水的 pH 值具有很重要的意义，很多时候决定着转化过程的方向。

CO_2 在水中形成酸，可同岩石中的碱性物质发生反应，并可通过沉淀反应变为沉积物而从水中除去。在水和生物体之间的生物化学交换中，CO_2 占有独特地位。溶解的碳酸盐化合态与岩石圈、大气圈进行均相、多相的酸碱反应和交换反应。对于调节天然水的 pH 值和组成起着重要作用。

在水体中存在着 CO_2、H_2CO_3、HCO_3^- 和 CO_3^{2-} 等四种形态，常把 CO_2 和 H_2CO_3 合并为 $H_2CO_3^*$，实际上 H_2CO_3 含量极低，主要是溶解性气体 CO_2。因此，水中 $H_2CO_3^*$-HCO_3^--CO_3^{2-} 体系可以用下面的反应和平衡常数表示：

$$CO_2 + H_2O \Longrightarrow H_2CO_3^* \qquad pK_0 = 1.46$$

$$H_2CO_3^* \Longrightarrow HCO_3^- + H^+ \qquad pK_1 = 6.35$$

$$HCO_3^- \Longrightarrow CO_3^{2-} + H^+ \qquad pK_2 = 10.33$$

根据 K_1 及 K_2 值，就可以知道不同 pH 值时，水体中主要含有的离子种类：

pH<6 时，主要含有 $CO_2 + H_2CO_3$，

6<pH<8 时，主要含有 HCO_3^-，

pH>8：主要含有 CO_3^{2-}。

天然水中的酸度是指水中能与强碱发生中和作用的全部物质，也就是能放出 H^+ 或经过水解能放出 H^+ 的物质总量。组成水中酸度物质包含有强酸（如 HCl，H_2SO_4 和 HNO_3）、弱酸（CO_2 及 H_2CO_3、H_2S）、蛋白质及各种有机酸、强酸弱碱盐 [$FeCl_3$，$Al_2(SO_4)_3$] 等。

天然水中的碱度是指水中能与强酸发生中和作用的全部物质，亦即能接受 H^+ 的物质总量，包含有强碱 [如 NaOH，$Ca(OH)_2$ 等]、弱碱（如 NH_3，$C_6H_5NH_2$ 等）和强碱弱酸盐（如各种碳酸盐、重碳酸盐、硅酸盐、磷酸盐、硫化物和腐植酸盐等）。后两种物质在中和过程中不断产生 OH^- 离子，直到全部中和完毕。考虑到水中很多物质（如 HCO_3^-）同时能与强酸和强碱发生反应，碱度和酸度在定义上有交互重叠部分，所以除了 pH<4.5 的水样外，一般使用了碱度就不再使用酸度表示水样的酸碱性。

天然水的缓冲能力：天然水体的 pH 值一般在 6～9 之间，而且对于某一水体，其 pH 值几乎保持不变，这表明天然水体具有一定的缓冲能力，是一个缓冲体系。一般认为各种碳酸盐化合物是控制水体 pH 值的主要因素，并使水体具有缓冲作用。对于碳酸水体系，当 pH<8.3 时，可以只考虑一级碳酸平衡，故其 pH 值可由下式确定：$pH = pK_1 - lg \dfrac{[H_2CO_3^*]}{[HCO_3^-]}$。

如果向水体投入 ΔB 量的碱性废水时，相应有 ΔB 量 $H_2CO_3^*$ 转化为 HCO_3^-，水体 pH 值升高为 pH'，则

$$pH' = pK_1 - lg \frac{[H_2CO_3^*] - \Delta B}{[HCO_3^-] + \Delta B}$$

水体中 pH 值的变化值为 $\Delta pH = pH' - pH$

即：
$$\Delta pH = -lg \frac{[H_2CO_3^*] - \Delta B}{[HCO_3^-] + \Delta B} + lg \frac{[H_2CO_3^*]}{[HCO_3^-]}$$

ΔpH 即为相应改变的 pH。在投入酸量 ΔA 时，只要把 ΔpH 作为负值，$\Delta A = -\Delta B$，也可以进行类似计算。

但最近研究表明，水体与周围环境之间发生的多种物理、化学和生物化学反应，对水体的 pH 值也有着重要作用。但无论如何，碳酸化合物仍是水体缓冲作用的重要因素。因而，人们时常根据它的存在情况来估算水体的缓冲能力。

水的碱度对于水处理，天然水的化学与生物学作用具有重要意义。通常，在水处理中需要知道水的碱度，例如，常用铝盐作为絮凝剂去除水中的悬浮物，反应为

$$Al^{3+} + 3OH^- \Longrightarrow Al(OH)_3(s)$$

胶体状的 $Al(OH)_3(s)$ 在带走悬浮物的同时，也除去了水中的碱度，为了不使处理效率下降，需要保持水中一定的碱度。

另外，碱度与生物量之间也存在着关系：

$$CO_2 + H_2O + h\nu (光能) \longrightarrow \{CH_2O\}(表示生物物质的简单形式) + O_2$$
$$HCO_3^- + H_2O + h\nu (光能) \longrightarrow \{CH_2O\} + OH^- + O_2$$

所以在藻类大量繁殖时，水中 CO_2 消耗很快，以至于不能保持与大气 CO_2 的平衡，此时水中 HCO_3^- 代替 CO_2 参与光合作用，造成水中的 pH 值会很高，碱度也很高。甚至大于 10。

工业废水带有很多酸碱性物质，这些废水如果直接排放，就会腐蚀管道，损害农作物、鱼类等水生生物、危害人体健康，因此处理至符合排放标准后才能排放。

酸性废水主要来自钢铁厂、电镀厂、化工厂和矿山等，碱性废水主要来自造纸厂、印染厂和化工厂等。在处理过程中除了将废水中和至中性 pH 值外，还同时考虑回收利用或将水中重金属形成氢氧化物沉淀除去。对于酸性废水，中和的药剂有石灰、苛性钠、碳酸钠、石灰石、电石渣、锅炉灰和水软化废渣等。例如，德国对含有 1% 硫酸和 1%～2% 硫酸亚铁的钢铁酸洗废液，先经石灰浆处理到 pH=9～10，然后进行曝气以帮助氢氧化亚铁氧化成氢氧化铁沉淀，经过沉降，上层清液再加酸调 pH 值至 7～8，使水可以重复使用。

对于碱性废水，可采用酸碱废水相互中和、加酸中和或烟道气（氮气、二氧化碳、氧和水蒸气和硫化物等）中和的方法处理，因为烟道气中含有 CO_2、SO_2、H_2S 等酸性气体，故利用烟道气中和碱性废水是一种经济有效的方法。常用的酸有硫酸和盐酸，其中工业硫酸价格较低，应用较多。

在用强酸中和碱性废水时，当水的缓冲强度较小时，例如在造纸、化工、纺织和食品行

业等许多工艺过程中，会产生碱性的废液。英国传统上用无机酸（如硫酸和盐酸）中和，符合排入河流及下水道的要求（pH值的允放范围为 $5 \sim 9$）。然而，这类无机酸的酸性强，难以进行严密的工艺管理。不能保证有效稳定运行。这种情况下，使用二氧化碳调节废水的pH值可以取得更好的效果，虽然目前尚未被人们广泛认识，但将会逐渐普及。二氧化碳的费用较无机酸更为低廉，还有许多优点：安全、灵活、可靠、易操作和便于工艺管理。

6.3.2　水中污染物的分布和存在形态

6.3.2.1　水中污染物的分类

20世纪60年代美国学者曾把水中污染物大体划分为八类：①耗氧污染物（一些能够较快被微生物降解成为二氧化碳和水的有机物）；②致病污染物（一些可使人类和动物患病的病原微生物与细菌）；③合成有机物；④植物营养物；⑤无机物及矿物质；⑥由土壤、岩石等冲刷下来的沉积物；⑦放射性物质；⑧热污染。这些污染物进入水体后通常以可溶态或悬浮态存在，其在水体中的迁移转化及生物可利用性均直接与污染物存在形态相关。重金属对鱼类和其他水生生物的毒性，不是与溶液中重金属总浓度相关，而是主要取决于游离（水合）的金属离子。对镉主要取决于游离 Cd^{2+} 浓度，对铜取决于游离 Cu^{2+} 及其氢氧化物。而大部分稳定配合物及其与胶体颗粒结合的形态则是低毒的，不过脂溶性金属配合物是例外，因为它们能迅速透过生物膜，并对细胞产生很大的破坏作用。

水环境中有机污染物的种类繁多，其环境化学行为一直受到人们的关注，特别是多环芳烃、多氯联苯等持久性有机污染物（POPs），它们在环境中难以降解，蓄积性强，能长距离迁移到达偏远的极地地区，并通过食物链对人类健康和生态环境造成危害，因而引起各国政府、学术界、工业界及公众的广泛重视。这些有机物往往含量低、毒性大、异构体多、毒性大小差别悬殊。例如四氯二噁英，有22种异构体，如将其按毒性大小排列，则排在首位的结构式与排在第二位的结构式，其毒性竟然相差1000倍。此外，有机污染物本身的物理化学性质如溶解度、分子的极性、蒸气压、电子效应、空间效应等同样影响到有机污染物在水环境中的归趋及生物可利用性。下面简要叙述难降解有机物和金属污染物在水环境中的分布和存在形态。

6.3.2.2　难降解有机物

（1）农药

水中常见的农药主要为有机氯和有机磷农药，此外还有氨基甲酸酯类农药。它们通过喷施农药、地表径流及农药工厂的废水排入水体中。

有机氯农药难以被化学降解和生物降解，在环境中滞留时间很长，又由于具有较低的水溶性及较大的脂溶性，所以很大一部分被分配到沉积物有机质和生物脂肪中在世界各地区土壤、沉积物和水生生物中都已发现这类污染物，并有相当高的浓度。与沉积物和生物体中的浓度相比，水中农药的浓度是很低的。目前，有机氯农药如DDT由于它的持久性和通过食物链的累积性，已被许多国家禁用。

有机磷农药和氨基甲酸酯农药与有机氯农药相比，较易被生物降解，在环境中滞留时间较短，在土壤和地表水中降解速率较快，杀虫力较高，常用来消灭那些不能被有机氯杀虫剂有效控制的害虫。对于大多数氨基甲酸酯类和有机磷杀虫剂来说，由于它们的溶解度较大，其沉积物吸附和生物累积过程是次要的，然而在水中浓度较高时，有机质含量高的沉积物和脂类含量高的水生生物也会吸收相当量的该类污染物。目前在地表水中能检出的不多，污染范围较小。

此外，近年来除草剂使用量逐渐增加。除草剂可用来杀死杂草和水生植物。具有较高的水溶解度和低的蒸气压，通常不易发生生物富集、沉积物吸附和从溶液中挥发等反应。根据它们的结构性质，主要分为有机氯除草剂、氮取代物、脲基取代物和二硝基苯胺除草剂四个类型。这类化合物的残留物通常存在于地表水体中，除草剂及其中间产物是污染土壤、地下水以及周围环境的主要污染物。

(2) 多氯联苯（PCBs）

多氯联苯属于致癌物质，容易累积在脂肪组织，造成脑部、皮肤及内脏的疾病，并影响神经、生殖及免疫系统。多氯联苯是联苯氯化而成。氯原子在联苯的不同位置取代 1～10 个氢原子，可以合成 210 种化合物，通常获得的为混合物。化学稳定性和热稳定性较好，被广泛用于作为变压器和电容器的冷却剂、绝缘材料、耐腐蚀的涂料等。极难溶于水，不易分解，但易溶于有机溶剂和脂肪，能强烈地分配到沉积物有机质和生物脂肪中。因此，即使它在水中浓度很低时，在水生生物体内和沉积物中的浓度仍然可以很高。由于多氯联苯在环境中的持久性及对人体健康的危害，1973 年以后，各国陆续开始减少或停止生产。

(3) 卤代脂肪烃

大多数卤代脂肪烃可挥发至大气，并进行光解。在地表水中能进行生物或化学降解，但与挥发速率相比，其降解速率是很慢的。卤代脂肪烃类化合物在水中的溶解度高，不易溶于有机溶剂和脂肪，在沉积物有机质或生物脂肪层中的分配的趋势较弱，大多通过测定其在水中的含量来确定分配系数。

(4) 单环芳香族化合物

多数单环芳香族化合物与卤代脂肪烃一样，在地表水中主要是挥发，然后是光解。它们在沉积物有机质或生物脂肪层中的分配趋势较弱。在优先污染物中已发现六种化合物（即氯苯、1,2-二氯苯、1,3-二氯苯、1,4-二氯苯、1,2,4-三氯苯和六氯苯）可被生物积累。

总的来说，单环芳香族化合物在地表水中不是持久性污染物，其生物降解和化学降解速率均比挥发速率低（个别除外），因此，对这类化合物吸附和生物富集均不是重要的迁移转化过程。

(5) 醚类

有七种醚类化合物，它们在水中的性质及存在形式各不相同，其中五种，即双-(氯甲基）醚、双-(2-氯甲基）醚、双-(2-氯异丙基）醚、2-氯乙基乙烯基醚及双-(2-氯乙氧基）甲烷大多存在于水中，因此它的潜在生物累积和在底泥上的吸附能力都低。4-氯苯苯基醚和4-溴苯苯基醚在水中溶解度低，因此，有可能在底泥有机质和生物体内累积。

(6) 苯酚类

苯酚类是恶臭物质，可经消化道、呼吸道和皮肤侵入人体，与细胞原生质中的蛋白结合，使细胞失去活力。同时，酚还对神经、泌尿、消化系统有毒害作用。具有高的水溶性、低的有机物溶解性等性质，大多数酚主要残留在水中。然而，苯酚分子氯代程度增高时，则其化合物水溶解度下降，有机物溶解度增高。例如五氯苯酚等就易被生物累积。酚类化合物的主要迁移、转化过程是生物降解和光解，在自然沉积物中的吸附及生物富集作用通常很小（高氯代酚除外）。

(7) 多环芳烃类（PAHs）

多环芳烃类是煤，石油，木材，烟草，有机高分子化合物等有机物不完全燃烧时产生的挥发性碳氢化合物。在水中溶解度很小，有机物溶解性高，是地表水中滞留性污染物，主要累积在沉积物、生物体内和溶解的有机质中。已有证据表明多环芳烃化合物可以发生光解反应，其最终归趋可能是吸附到沉积物中，然后进行缓慢的生物降解。多环芳烃的挥发过程与水解过程均不是重要的迁移转化过程，显然，沉积物是多环芳烃的蓄积库，在地表水体中其浓度通常较低。

6.3.2.3　金属污染物

由于金属污染源依然存在，水体中金属形态多变，转化过程及其生态效应复杂，因此金属形态及其转化过程的生物可利用性研究仍是环境化学的一个研究热点。

(1) 镉

工业含镉废水的排放，大气镉尘的沉降和雨水对地面的冲刷，都可使镉进入水体。镉是水迁移性元素，除了硫化镉外，其他镉的化合物均能溶于水。水体中镉主要以 Cd^{2+} 状态存在。进入水体的镉还可与无机和有机配位体生成多种可溶性配合物如 $CdOH^+$、$Cd(OH)_2$、$HCdO_2^-$、CdO_2^{2-}、$CdCl^+$、$CdCl_2$、$CdCl_3^-$、$CdCl_4^{2-}$、$Cd(NH_3)_2^{2+}$、$Cd(NH_3)_3^{2+}$、$Cd(NH_3)_4^{2+}$、$Cd(NH_3)_5^{2+}$、$Cd(HCO_3)_2$、$CdHCO_3^+$、$CdCO_3$、$CdHSO_4^+$、$CdSO_4$ 等。实际上天然水体中镉的溶解度受碳酸根或羟基浓度所制约。

悬浮物和沉积物对镉有较强的吸附能力。已有研究表明，悬浮物和沉积物中镉的含量占水体总镉量的 90% 以上。当环境受到镉污染后，镉可在生物体内富集，通过食物链进入人体引起慢性中毒。镉被人体吸收后，在体内形成镉硫蛋白，选择性地蓄积肝、肾中。其中，肾脏可吸收进入体内近 1/3 的镉，是镉中毒的"靶器官"。其他脏器如脾、胰、甲状腺和毛发等也有一定量的蓄积。由于镉损伤肾小管，病者出现糖尿、蛋白尿和氨基酸尿。特别使骨骼的代谢受阻，造成骨质疏松、萎缩、变形等一系列症状。水体中水生生物对镉有很强的富集能力。据 D. W. Fassett 报道，对 32 种淡水植物的测定表明，所含镉的平均浓度可高出邻接水相 1000 多倍。水生生物吸附、富集是水体中重金属迁移转化的一种形式，通过食物链的作用可对人类造成严重威胁。众所周知，日本的痛痛病就是由于长期食用含镉量高的稻米所引起的中毒。

(2) 汞

各种汞化合物的毒性差别很大。无机汞中的升汞是剧毒物质；有机汞中的苯基汞分解较快，毒性不大，而甲基汞进入人体很容易被吸收，不易降解，排泄很慢，特别是容易在脑中积累，毒性最大。天然水体中汞一般不超过 $1.0\mu g \cdot L^{-1}$。污染主要来自生产汞的厂矿、有色金属冶炼以及使用汞的生产部门排出的工业废水。

水体中汞以 Hg^{2+}、$Hg(OH)_2$、CH_3Hg^+、$CH_3Hg(OH)$、CH_3HgCl、$C_6H_5Hg^+$ 为主要形态。在悬浮物和沉积物中主要以 Hg^{2+}、HgO、HgS、$CH_3Hg(SR)$、$(CH_3Hg)_2S$ 为主要形态。在生物相中，汞以 Hg^{2+}、CH_3Hg^+、CH_3HgCH_3 为主要形态。

汞与其他元素等形成配合物是汞能随水流迁移的主要因素之一。当天然水体中含氧量减少时，水体氧化-还原电位可能降至 $50 \sim 200mV$，从而使 Hg^{2+} 易被水中有机质、微生物或其他还原剂还原为 Hg，即形成气态汞，并由水体逸散到大气中。Lerman 认为，溶解在水中的汞大约有 1% ~ 10% 转入大气中。从而生物转移，并对人体的健康构成潜在威胁。

水中悬浮物能大量摄取溶解性汞，使其最终沉降到沉积物中。水体中汞的生物迁移在数量上是有限的，但由于微生物的作用，沉积物中的无机汞能转变成剧毒的甲基汞而不断释放至水体中，甲基汞有很强的亲脂性，极易被水生生物吸收，通过食物链逐级富集最终对人类造成严重威胁，它与无机汞的迁移不同，是一种危害人体健康与威胁人类安全的生物地球化学迁移。日本著名的水俣病就是食用含有甲基汞的鱼造成的。

(3) 铅

目前几乎在地球上每个角落都能检测出铅。矿山开采、金属冶炼、汽车废气、燃煤、油漆、涂料等都是环境中铅的主要来源。在所有已知毒性物质中，记载最多的是铅。古书上就有记录认为用铅管输送饮用水有危险性。公众接触铅有许多途径。主要有石油产品中含铅问题；颜料含铅，特别是一些较老工艺生产的颜料含铅较高，已经造成许多死亡事件。

岩石风化及人类的生产活动，使铅不断由岩石向大气、水、土壤、生物转移。淡水中铅的含量为 $0.06 \sim 120 \mu g \cdot L^{-1}$，中值为 $3 \mu g \cdot L^{-1}$。天然水中铅主要以 Pb^{2+} 状态存在，其含量和形态明显地受 CO_3^{2-}、SO_4^{2-}、OH^- 和 Cl^- 等含量的影响，铅可以 $PbOH^+$、$Pb(OH)_2$、$Pb(OH)_3^-$、$PbCl^+$、$PbCl_2$ 等多种形态存在。

在中性和弱碱性的水中，铅的浓度受氢氧化铅所限制。水中铅含量取决于 $Pb(OH)_2$ 的溶度积。在偏酸性天然水中，水中 Pb^{2+} 浓度被硫化铅所限制。

水体中悬浮颗粒物和沉积物对铅有强烈的吸附作用，因此铅化合物的溶解度和水中固体物质对铅的吸附作用是导致天然水中铅含量低、迁移能力小的重要因素。

(4) 砷

元素砷的毒性极低，砷化物均有毒性，三价砷化合物比其他砷化合物毒性更强。岩石风化、土壤侵蚀、火山作用以及人类活动都能使砷进入天然水中。淡水中砷含量为 $0.2 \sim 230 \mu g \cdot L^{-1}$，平均为 $1.0 \mu g \cdot L^{-1}$。天然水中砷可以 H_3AsO_3、$H_2AsO_3^-$、H_3AsO_4、$H_2AsO_4^-$、$HAsO_4^{2-}$、AsO_3^{3-} 等形态存在，在适中的氧化还原电位 Eh 值和 pH 值呈中性的水中，砷主要以 H_3AsO_3 为主。但在中性或弱酸性富氧水体环境中则以 $H_2AsO_4^-$、$HAsO_4^{2-}$ 为主。

砷可被颗粒物吸附、共沉淀而沉积到底部沉积物中。水生生物能很好富集水体中无机和有机砷化合物。水体无机砷化合物还可被环境中厌氧细菌还原而产生甲基化，形成有机砷化合物。但一般认为甲基砷及二甲基砷的毒性仅为砷酸钠的 1/200，砷的生物有机化过程，亦可认为是自然界的解毒过程。但是三甲基砷确实有剧毒，并且容易挥发进入空气。

(5) 铬

冶炼、电镀、制革、印染等工业将含铬废水排入水体，均会使水体受到污染。天然水中铬的含量在 $1 \sim 40 \mu g \cdot L^{-1}$ 之间。主要以 Cr^{3+}、CrO_2^-、CrO_4^{2-}、$Cr_2O_7^{2-}$ 四种离子形态存在，因此水体中铬主要以三价和六价铬的化合物为主。铬存在形态决定着其水体的迁移能力，三价铬大多数被底泥吸附转入固相，少量溶于水，迁移能力弱。六价铬在碱性水体中较为稳定并以溶解状态存在，迁移能力强。因此，水体中若三价铬占优势，可在中性或弱碱性水体中水解，生成不溶的氢氧化铬和水解产物或被悬浮颗粒物强烈吸附，主要存在于沉积物中。若六价铬占优势则多溶于水中。六价铬毒性比三价铬大。它可被还原为三价铬。

(6) 铜

冶炼、金属加工、机器制造、有机合成及其他工业排放含铜废水是造成水体铜污染的重要原因。铜对水生生物的毒性很大，在海岸和港湾曾发生铜污染引起牡蛎肉变绿的事件。水生生物对铜特别敏感，故渔业用水铜的容许浓度为 $0.01 mg \cdot L^{-1}$，是饮用水容许浓度的百分之一。

淡水中铜的含量平均为 $3 \mu g \cdot L^{-1}$，其水体中铜的含量与形态都明显地与 OH^-、CO_3^{2-} 和 Cl^- 等浓度有关。水体中大量无机和有机颗粒物，能强烈地吸附或螯合铜离子，使铜最终进入底部沉积物中，因此，河流对铜有明显的自净能力。

(7) 锌

天然水中锌含量为 $2 \sim 330 \mu g \cdot L^{-1}$，但不同地区和不同水源的水体，锌含量有很大差异。各种工业废水的排放是引起水体锌污染的主要原因。锌对鱼类和水生动物的毒性比对人和温血动物大很多倍。天然水中锌以二价离子状态存在，但在天然水的 pH 值范围内，锌都能水解生成多核羟基配合物 $Zn(OH)_n^{(n-2)}$，还可与水中的 Cl^-、有机酸和氨基酸等形成可溶性配合物。锌可被水体中悬浮颗粒物吸附，或生成化学沉积物向底部沉积物迁移，沉积物中锌含量为水中的 1 万倍。水生生物对锌有很强的吸收能力，因而可使锌向生物体内迁移，富集倍数达 $10^3 \sim 10^5$ 倍。

(8) 铊

铊是分散元素，大部分铊以分散状态的同晶形杂质存在于铅、锌、铁、铜等硫化物和硅酸盐矿物中。铊在矿物中替代了钾和铷。黄铁矿和白铁矿中含铊量最大。目前，铊主要从处理硫化矿时所得到的烟道灰中制取。

天然水中铊含量为 $1.0 \mu g \cdot L^{-1}$，但受采矿废水污染的河水含铊量可达 $80 \mu g \cdot L^{-1}$，水中的铊可被黏土矿物吸附迁移到底部沉积物中，使水中铊含量降低。环境中一价铊化合物比三价铊化合物稳定性要大得多。Tl_2O 溶于水，生成水合物 $TlOH$，其溶解度很高，并且有很强的碱性。Tl_2O_3 几乎不溶于水，但可溶于酸。铊对人体和动植物都是有毒元素。

(9) 镍

岩石风化，镍矿的开采、冶炼及使用镍化合物的各个工业部门排放废水等，均可导致水体镍污染。天然水中镍含量约为 $1.0 \mu g \cdot L^{-1}$，常以卤化物、硝酸盐、硫酸盐以及某些无机和有机配合物的形式溶解于水。水中可溶性离子能与水结合形成水合离子 $[Ni(H_2O)_6]^{2+}$，与氨基酸、肌氨酸、富里酸等形成可溶性有机配合离子随水流迁移。

水中镍可被水中悬浮颗粒物吸附、沉淀和共沉淀，最终迁移到底部沉积物中，沉积物中镍含量为水中含量的 3.8 万～9.2 万倍。水体中的水生生物也能富集镍。

(10) 铍

目前铍只是局部污染。主要来自生产铍的矿山、冶炼及加工厂排放的废水和粉尘。天然水中铍的含量很低，为 $0.005 \sim 2.0 \mu g \cdot L^{-1}$。溶解态的 Be^{2+} 可水解为 $Be(OH)^+$，$Be_3(OH)_3^{3+}$ 等羟基或多核羟基配合离子；难溶态的铍主要为 BeO 和 $Be(OH)_2$。天然水中铍的含量和形态取决于水的化学特征，一般来说，铍在接近中性或酸性的天然水中以 Be^{2+} 形态存在为主，当水体 pH>7.8 时，则主要以不溶的 $Be(OH)_2$ 形态存在，并聚集在悬浮物表面，沉降至底部沉积物中。

6.3.2.4　水中主要化学污染物的污染特征

见表 6.2。

表 6.2　水中主要化学污染物的污染特征

序号	污染类型	污染物	污染特征	废水来源
1	酸碱污染	无机酸碱或有机酸碱	pH 异常	矿山、石油、化工、化肥、造纸、电镀、酸洗、酸雨
2	重金属污染	Hg、Cr、Cd、Pb、Zn	毒性	矿山、冶金、电镀、仪表、颜料
3	非金属污染	As、CN、F、S、Se	毒性	化工、火电站、农药、化肥等
4	需氧有机物污染	糖类、蛋白类、油脂、木质素	耗氧、缺氧	食品、纺织、造纸、制革、化工、生活污水、农田排水
5	农药污染	有机氯农药、PCBs、有机磷农药	严重时生物灭绝	农药、化工、炼油、农田排水
6	易分解有机污染物	酚类、苯、醛类	耗氧、异味、毒性	制革、炼油、化工、煤矿、化肥、生活污水、地面径流
7	油类污染	石油及其制品	漂浮、乳化、颜色	石油开采、炼油、油轮

6.3.2.5 典型水污染的特征

水中污染物分为以下几种类型。

(1) 病原微生物污染

病原微生物污染主要指的是含有各种细菌、病毒等各类病原菌的工业废水和生活污水所造成的污染。如生物制品、洗毛、制革、屠宰等工厂和医院排出的工业废水和粪便污水。传染病病原体在水中存活的时间，一般可以由 1 天至 200 多天，少数病原体甚至在水中可以存活几十年。

病原微生物污染特点是数量大，分布广，存活时间长，繁殖速度快，易产生抗药性而很难灭绝。即使经二级生化污水处理及加氯消毒，某些病原微生物及病毒仍能存活。传统的给水处理能去除 99% 以上，但如果水的浑浊度比较大，水中悬浮物可以包藏细菌及病毒，使其不易被杀灭。

病原微生物的主要危害是致病，而且易暴发性地流行。患者多为饮用同一水源的人，例如 1955 年印度新德里自来水厂的水源被肝炎病毒污染，三个月内共发病 2 万 9 千多人。19 世纪中叶，英国伦敦先后两次霍乱大流行，死亡共 2 万多人。1988 年在我国上海市流行的甲肝，就是人们大量食用被病原微生物污染的毛蚶后引发的。古罗马曾经流行过几次瘟疫，公元前 33 年、公元 65 年、公元 79 年和公元 162 年瘟疫曾多次光顾罗马，使鼎盛时期有 100 万人口的城市经常变得萧条冷落。当时罗马远郊的几个大坑是专门埋葬死于瘟疫的人。古罗马瘟疫为何如此猖獗原来当时整个罗马城没有完善的排水设施，只有一条大排水沟接纳城市所有的生活污水，并且经常担当着垃圾箱的角色。人们不仅往沟里倒污水，还把垃圾和粪便一并倒在里面，使这条流动的大壕沟成了各种病原体的携带者。它流到哪里，就把疾病带到哪里。于是，罗马就成了瘟疫等流行病的多发区。

(2) 需氧有机物污染

某些工业废水和生活污水中往往含有大量的有机物质，如蛋白质、脂肪、糖、木质素等，它们在排入水体后，在有溶解氧的情况下，经水中需氧微生物的生化氧化最后分解成 CO_2 和硝酸盐等，或者是有些还原性的无机化合物如亚硫酸盐、硫化物、亚铁盐和氨等，在水中经化学氧化变成高价离子存在。在上述这些过程中，均会大量消耗水中的溶解氧，给鱼类等水生生物带来危害，并可使水发生恶臭现象。因此，这些有机物和无机物统称为需氧污染物。在 20℃，101kPa 的气压时，水中的溶解氧仅为 $8.32mg \cdot L^{-1}$。由于有机污染物过多，必然使溶解氧耗尽，使水中生物缺氧而死亡。因此需氧有机污染物是水体中存在最多最复杂的污染物的集合体。

(3) 富营养化污染

天然水中过量的植物营养物主要来自于农田施肥、农业废弃物、城市生活污水、雨雪对大气的淋洗和径流对地表物质的淋溶与冲刷。目前，我国禽畜养殖业所排废水的化学需氧量已经接近全国工业废水化学需氧量排放总量。养殖业已经成为我国新的污染大户。富营养化是指水流缓慢和更新期长的地表水中，由于接纳大量的生物所需要的氮磷等营养物引起藻类等浮游生物迅速繁殖，最终可能导致鱼类和其他生物大量死亡的水体污染现象。例如天然湖泊由于雨雪对大气的淋洗和径流对地表物质的溶淋和冲刷，总有一定量的营养物质被汇入地表水中。因此，天然湖泊也可以实现由贫营养湖向富营养湖的转化，但是，天然存在的富营养化是经过数千年乃至数百万年的地质年代而发生的现象，其速度十分缓慢。所以一般的富营养化现象，不是指天然存在的富营养化过程，而是由于人类活动引起的。对湖泊、水库、内海、河口等地区的水体，水流缓慢，停留时间长，既适于植物营养元素的增加，又适于水生植物的繁殖，在有机物质分解过程中大量消耗水中的溶解氧，水的透明度降低，促使某些藻类大量繁殖，甚至覆盖整个水面，使水体缺氧，以至大多数水生动、植物不能生存而死亡。这种由有机物质分解释放出养分而使藻类及浮游植物大量生长的现象，就是水体的"富营养化"。

一般地说，总磷和无机氮分别超过 $20mg \cdot m^{-3}$ 和 $300mg \cdot m^{-3}$ 就认为水体处于富营养化状态。

水体的富营养化可使致死的动植物遗骸在水底腐烂沉积，在还原条件下，厌气菌作用产生 H_2S 等难闻臭毒气，使水质不断恶化，最后可能会使某些湖泊衰老死亡，变成沼泽，甚至干枯成旱地。另外，由于大量的动植物有机体的产生和它们自身遗体被分解，要消耗水中的溶解氧，以至水体达到完全缺氧状态。分布于水体表层及上层的藻类浮游植物种类逐渐减少，而数量却急剧增加，尤以硅藻和绿藻为主转变为以蓝藻为主（蓝藻不是鱼类的好饵料），这种因藻类繁殖引起水色改变就是所谓藻华（水华）现象或称赤潮现象。1971 年春夏季节，在美国佛罗里达州中西部沿岸水域发生过一次短裸甲藻赤潮，使 $1500km^2$ 海域内的生物几乎全部灭绝。这种短裸甲藻含有神经性贝毒，人们若食用含有这种毒素的软体动物，可在 3h 内出现中毒症状。在有毒赤潮细胞中，有一种西加鱼毒。目前，全球因误食西加鱼毒而中毒的患者每年达万人。此类病情一般在食用有毒鱼类后 $1\sim6h$ 内发作，也有些人因呼吸衰竭或血液循环破坏而急性死亡。

（4）感官性污染物（含恶臭污染）

感官性污染物主要指感官反应，例如水的颜色、臭味（含恶臭）、透明度、异味等。饮用水中如果含有酚类，则可以与水中的消毒剂氯气反应生成氯酚，它具有一种令人难以忍受的气味，在 GB 5749—2006《生活饮用水卫生标准》中，对于剧毒物 CN-标准为小于 $0.05mg \cdot L^{-1}$，而对于挥发酚类的要求则是小于 $0.002mg \cdot L^{-1}$，就是考虑到感官感觉的因素。

恶臭是一种普遍的污染危害，恶臭是指引起多数人不愉快感觉的气味，它是典型的公害之一。人能嗅到的恶臭物多达 4000 多种，危害大的有几十种。恶臭产生的原因是由于发臭物质都具有"发臭团"的分子结构，例如硫代（=S）、巯基（—SH）、硫氰基（—SCN）等等。因发臭团的不同，臭气也各有不同：腐败的鱼臭（胺类）、臭腐类（硫化氢）、刺激臭（氨、醛类）等。

（5）酸、碱、盐污染

污染水体的酸主要来自于矿山排水及人造纤维、酸法造纸、酸洗废液等工业废水，雨水淋洗含酸性氧化物的空气后，汇入地表水体也能造成酸污染。矿石排水中酸由硫化矿物的氧化作用而产生，无论是在地下或露天开采中，酸形成的机制是相同的。矿区排水更准确地说是一种混合盐类（主要是硫酸盐的混合物）的溶液，所以矿区排水携至河流中的酸实质上是强酸弱碱盐类的水解产物。

污染水体中碱的主要来源是碱法造纸、化学纤维、制碱、制革、炼油等工业废水。酸性废水与碱性废水中和可产生各种盐类，酸、碱性废水与地表物质相互反应也可生成无机盐类，因此酸、碱的污染必然伴随着无机盐类的污染。但与此同时，天然水体中的一些固相矿物能与酸、碱废水进行复分解反应，减弱酸、碱的腐蚀作用，对于保护天然水体和缓冲天然水 pH 值变化范围起到主要的作用。

水体遭到酸、碱污染后，会使水中酸碱度发生变化，即 pH 值发生变化。当 pH＜6.5及 pH＞8.5 时，水的自然缓冲作用遭到破坏，使水体的自净能力受到阻碍，消灭和抑制细菌及微生物的生长，对水中生态系统产生不良影响，使水生生物的种群发生变化，鱼类减产，甚至绝迹。酸、碱性水质还可以腐蚀水中各种设备及船舶。酸碱污染物不仅能改变水体的 pH 值，而且大大增加了氯化物和其他各种无机盐类在水中的溶解度，从而造成水体含盐量增高，硬度变大，水的渗透压增大。采用这种水灌溉时，会使农田盐渍化，对淡水生物和植物生长有不良影响。化学工业地区水的硬度逐年增高，农作物逐年减产，即与大量无机盐的流失有关。再加上排入水体中的酸和碱发生中和反应，提高了水中的含盐量，使水处理费用提高，降低水的使用价值。

(6) 毒污染

毒污染是水污染中特别重要的一大类，种类繁多。但其共同特点是对生物有机体的毒性危害。造成水体毒污染的污染物可以分为非金属无机毒物、重金属无机毒物、易分解有机毒物和难分解有机毒物四个类型。

① 非金属无机毒物 CN^-、F^- 等　氰化物在工业上用途广泛，如可用于电镀、矿石浮选等，同时，也是多种化工产品的原料，因而很容易对水体造成污染。氰化物是剧毒物质，大多数氰的衍生物毒性更强，人一次口服 0.1g 左右（敏感人只需 0.06g）的氰化钠（钾）就会致死。氰化物对人和动物的急性中毒主要是通过消化道吸入后，分解成氰化氢，迅速进入血液，立即与红细胞中细胞色素氧化酶结合，造成细胞缺氧。中枢神经系统对缺氧特别敏感，故由呼吸中枢的缺氧引起的呼吸衰竭乃是氰化物急性中毒致死的主要原因，水中氰化物对鱼类有很大毒性，常常在很低的浓度便可引起鱼的死亡。

氟是地壳中分布较广的一种元素，天然水中含氟为 $0.4 \sim 0.95 mg \cdot L^{-1}$。少量氟对人体是有益的，一般如果水中含氟量大于 $1.5 mg \cdot L^{-1}$，就会造成毒污染。如果人体每日摄入量超过 4mg，即可在体内蓄积而导致慢性中毒。氟有以下几方面的毒作用：破坏钙、磷代谢，斑釉齿，抑制酶的活性。

② 重金属无机毒物　一般常把密度大于 $5g \cdot cm^{-3}$，在周期表中原子序数大于 20 的金属元素，称为重金属。目前最引起人们注意的是 Hg、Cd、Pb、Cr、As 五大毒物的污染。重金属进入水体后，只会发生价态和存在形式的变化，而不会被微生物降解生成其他新物质。它通过食物链可以在生物体内逐步富集，或被水中悬浮物吸附后沉入水底，积存在底泥中，所以水体底泥中含有重金属量会高于上面的水层。此外，有些重金属如无机汞还能通过微生物作用转化为毒性更大的有机汞（甲基汞），$Hg \rightarrow CH_3—Hg^+ \rightarrow CH_3—Hg—CH_3$（一甲基汞和二甲基汞）。

镉是一种银白色、有光泽的金属，具有质软、耐磨、耐腐蚀的特性。在自然界中存在含镉的矿石，因此环境中存在镉的自然污染源。镉不但可以通过水污染使人中毒，而且可以通过含镉的烟尘向外扩散，如含镉的烟尘降落到牧场上，会让牛羊中毒，人再通过饮用中毒的牛奶或食用中毒的牛羊肉而传染上"镉"病。

③ 易分解有机毒物　水中易分解有机毒物主要有挥发性酚、醛、苯等。酚及其化合物属于一种原生质毒物，在体内与细胞原浆中的蛋白质发生化学反应，形成变性蛋白质，使细胞失去活性。低浓度时能使细胞变性，并可深入内部组织，侵犯神经中枢，刺激骨髓，最终导致全身中毒；高浓度时能使蛋白质凝固，引起急性中毒，甚至造成昏迷和死亡。对含酚饮水进行氯化消毒时可形成氯酚，它有特异的臭味而使人拒饮。氯酚的嗅觉阈值只有 $0.001 mg \cdot L^{-1}$。被酚类化合物污染的水对鱼类和水生生物有很大危害，并会影响水生物产品的产量和质量。

④ 难分解有机毒物　难分解有机毒物主要有有机氯农药、有机磷农药和有机汞农药。

有机氯农药性质比较稳定，在环境中不易被分解、破坏，它们可以长期残留于水体、土地和生物体中，通过食物链可以富集而进入人体在脂肪中蓄积。有机氯农药的特点是毒性较缓慢但残留时间长，是神经及实质脏器的毒物。可以在肝、肾、甲状腺、脂肪等组织和部位逐步蓄积，引起肝肿大、肝细胞变性或坏死。有机磷农药的特点是毒性较强但可以分解，残留时间短。短期大量摄入可引起急性中毒，其毒理作用是抑制体内胆碱酯酶，使其失去分解乙酰胆碱的作用，造成乙酰胆碱的蓄积，导致神经功能紊乱，出现恶心、呕吐、呼吸困难、肌肉痉挛、神志不清等。有机汞农药性质稳定、毒性大、残留时间长，降解产物仍有较强的毒性。

多氯联苯（简称 PCBs）是一种有机氯的化合物，用作电容器、变压器的绝缘油，化学工业上用作加热载体，作为塑料和橡胶的软化剂，油漆和油墨的添加剂。多氯联苯的性质十分稳定，在水体中不易分解，可以通过生物富集和食物链进入人体中，影响人体健康。

(7) 油污染

随着石油工业发展，油类物质对水体污染愈来愈严重，在各类水体中以海洋受到油污染最严重。目前通过不同途径排入海洋石油的数量每年为几百万吨至一千万吨。油污染的主要危害主要有以下几方面：

① 破坏优美的滨海风景，降低其作为疗养、旅游等的使用价值。

② 严重危害水生生物，尤其是海洋生物。石油对海洋生物的物理影响包括覆盖生物体表，油块堵塞动物呼吸及进水系统，致使生物窒息、闷死；海鸟的体表被油污粘着后，就会丧失飞行、游泳能力；污油沉降于潮间带、浅水海底，使动物幼虫、海藻孢子失去合适的固着基质等。

③ 组成成分中含有毒物质，特别是其中沸点在 300～400℃ 间的稠环芳烃，大多是致癌物，如苯并芘、苯并蒽等。

④ 油膜厚 4～10cm 就会阻碍水蒸发和氧气进入，鱼类难以生存。

⑤ 引起河面火灾，危及桥梁、船舶等。

6.3.3　水中污染物的处理方法

6.3.3.1　颗粒物与水之间的迁移

无机污染物，特别是重金属和准金属等污染物，一旦进入水环境，不能被生物降解。主要通过吸附-解吸、沉淀-溶解、氧化-还原、配合作用、胶体形成等一系列物理化学作用进行迁移转化，参与和干扰各种环境化学过程和物质循环过程。最终以一种或多种形式长期存留在环境中，造成永久性的潜在危害。

6.3.3.2　水中胶体颗粒物聚集的方式

(1) 水中颗粒物的类别

天然水中颗粒物主要包括：矿物、金属水合氧化物、腐殖质、悬浮物、其他泡沫、表面活性剂等半胶体以及藻类、细菌、病毒等生物胶体。

非黏土矿物和黏土矿物都是原生岩石在风化过程中形成的。天然水中常见为石英（SiO_2）、长石（$KAlSi_3O_8$）等，晶体交错、结实、颗粒粗，不易碎裂，缺乏黏结性（例如沙子主要成分为 SiO_2）都属于非黏土矿物。天然水中常见为云母、蒙脱石、高岭石，层状结构，易于碎裂，颗粒较细，具有黏结性，可以生成稳定的聚集体，都属于黏土矿物。黏土矿物是天然水中最重要、最复杂的无机胶体，是天然水中具有显著胶体化学特性的微粒。主要成分为铝或镁的硅酸盐，具有片状晶体结构。

（2）金属水合氧化物

铝、铁、锰、硅等金属的水合氧化物在天然水中以无机高分子及溶胶等形态存在，在水环境中发挥重要的胶体化学作用。天然水中几种重要的容易形成金属水合氧化物的金属如下。

铝在岩石和土壤中是大量元素，在天然水中浓度低，不超过 $0.1mg \cdot L^{-1}$。铝水解，主要形态 Al^{3+}、$Al(OH)^{2+}$、$Al_2(OH)_2^{4+}$、$Al(OH)^{2+}$、$Al(OH)_3$ 和 $Al(OH)_4^-$ 等，随 pH 值变化而改变形态浓度比例。实际上，铝在一定条件下会发生聚合，生成多核配合物或无机高分子，最终生成 $[Al(OH)_3]_\infty$ 的无定形沉淀物。

铁也是广泛分布元素，它的水解反应和形态与铝类似。在不同 pH 值下，Fe(Ⅲ) 的存在形态是 Fe^{3+}、$Fe(OH)^{2+}$、$Fe(OH)_2^+$、$Fe_2(OH)_2^{4+}$ 和 $Fe(OH)_3$。固体沉淀物可转化为 FeOOH 的不同晶形物。同样，它也可以聚合成为无机高分子和溶胶。锰与铁类似，其丰度虽然不如铁，但溶解度比铁高，也是常见的水合金属氧化物。

硅酸的单体 H_4SiO_4，若写成 $Si(OH)_4$，则类似于多价金属，是一种弱酸，过量的硅酸将会生成聚合物，并可生成胶体以至沉淀物。

重要的水合氧化物主要有如下。

褐铁矿：$Fe_2O_3 \cdot nH_2O$、水化赤铁矿：$2Fe_2O_3 \cdot H_2O$、针铁矿：$Fe_2O_3 \cdot H_2O$、水铝石：$Al_2O_3 \cdot H_2O$、三水铝石：$Al_2O_3 \cdot 3H_2O$、二氧化硅凝胶：$SiO_2 \cdot nH_2O$、水锰矿：$Mn_2O_3 \cdot H_2O$。

水解得到具有重要胶体作用的有：

$[Al(OH)_3]_\infty$ 聚合无机高分子、$[FeOOH]_\infty$ 聚合无机高分子、$[MnOOH]_\infty$ 聚合无机高分子、$[Si(OH)_4]_\infty$ 聚合无机高分子。所有的金属水合氧化物都能结合水中微量物质，同时其本身又趋向于结合在矿物微粒和有机物的界面上。

（3）腐殖质

腐殖质主要就是腐殖酸，例如富里酸、胡敏酸等。它属于芳香族化合物，弱酸性，分子量从 700～200000 不等；带负电的高分子弱电解质，其形态构型与官能团（羧基、羰基、羟基）的离解程度有关；在 pH 值较高的碱性溶液中或离子强度低的条件下，溶液中的 OH^- 将腐殖质解离出的 H^+ 中和掉，因而分子间的负电性增强，排斥力增加，亲水性强，趋于溶解。在 pH 值较低的酸性溶液（H^+ 多，正电荷多），或有较高浓度的金属阳离子存在时，各官能团难于离解而电荷减少，高分子趋于卷缩成团，亲水性弱，因而趋于沉淀或凝聚。

6.3.3.3　污染物的溶解与沉淀转化

天然水中各种矿物质的溶解度和沉淀作用也遵守溶度积原则。在溶解和沉淀现象的研究中，平衡关系和反应速率两者都是重要的。知道平衡关系可预测污染物溶解或沉淀作用的方向，并可以计算平衡时溶解或沉淀的量。但经常发现用平衡计算所得结果与实际观测值相差甚远，造成这种差别的原因很多，主要是自然环境中非均相沉淀溶解过程影响因素较为复杂所致。

下面着重介绍金属氧化物、氢氧化物、硫化物、碳酸盐及多种成分共存时的溶解-沉淀平衡问题。

（1）氧化物和氢氧化物

金属氢氧化物沉淀如 $Al(OH)_3$、$Fe(OH)_3$、$Fe(OH)_2$、$Hg(OH)_2$、$Pb(OH)_2$ 有好几种形态，它们在水环境中的行为差别很大。氧化物可看成是氢氧化物脱水而成 [例如 $2Al(OH)_3 \Longrightarrow Al_2O_3 + 3H_2O$]。由于这类化合物直接与 pH 值有关，实际涉及到水解和羟基配合物的平衡过程，该过程往往复杂多变，这里用强电解质的最简单关系式表述：

$$Me(OH)_n(s) \longrightarrow Me^{n+} + nOH^-$$

根据溶度积：$K_{sp} = [Me^{n+}][OH^-]^n$

可转换为：$[Me^{n+}] = K_{sp}/[OH^-]^n = K_{sp}[H^+]^n/K_w^n$

$$-lg[Me^{n+}] = -lgK_{sp} - nlg[H^+] + nlgK_w$$

$$pc = pK_{sp} - npK_w + npH$$

根据上式，可见众多金属随着溶液 pH 值的降低，pc 增加，即溶解度增加，这说明酸性条件下，有利于金属氢氧化物的溶解，而碱性条件有利于其形成沉淀。

(2) 硫化物

金属硫化物是比氢氧化物溶度积更小的一类难溶沉淀物，重金属硫化物在中性条件下实际上是不溶的，因此，天然水中若有 S^{2-} 存在，则许多重金属都能与其结合生成沉淀。在盐酸中 Fe、Mn 和 Cd 的硫化物是可溶的，而 Ni 和 Co 的硫化物是难溶的。Cu、Hg、Pb 的硫化物只有在硝酸中才能溶解。只要水环境中存在 S^{2-}，几乎所有重金属均可从水体中除去，因此水环境中 S^{2-} 的平衡非常重要。主要通过水中有 H_2S 存在时，溶于水中气体呈二元酸状态，其解离常数分别为为：

$$H_2S(g) \longrightarrow H^+ + HS^- \qquad K_1^{\ominus} = 8.9 \times 10^{-8}$$
$$HS^- \longrightarrow H^+ + S^{2-} \qquad K_2^{\ominus} = 1.3 \times 10^{-15}$$

两者相加可得：$H_2S \longrightarrow 2H^+ + S^{2-}$

总的解离常数：$K_{H_2S} = [H^+]^2[S^{2-}]/[H_2S] = K_1 \cdot K_2 = 1.16 \times 10^{-22}$

在饱和水溶液中，H_2S 浓度总是保持在 $0.1 mol \cdot L^{-1}$，因此可认为饱和溶液中 H_2S 分子浓度也保持在 $0.1 mol \cdot L^{-1}$，代入式上式得：

$$K_{H_2S} = [H^+]^2[S^{2-}] = 1.16 \times 10^{-22} \times 0.1 = 1.16 \times 10^{-23}$$

因此可把 1.16×10^{-23} 看成是一个溶度积（K_{H_2S}），在任何 pH 值的 H_2S 饱和溶液中必须保持的一个常数。由于 H_2S 在纯水溶液中的二级解离甚微，故可根据一级解离，近似认为 $[H^+] = [HS^-]$，可求得此溶液中 $[S^{2-}]$ 浓度：

$$[S^{2-}] = K_{H_2S}/[H^+]^2 = 1.16 \times 10^{-23}/(8.9 \times 10^{-9}) = 1.3 \times 10^{-15} mol \cdot L^{-1}$$

在任一 pH 值的水中，则 $[S^{2-}] = 1.16 \times 10^{-23}/[H^+]^2$，溶液中促成硫化物沉淀的是 S^{2-}，若溶液中存在二价金属离子 Me^{2+}，则有：$[Me^{2+}][S^{2-}] = K_{sp}(MeS)$

因此在硫化氢和硫化物均达到饱和的溶液中，可算出溶液中金属离子的饱和浓度为：

$$[Me^{2+}] = K_{sp}/[S^{2-}]$$

例如：天然水中 $[S^{2-}] = 10^{-10} mol \cdot L^{-1}$，CuS 的溶度积 $= 6.3 \times 10^{-36}$

则天然水中 $[Cu^{2+}] = 6.3 \times 10^{-36}/[S^{2-}] = 6.3 \times 10^{-26} mol \cdot L^{-1}$

(3) 碳酸盐

天然水的碳酸盐溶解度很大程度上取决于二氧化碳的分压。二氧化碳分压越大，越有利于溶解，例如蒸馏水中 $PbCO_3$ 溶解度为 $2.1 mg \cdot L^{-1}$，而当有二氧化碳存在的天然水中，其溶解度能够增加数倍。

在 Me^{2+}-H_2O-CO_2 体系中，碳酸盐作为固相时需要比氧化物、氢氧化物更稳定，而且与氢氧化物不同，它并不是由 OH^- 直接参与沉淀反应，同时 CO_2 还存在气相分压。

6.3.3.4　污染物的氧化还原转化

天然环境中存在很多氧化剂和还原剂。自然界中，大部分物质以氧化态存在，只有极少部分以还原态存在。而且氧原子占地壳总量的 47%，是最主要成分，这决定了自然界氧化态物质占多数。氧化态物质有：地壳表面的风化壳、土壤、沉积物中的矿物等都是以氧化态存在的。这些物质来源于各种火成岩石的风化产物（非沉积岩、页岩等），当它们被形成时，是完全被氧化了的，因此其中物质都以氧化态存在。还原态物质有：有机质（动植物残体及其分解的中间产物）。因为绿色植物形成的光合作用实际是释放氧，加入氢的还原过程，因此其中大多数有机物以还原态存在，另外一些沉积物形成的土壤、淹水土壤为还原性环境。

无论在天然水中还是在水处理中，氧化还原反应都起着重要作用。天然水被有机物污染后，不但溶解氧减少，使鱼类窒息死亡，而且溶解氧的大量减少会导致水体形成还原环境，一些污染物形态发生变化。水体中氧化还原的类型、速率和平衡，在很大程度上决定了水中主要溶质的性质。例如，一个厌氧性湖泊，其湖下层的元素都将以还原形态存在：碳还原成价形成 CH_4；氮形成 NH_4^+；硫形成 H_2S；铁形成可溶性 Fe^{2+}。而表层水由于可以被大气中的氧饱和，成为相对氧化性介质，如果达到热力学平衡时，则上述元素将以氧化态存在：碳成为 CO_2；氮成为 NO_3^-；铁成为 $Fe(OH)_3$ 沉淀；硫成为 SO_4^{2-}。显然这种变化对水生生物和水质影响很大。

6.3.3.5　重金属离子的配合物

重金属污染物一般以配合物形态存在于水体，其迁移、转化及毒性等均与配合作用有密切关系。天然水体中有许多阳离子，其中某些阳离子是良好的配合物形成体，某些阴离子则可作为配位体。

天然水体中重要的无机配位体有 OH^-、Cl^-、CO_3^{2-}、HCO_3^-、F^-、S^{2-}。它们易与硬酸进行配合。例如：OH^- 在水溶液中将优先与某些作为中心离子的硬酸结合（如 Fe^{3+}、Mn^{2+} 等），形成羧基配合离子或氢氧化物沉淀，而 S^{2-} 离子则更易和重金属如 Hg^{2+}、Ag^+ 等形成多硫配合离子或硫化物沉淀。水中金属离子可以与电子供给体结合，形成一个配位化合物（或离子），例如 Cd^{2+} 和一个配位体 CN^- 结合形成 $CdCN^+$ 配合离子：

$$Cd^{2+} + CN^- \longrightarrow CdCN^+$$

$CdCN^+$ 还可继续与 CN^- 结合逐渐形成稳定性变弱的配合物 $Cd(CN)_2$、$Cd(CN)_3^-$ 和 $Cd(CN)_4^{2-}$。CN^- 是一个单齿配体，它仅有一个位置与 Cd^{2+} 成键，所形成的单齿配合物对于天然水的重要性并不大，更重要的是多齿配体。具有不止一个配位原子的配体，它们与中心原子形成环状配合物称为螯合物。

天然水体中有机配位体情况比较复杂，天然水体中包括动植物组织的天然降解产物，如氨基酸、糖、腐殖酸，以及生活废水中的洗涤剂、清洁剂、EDTA、农药和大分子环状化合物等。这些有机物相当一部分具有配合能力。

参 考 文 献

[1] 叶常明，王春霞，金龙珠主编 . 21 世纪的环境化学 . 北京：科学出版社 . 2004.

[2] 何燧源，金云云，何方编著 . 环境化学 . 上海：华东理工大学出版社 . 2001.

[3] 王麟生，乐美卿，张太森编著 . 环境化学导论 . 上海：华东师范大学出版社 . 2001.

[4] 俞誉福，叶明吕，郑志坚编著 . 环境化学导论 . 上海：复旦大学出版社 . 1997.

[5] 江元汝编著 . 环境健康化学 . 北京：中国建材工业出版社，2004.

[6] 樊金串，马青兰主编 . 大学基础化学 . 北京：化学工业出版社，2004.

[7] 天津大学无机化学教研室编 . 无机化学（第四版）. 北京：高等教育出版社，2010.

[8] 陶雷编 . 普通化学 . 上海：同济大学出版社，2001.

[9] Lucy Pryde Eubanks 编，段连运译 . 化学与社会 . 北京：化学工业出版社，2008.

[10] 郝吉明，马广大，王书肖 . 大气污染控制工程（第三版）. 北京：高等教育出版社，2010.

［11］　唐孝炎，张远航，邵敏．大气环境化学（第二版）．北京：高等教育出版社，2006.

［12］　季学李，羌宁．空气污染控制工程．北京：化学工业出版社，2005.

［13］　吴忠标．大气污染控制工程．北京：科学出版社，2002.

［14］　卢荣．化学与环境．武汉：华中科技大学出版社，2008.

［15］　Noel de Nevers 著，胡敏，谢绍东等译．大气污染控制工程．北京：化学工业出版社，2005.

习　　题

1. 简述微粒三种最重要的表面性质。

2. 解释总悬浮颗粒物、飘尘、降尘。

3. 简述对酸性成分有重要影响的几种物质在酸雨形成过程中的作用。

4. 简述酸雨的形成必须具备几个条件。

5. 简述酸雨的化学组成和关键性离子组分都有哪些？我国酸雨区关键性离子组分有哪些特点？

6. 解释光化学烟雾的概念、特征。

7. 光化学烟雾形成的必要条件？用反应式表示出光化学烟雾发生的简化化学机制。

8. 说明烃类在光化学烟雾形成过程中的重要作用。用典型反应式表示。

9. 对比伦敦烟雾和洛杉矶烟雾在发生时间、主要污染物、污染来源、气象条件、危害作用、烟雾性质等的区别。

10. 解释名词：温室效应。如何理解温室效应的正反两方面的作用？

11. 简述温室效应的危害。

12. 简述 O_3 的生成与损耗的动态平衡化学机制以及 O_3 层破坏的催化反应机理。

13. 如何定义天然水中的酸度和碱度？通常用哪些物质中和酸性废水和碱性废水？

14. 天然水中常见的八大离子有哪些？

15. 简述污染水体中常见的金属离子污染物及其存在形式。

16. 简述水体污染重要的几种有害污染物及其危害。

17. 什么是需氧污染物？什么是富营养化污染？水体的富营养化污染会产生什么后果？

18. 天然水体中存在哪几类颗粒物？简述水中主要无机物的分布和存在状态。

19. 简述水污染的防治措施。

20. 下列各种形态的汞化物，毒性最大的是：（　　　　）

A. $Hg(CH_3)_2$　　　　　B. HgO　　　　　　　　C. Hg　　　　　　　　　D. Hg_2Cl_2

21. 于 1955～1972 年发生于日本富士山县的"骨痛病"事件，其污染物是：（　　　　）

A. Cu　　　　　　　B. Cd　　　　　　　　C. Cr　　　　　　　　D. Co

22. 日本著名的水俣病就是食用含有＿＿＿＿＿＿的鱼造成的。

第 7 章　材料与化学

材料科学是研究材料的组成、结构、工艺与性能和应用的科学，而化学是研究物质组成、结构、性能与变化规律的科学，显然，材料与化学密不可分。材料的发展离不开化学，可以说材料为化学的发展开辟了一个新的领域，化学是材料发展的源泉。材料是具有可供应用的物理、化学性质的物质，它是人类赖以生存和发展的重要基础。材料也被称为"发明之母"，化学既是材料科学的重要组成部分，也是材料科学发展的先导和动力。人类文明发展的历史，某种程度上，也可以说是人类发现、研究、制造和利用材料的历史。

材料的功能是由材料的组成、结构和制备技术所共同决定的，而研究物质的组成、结构和合成技术正是化学探讨的核心内容。每种材料的特定结构决定其特定性能和用途，其基础在于构成材料的分子结构。而材料的实际功能还取决于由分子构成宏观物体的状态和结构。化学在研究开发新材料中的作用之一，就是用化学的理论和方法去研究分子以及有分子构筑的材料的结构和性能的关系，从而能够设计新材料，并通过化学合成的方法获得这种新材料，因此化学是新材料的源泉，也是材料科学发展的推动力。

现代化学理论体系的不断完善和先进实验技术的飞速发展，不仅为人们探索丰富多彩的材料世界提供了重要手段，而且也促进了无数新材料的诞生和众多新兴产业的形成和发展。每一种新材料的发现、开发和利用，均会推动科学技术的发展，给人类社会带来巨大的变化。本章主要介绍某些代表性新材料的设计与开发进展，使读者充分认识材料与化学的相互联系，以对学好化学知识有所裨益。

7.1　镁锂合金

镁锂合金是迄今为止密度最小的合金材料。镁的原子序数为 12，其密度为 $1.738g \cdot cm^{-3}$，锂的原子序数为 3，其密度为 $0.534g \cdot cm^{-3}$。在镁中添加锂，随着锂元素加入量的增加，密度逐渐减小。由金属镁和金属锂为主要元素而制得的镁锂合金密度很小，一般为 $1.35 \sim 1.65g \cdot cm^{-3}$ 之间，是所有金属结构材料中的最轻者，它比普通镁合金轻 1/4～1/3，比铝合金轻 1/3～1/2，所以镁锂合金也被称为超轻合金。镁锂合金具有很高的比强度、比刚度和优良的抗震性能及抗高能粒子穿透能力，而且镁锂合金的密度远远小于新型航空用材铝锂合金的密度，是航天、航空、兵器工业、核工业、汽车、3C 产业、医疗器械等领域最理想并有着巨大的发展潜力的结构材料之一。随着世界范围内能源短缺，很多工业领域对轻量化材料和器件的需求极为迫切。镁合金材料以质轻、原料丰富和综合性能优良而被誉为 21 世纪最具发展潜力的绿色工程材料，而镁锂合金作为世界上最轻的合金，其优良的加工变形能力和低的密度在国民经济诸多领域将会发挥更大的作用，尤其是在航空航天和电子等工业更加受到人们的青睐。

从材料的刚性来看，若普通钢的刚性为 1，钛的刚性为 2.9，铝为 8.19，镁为 18.9，而 Mg-Li 合金的刚性则高达 22.68。Mg-Li 合金同其他金属材料对比可以看出，Mg-Li 合金具有很高的比刚性。当锂含量为 6.9% 时，Mg-Li 合金的密度为 $1.57 g \cdot cm^{-3}$；当锂含量为 13.0% 时，Mg-Li 合金的密度进一步减小为 $1.42 g \cdot cm^{-3}$。根据这些实验数据可以推算出 Mg-Li 合金密度随锂含量变化的规律公式为 $\rho = 1.74 - 2.46x$，[其中 ρ 为密度，x 为锂的含量（质量分数）]。由该公式可以看出，当锂含量（质量分数）超过 31% 后，Mg-Li 合金的密度将小于 $1 g \cdot cm^{-3}$，形成可以漂浮于水上的合金。镁锂合金在低温下具有高的强度和断裂韧性。

从 20 世纪 30 年代开始，德国、美国、英国等开始进行镁锂合金的研究，他们获得了密度最低、比刚度极高的镁锂合金，但其蠕变性能和耐蚀性很差，致使镁锂合金的应用受到了限制，只是在很少的场合得到了应用。所以，经过半个多世纪科学技术的发展，以往对于镁锂合金的认识会有很大的转变，现行的表面处理技术、微合金化技术、熔盐电解技术、复合材料技术以及其他物理和化学方法，一定会为镁锂合金的发展起到推动作用。

7.1.1　镁锂合金的发展历程

1910 年，德国人 Masing 在研究 Li、Na、K 与 Mg 相互作用时，意外地发现了 Mg 和 Li 之间可以发生有趣的结构转变，并认为该结构是超结构。这项工作为后来镁锂合金的研究提供了可靠的依据。

在 20 世纪 30 年代就有许多研究者对 Mg-Li 合金二元平衡相图进行了测定，1934～1936 年，德、美、英三国研究者不约而同地研究了镁锂合金的结构转变，测定了二元相图，相继证实 Li 含量增加到 5.7% 时出现 hcp（密排六方）-bcc（体心立方）的转变。

1942 年，美国冶金学家 A. C. Loonam 提出向镁合金中添加金属元素锂的设想，目的是使镁的晶体结构由 hcp 变成 bcc 结构，以期在改善镁合金加工性能的同时，进一步降低镁合金的密度。直到 1954 年由 Freeth 等提出了完整精确的 Mg-Li 平衡相图，这为人们研究镁锂合金提供了极大的方便。由于军事上的迫切需求，在美国广泛开展了对于 Mg-Li 合金的研究。其中主要代表是美国 Battelle 研究所在这一年开始大规模研制镁锂合金，试验熔铸批次达 1700 次。研究目标是开发出比重低、比强度高、比刚度高、成形性良好、各向同性的超轻合金。后来美国宇航局、海军部注意到 Battelle 的工作，共同开发直到 1957 年。随后，美军用坦克指挥部与道化学公司合作开发 M113 型装甲运兵车车体用镁锂合金。陆军弹道导弹部门与 Battelle 研究所合作，研制出了含有 14% 锂的 LA141 合金，并将其纳入航空材料标准 AMS4386。

1943 年至 1945 年间，Dean 和 Anderson 获得了关于含 1%～10% Li、2%～10% Mn、0.5%～2% Ag、其余为 Mg 的 Mg-Li 合金专利。他们也指出含 83% Mg、10% Mn、5% Li 和 2% Ag 的合金可以由一般方法冷轧，得到的这种合金比当时应用的大多数其他 Mg 基合金坚硬且强度也很高。

1949 年，Jackson 等对 Mg-Li 合金的制备、加工等各种性能进行了全面系统的研究，其工作是 Mg-Li 合金研究的重要里程碑。从 20 世纪 50 年代开始，世界各国主要针对镁锂合金低强度的特点，研究如何通过添加合金元素提高其强度和热稳定性，并对强化机理进行了深入探讨。

1960～1967 年，洛克希德导弹与航空公司和 IBM 公司充分利用了 NASA 报告中

LA141 的信息，开发了航天飞机 Saturn V 用的镁锂合金部件。1967 年以后，美国的工艺研究停了下来，但理论研究还在继续并得到了发展，一直持续到 1971 年。20 世纪 60 年代中期至 80 年代末，苏联科学院开始研究镁锂合金，相继开发出了 MA21、MA18 等合金，并制出了强度与延展性优良、组织稳定的镁锂合金零件，成功地应用于航天飞机和宇宙飞船上，镁锂超轻合金的应用使得航天飞行器的重减轻效果非常明显。1983 年苏联学者首先发现了 MA21 合金的超塑性。1984 年首创了激光快速凝固细化表层晶粒的新工艺。

在 20 世纪 40～70 年代期间，德国学者研究了镁锂相图及其合金，对激光快凝新工艺进行了研究，取得了一些技术上的突破。日本一些大学、产业界充分利用美国和苏联两国学者奠基性的工作成果，自 80 年代末开始集中对二元 Mg-Li、三元 Mg-Li-RE（稀土元素）合金进行研究。在 8Li-1Zn 系中获得了 $\delta=840\%$ 的延伸率，同时开发出 36Li-5Zn、36Li-5Al 等密度仅为 $0.95\text{g}\cdot\text{cm}^{-3}$ 比水还轻的合金。

此后，其他一些国家如印度、朝鲜、英国、加拿大、法国、埃及、西班牙、捷克、中国等也相继开展了镁锂合金的研究，从合金制备、变形加工、热处理、复合技术等方面作了较为基础性的工作，但都没有在实际工业产品中获得应用。

1990 年，美国的 P. Meternier 等人采用箔材压焊方法在两相 Mg-9.0Li 合金中取得晶粒度为 6～35μm 的细晶组织；并在 150～250℃ 温度区间获得高达 460% 的延伸率。Gonzale-Donel 等人取得晶粒尺寸 d 为 5μm 的 Mg-9.0Li 和 d 为 3.5μm 的 Mg-9.0Li-5.0B$_4$C 材料，在温度为 200℃ 和 10^{-3}s^{-1} 条件下测得分别为 455% 和 355% 的延伸率。同年，美国斯坦福大学与海军部对 Mg-9Li-4%B$_4$C 复合材料也进行了超塑性研究。

1991 年，K. Higashi 和 J. Wolfenstine 温轧 Mg-8.5Li 二元合金，使在非再结晶组织结构材料中具有高达 610% 的延伸率。

1992 年，E. M. Taleff 等又制得晶粒度小于 6μm 的 Mg-9.0Li 合金，在 100℃ 下获得 450% 的延伸率。日本藤谷涉等人制备的铸态 Mg-8Li 合金在 300℃ 下得到 300% 的延伸率。

国外研制的典型镁锂合金的成分如表 7.1 所示。

表 7.1　典型镁锂合金成分

合金	组织类型	主要合金元素含量/%(wt)				
		Li	Al	Zn	Ce	Mn
HMB1	α	4.5～6.0	5.0～6.0	0.6～1.2	—	0.2～0.8
MA21	α+β	7.0～10.0	4.0～6.0	0.2～2.0	—	0.1～0.5
MA18	β	10.0～11.5	0.5～1.0	2.0～2.5	0.2～0.4	0.1～0.4
LA141	β	13.0～15.0	1.0～1.5	—	—	—
LA91	α+β	8.0～10.0	1.0～1.5	—	—	—

我国在 20 世纪 80 年代前后掀起了研究镁锂合金的热潮，东北大学、山东工业大学、重庆大学、中南工业大学、上海交通大学、北京航空航天大学、沈阳金属研究所等数十家大学和研究机构开展有关镁锂合金的研究，相继发表了多篇综述性文章，同时开展了相关技术的开发研究，取得了较好的研究成果，为我国超轻镁锂合金的发展奠定了基础。近年来哈尔滨工程大学开展了以熔盐电解镁锂合金为主要方向的研究工作。并且在低温电解制备镁锂合金方面取得了一些进展，在镁锂合金加工、表面处理、镁锂合金熔盐电解共电沉积领域发表了多篇学术论文和发明专利。

7.1.2　镁锂合金的特点

镁锂合金除了其他镁合金所具有的优点以外，还具有突出的自身特点，归纳起来有如下几点：

（1）镁锂合金是目前最轻的合金系，其密度在 $1.30\sim1.65g\cdot cm^{-3}$ 之间，堪称超轻合金，其比强度、比刚度最高；

（2）由于金属锂的加入，使得镁的密排六方结构向体心立方转变。锂含量在 $0\sim5.7\%$（质量百分比）之间，镁锂合金为 α 相，锂含量在 $5.7\%\sim10.3\%$ 之间为 $\alpha+\beta$ 相，锂含量大于 10.3% 为 β 相；

（3）镁锂合金具有较佳的低温抗冲击性能，且低温时塑性仍然保持很高的水平，这一点与其他合金材料有很大的不同；

（4）镁锂合金的焊接性能优良，与其他合金的不同在于镁锂合金焊接时，不需要单独制备焊接材料（如焊丝），只需用其本体材料即可以达到预期焊接性能；

（5）镁锂合金中两种主要元素镁和锂都非常活泼，制备镁锂基复合材料时易损伤纤维材料，因此镁锂基复合材料所用的纤维必须预先进行钝化处理或采用惰性纤维材料；

（6）镁锂合金的强度较低，时效强化效果不是很明显，在室温下有过时效现象发生；

（7）虽然镁锂合金的耐蚀性较差，但其表面氧化膜比一般镁合金的氧化膜要致密；

（8）镁锂合金的加工变形能力要比镁合金好得多，易于轧制成薄板和挤压成异型材，并可以进行超塑性成型，比镁合金的加工成品率大大提高；

（9）以往镁锂合金的制备方法都是采用真空熔炼或加覆盖剂和惰性气体保护等，这势必会造成成本提高，而采用熔盐电解方法直接制备镁锂合金可以大大提高生产效率和降低成本，用熔盐电解的方法生产镁锂合金技术的突破，必将推动镁锂合金的商品化进程；

（10）我国镁和锂的资源十分丰富，开发新型镁锂合金具有战略意义。

7.1.3　镁锂合金的应用

现代飞行器的设计专家开始把注意力转向超轻镁锂合金，主要是为了大幅度减轻其重量，提高飞行能力。美国在航空和宇宙飞船方面对镁锂合金的应用进行了研究。减轻火箭、宇宙飞行器和其他飞行装置的重量是航天器的重要研究问题之一。镁锂合金要比铝轻一倍，比标准镁合金轻 $15\%\sim25\%$，金属锂比铍轻 30%，因此，在航空航天领域应用镁锂合金可以将航天器的重量降低 $20\%\sim30\%$，能够节约大量能源，飞行的成本也大大降低，飞行能力也会大大提高。表 7.2 为镁合金零件和镁锂合金零件重量对比结果。

表 7.2　由 AZ31B 和 LA141A 组成的合金零件的重量

零件名称	AZ31B	LA141A	减少的重量/%
雷达的反射器	586	447	25
电子仪器中保护盖	9.5	7.3	23
无线电话外壳	712.8	521.4	27

7.1.3.1　镁锂合金在航空航天领域的应用

Lockheed 导弹与航空公司（LMSC）自 1962 年开始开发镁锂合金在航空航天领域的应用，其开发的镁锂合金在阿金纳助推器及其所发射的多个卫星上的部件获得应用，图 7.1 为镁锂合金在这些部件上的应用实例照片。该公司用镁锂合金替代镁合金、铝合金及铍等材料，用于那些载荷不大，且温度不会高于 40℃ 的零件中。

20 世纪 70 年代，США 利用镁锂合金制备了火箭和宇宙飞船的部件。利用这些部件"Аджена"飞船的重量减少 22kg。镁锂合金还被用于制备"Сатурн-V"火箭的计算设备外壳和计算机的底盘，如图 7.2 所示。除此之外，多数太空飞船防止宇宙微尘的保护板都使用

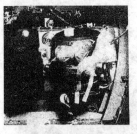 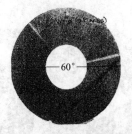 

(a) 陀螺仪安装架平板　　(b) 负荷转接接头处的　　(c) 用于安装电子器件的转角托盘
　　　　　　　　　　　　　　振动隔膜

(d) 抽屉隔板　　　　　　　(e) 微波器件安装架

(f) 电源控制箱中的组装支架

图 7.1　Lockheed 导弹与航空公司开发的镁锂合金在阿金纳及其发射的卫星上的应用实例

镁锂合金。

IBM 公司也曾对镁锂合金的应用开发做了大量工作，在 LMSC 对镁锂合金力学性能研究的基础上对 LA141 表面处理、可焊性等方面进行了突破性研究，研究所用的镁锂合金材料主要来源于 Brooks & Perkins 公司。经大量的研究，IBM 所研制加工的镁锂合金在 Saturn V 运载火箭计算机室获得了应用，这个结构的重量减少了 20kg。据核算，火箭重量减轻 1kg 就会节约 22000 美元（1 个火箭可以节约 500 万美元），因此，在火箭和航空技术上应用镁锂合金具有很明显的现实性。此部件在应用中由于计算机的散热，必须定期地用甲醇水溶液对其进行冷却，因此对合金的表面防腐性能要求较高。此外，IBM 还开发了一种镁锂合金，这种合金在美国航空航天局开发的双子座宇宙飞船上得到了成功的应用（线路板盒与人工数据键盘的基板与支座，如图 7.3 所示）。

图 7.2　"Сатурн-V"火箭计算设备外壳

由于较小的重量和较高的热膨胀系数，LA141A 合金可以用作反坦克可控制导弹系统（陶式武器）的启动跟踪装置的雷达底座活壳体。在"杰明"飞船上，采用镁锂合金制备了计算机调制解调器的外壳、火箭转换装置的安装支架等。考虑到镁锂合金在低温下也能很好地工作，所以能用于燃料体系装置和存放低温燃料容器的制造，还可用于火箭固体燃料的包装材料。

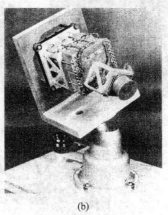

(a)   (b)

图 7.3 双子座宇宙飞船上线路板盒（a）与人工数据键盘的基板与支座（b）

多家美国公司用镁锂合金制备了各种零件，如框架、支架、电子仪器的外壳、波导管、火箭的舱盖、隔热板等（图 7.4）。有报道称，"Boing"公司（США）将镁锂合金用于制造绕月球轨道运行的卫星和月球上移动的太阳能装置。

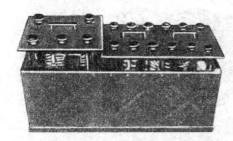

图 7.4 LA141A 合金制备的
火箭电气设备

MIT 设备实验室把富兰克福兵工厂研制的合金 Mg-14Li-3Ag-5Zn-2Si 应用于惯性导航系统中三个直径为 0.23m 的球形陀螺仪，见图 7.5。

北美航空公司自动控制部门利用 LA141A 加工了直径为 380mm，高为 610mm 的加速仪壳体（图 7.6），此壳体由板材冷变形至 0.762mm 厚的板然后用铆钉和螺栓等连接起来，表面由 Dow17 阳极镀层进行处理。

镁锂合金还能够用于制备油罐，整流装置，加强板的零件，某些型号"地球-地球"级火箭便携启动装置的管道等。

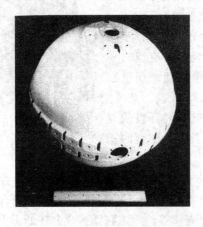

图 7.5 镁锂合金制的陀螺仪壳体   图 7.6 镁锂合金制的加速仪壳体

LAZ933 和 LA91 合金主要是应用在高于室温的环境下，而 LA141 合金是不能胜任这样的温度条件。Бэттл 大学计划用 LAZ933 合金制造航天器的油箱和其他零部件。

镁锂合金除了应用在航天领域外，还用于飞机制造业。镁锂合金能适用于制备对加工性和比刚度有高要求的装置和部件。例如：支架、门、电子仪器的外壳，整流装置和其他零部件。另外，镁锂合金还可以应用于制造飞机货仓蒙皮、纵梁、应急舷梯等。在直升机的制造业，镁锂合金可以用作防弹陶瓷的底衬板。

7.1.3.2　镁锂合金在军事领域的应用

DOW 公司开发了 LA136 合金（成分是 Mg-13.5Li-5.5Al-0.15Mn），后来由于此合金铸造、腐蚀及加工等方面的问题，被改进为 Mg-14Li-1.5Al-0.08Mn，此合金被用于加工 M113 军用运输车壳体，能明显减轻装甲车的重量和提高机动性能。如图 7.7 所示。但由于镁锂合金板材质量以及成本问题，导致了镁锂合金在 M113 军用运输车上并没有获得大规模应用。

图 7.7　M113 军用运输车壳体

HUGHES 飞机公司与美国军方签约开发 TOW（管射式光学追踪线导式导弹发射器管筒）中瞄准装置的圆盘，如图 7.8 所示。此圆盘用镁锂合金主要发挥镁锂合金有较大的热膨胀系数，在温度发生变化时可保证接触的间隙，并可大幅度减轻重量的优点。

图 7.8　管射式光学追踪线导式导弹发射器管筒及其瞄准装置中的圆盘

7.1.3.3　镁锂合金在民用领域的应用

在医疗方面，德国汉诺维大学试制成功了 Mg-Li 合金心血管植入件，从而开辟了镁锂合金新的应用领域。日本研究者则将轻量化的镁锂合金用于扩音器和眼镜等民用产品。近些年来，有研究机构尝试用低密度镁锂合金制造航天器及笔记本电脑等产品的零部件。英国的 Magnesium Electron 公司已把 LA141 合金投入商业化生产，其产品包括板带材、挤压材和铸造材。

同时，镁锂合金具有优良的热导性、电磁屏蔽性能和阻尼性能，镁锂合金是今后在电子制造行业的电器和仪表上的应用以求实现轻量化的优势。

在必须强调减轻重量的情况下，镁锂合金电磁屏蔽和减震的特点能够吸引设计者的注意。与铝合金、镁合金不同，变形镁锂合金的特点是能够促进共振频率的改变，降低仪器的振动。

在 2009 年 4 月有报道称，CNC 工厂制造出了镁锂合金自行车全车车架，并且将这种车架带去德国参加展览。

镁锂合金是具有特殊物理性能和性质的超轻材料，它们在许多领域都可以获得应用，如笔记本电脑和手机壳体以及扬声器振膜等。目前，很难确定所有可能合理利用镁锂合金的范围。但有一点是明确的，镁锂合金的低密度及其他固有的特性决定了其在不久的将来具有广阔的应用前景。最近，张密林课题组在 International Materials Reviews 杂志上发表了镁锂合金的综述文章。鉴于镁锂合金的特点，镁锂合金材料在军事、航空、航天等领域已经得到了一定范围内的应用。可以相信在广大科技工作者的努力下，随着镁锂合金研究的深入以及一些技术难题的攻破，镁锂合金作为航空航天、国防军事及汽车、电子等领域重要的最轻质结构材料定会显示出它特有的优势。

7.2 铝锂合金

铝锂合金是一种密度小、高弹性模量、高比强度和高比刚度的新型铝合金，在航空航天领域有着广泛的应用前景。在铝合金中添加金属锂元素，每添加 1％ 的金属锂，其密度降低 3％，而弹性模量可提高 5％～6％，并可以保证合金在淬火和人工时效后硬化效果优良，铝锂合金有明显的价格优势和性能优势，被认为是 21 世纪航空航天工业最具竞争力的轻质高强结构材料之一。

7.2.1 铝锂合金的发展

铝锂合金是最有应用前景的超轻结构材料，1924 年在德国报道了第一个含 Li 的铝合金，被称为 Scleron 合金，这种合金的成分为 Al-12Zn-3Cu-0.6Mn-0.1Li，20 多年后的 1957 年，美国 Alcoa 公司以及很多国家的科学家相继研制出了一系列性能优良的 Al-Li 合金，美国和苏联均在 20 世纪 80 年代末成功开发了拥有各自国家牌号的 Al-Li 合金，形成了 Al-Li 合金的完整体系，使得铝锂合金的研究进入了新阶段。纵观铝锂合金的研究和发展历史，大体上可以认为铝锂合金的发展经历了三个阶段。第一个阶段被称之为初步发展阶段，时间跨度为 20 世纪 50～60 年代初，这个时期经历了大约十几年的时间。这一阶段的研究成果以 1957 年美国 Alcoa 公司研究成功的 2020 合金为代表。第二个阶段被称之为繁荣发展阶段，时间跨度为 20 世纪 70～80 年代后期，大体经历了 20 年左右的时间。在这一时期，对 Al-Li 合金进行了全面研究，Al-Li 合金的研究与开发得到了迅猛发展。在此时期世界各国研制成功了低密度型、中强耐损伤型和高强型等一系列较为成熟的 Al-Li 合金产品，如苏联研制成功的 1420 合金、美国 Alcoa 公司研制出的 2090 合金、英国 Alcan 公司的 8090 和 8091 合金、法国 Pechiney 公司开发出的 2091 合金等，这些 Al-Li 合金都获得了一定程度的应用，并且对科技进步起到了明显的推动作用。但人们发现第二代铝锂合金仍然存在诸如各向异性、不可焊、塑韧性及强度水平较低等方面的缺点和不足。进入 20 世纪 90 年代以后，人们针对 Al-Li 合金的上述问题，开发出了具有一定特殊优势的 Al-Li 合金。Al-Li 合金的发展也因此进入了第三个发展阶段，这个阶段使铝锂合金进入了更加成熟的时期。目前，已开发出的新型 Al-Li 合金主要有高强可焊的 1460 和 Weldalite 系列合金，低各向异性的 AF/C2489、AF/C2458 合金，高韧的 2097、2197 合金，高抗疲劳裂纹的 C2155 合金，以及经特殊真空处理的 XT 系列合金等。表 7.3 列出了在各个时期主要的 Al-Li 合金的化学成分。

表 7.3　各时期 Al-Li 合金的化学成分

合金	Cu	Mg	Li	Zr	Si	Fe	其他成分	研制者
2020	4.5	-	1.2	-	0.20a	0.30a	Cd:0.2 Mn:0.5	Alcoa(美)
ВАД23	4.8~5.8	-	0.9~1.4	0.11	0.10	0.15	Cd:0.1~0.2 Mn:0.4~0.8	苏联
2090	2.7	-	2.1	0.11	0.10a	0.12a		Alcoa(美)
2091	2.0	1.3	2.0	0.11	0.20a	0.30a		Pechinery
8090	1.2	0.8	2.4	0.12	0.10a	0.10a		Alcan
8091	1.9	0.8	2.6	0.12	0.20a	0.30a		(英)
1420	-	5.2	2.1	0.11	0.15a	0.20a		
1421	-	5.2	2.1	0.11	0.10a	0.15a	Sc:0.1~0.2	
1423	-	3.7	2.1	0.08	0.20	0.15	Sc:0.1~0.2	苏联
1429	-	5.4	2.2	0.11	0.10	0.15	Be:0.2~0.3	
1430	1.4~1.8	2.3~3.0	1.5~1.9	0.11	0.10a	0.15a	-	
1440	1.5	0.8	2.4	0.11	0.15a	0.15a		
1441	2.0	0.9	1.9	0.09	0.05	0.11		前苏联
1450	2.9	-	2.1	0.11	0.15a	0.15a		
1460	2.9	-	2.25	0.11	0.10a	0.15a	Sc:0.1~0.2	
2094	4.8	0.4	1.3	0.11	0.12a	0.15a	Ag:0.4	
2095	4.3	0.4	1.3	0.11	0.12a	0.15a	Ag:0.4	
2096	23~3.0	0.25~0.8	1.3~1.9	0.14	0.12a	0.15a	Ag:0.25~0.6	Martin Marietta & Reynolds (美)
2195	3.7~4.3	0.25~0.9	0.8~1.2	0.14	0.12a	0.15a	Ag:0.25~0.6、0.25a	
2097	2.5~3.1	0.35a	1.2~1.8	0.14	0.12a	0.15a	Mn:0.35、0.15a	
2197	2.3~5.2	0.25a	1.3~1.7	0.10a	0.10a	0.10a	Mn:0.30、0.15a	
Weklalite049	2.3~5.2	0.25~0.8	0.7~1.8	0.14	0.10a	0.10a	Ag:0.25~0.8	
Weklalite210	4.5	0.4	1.3	0.14	0.10a	0.10a	Ag:0.4,Zn:0.5	
AF/C489	2.7	0.3	2.1	0.05	0.10a	0.10a	Mn:0.3,Zn:0.6	美空军莱特实验室
AF/C458	2.7	0.3	1.8	0.08	0.10a	0.10a	Mn:0.3,Zn:0.6	

注：a 为允许的最大含量。

7.2.2　铝锂合金的特点

　　铝锂合金是一种低密度、高性能的新型结构材料，它比常规铝合金的密度低 10%，而弹性模量却提高了 10%。其比强度和比刚度高，低温性能好，还具有良好的耐腐蚀性能和非常好的超塑性，铝锂合金具有密度低、比强度高、比刚度大（比强度和比刚度优于硬铝合金及钛合金）、疲劳性能优异、耐腐蚀性能和耐热性良好。铝锂合金的成功研制和应用是铝合金领域重要的发展方向之一，铝锂合金替代传统铝合金对于航空航天工业具有重要的战略意义。

　　现在获得应用的铝锂合金主要有三个系列：Al-Cu-Li（2X9X）、Al-Mg-Li 系、Al-Li-Cu-Mg-Zr 系（8X9X）合金。铝锂合金的塑性较差以及断裂韧性较低，这两方面的问题制约铝锂合金的实际应用，世界各国科学家通过一系列合金化手段来改善铝锂合金的组织和性能，取得了突破性进展，致使当今的铝锂合金获得了工业上的应用，这为材料的轻量化做出了卓越贡献。

7.2.3　铝锂合金的合金化

　　目前，在铝锂合金中常用的添加元素包括主合金元素 Cu、Mg 和微量元素 Ag、Ce、Y、

La、Ti、Mn、Sc、Zr 等。Cu 能显著提高 Al-Li 合金的强度和韧性、减小无沉淀析出带的宽度，但含量过高时会产生较多的中间相，这些中间相会造成铝锂合金的韧性下降和密度增大，含 Cu 量过低不能减弱局部应变和减小无沉淀析出带宽度，故 Al-Li 合金中的 Cu 含量一般为 $1\%\sim4\%$。在 Al-Cu-Li 合金中呈细片状析出的 T_1（Al_2CuLi）相与 δ 相一起作为合金中的主要析出强化相，它们可以减弱共面滑移，使合金的强度得到明显提高。

Mg 在 Al 中有较大的固溶度，加入 Mg 后能减小 Li 在 Al 中的固溶度，Mg 在改善 Al-Li 合金的高温性能方面有一定的良好作用。

Ag 对铝锂合金有固溶强化和时效强化作用，Ag、Mg 同时加入会产生最大的强化效应，并且能够使时效速率加快。在 Cu/Mg 比较高的铝锂合金中加入少量 Ag，会显著提高它们的时效强化作用，且效果较为明显。

Zr 在 Al 合金中的固溶度很小。在 Al-Li 合金中加入 $0.1\%\sim0.2\%$ 的 Zr 就能在晶界或亚晶界析出 Al_3Zr 弥散质点，对晶界起钉扎作用，抑制再结晶和细化晶粒，改善合金的强度和韧性。

Sc 既是 3d 过渡元素，又是稀土元素，故在铝锂合金中兼具两者的作用。在铝锂合金中添加少量 Sc 是苏联铝锂合金开发的一大特点，到目前为止已开发了含 Sc 铝锂合金系列，其中某些合金（如 1421、1423 等）获得了生产和应用。在铝锂合金中添加微量 Sc 可以提高合金的强度、塑性、抗蚀性、焊接性，以及降低热裂纹敏感性。一般与 Zr 一起加入。

7.2.4　铝锂合金的制备方法

Al-Li 合金的制备方法主要有两大类：一类是铸锭冶金法（IM），另一类是粉末冶金法（PM）。为解决这两类方法在制备 Al-Li 合金时遇到的问题，有人也提出了一些新的制备方法。

（1）铸锭冶金法（IM）

铸锭冶金法 Al-Li 合金的主要生产方法。美国的 Alcoa、英国的 Alcan、法国的 Pechiney、俄罗斯等都采用 IM 法生产 Al-Li 合金。IM 法的优点是成本较低，可生产大规格铸锭。由于锂的化学性能活泼，采用此方法熔炼 Al-Li 合金时，必须加保护气氛。通常 Al-Li 合金的熔炼炉大多采用密闭式，在惰性气体保护下，快速感应加热熔炼，有利于铸锭质量的提高。但该方法制备的 Al-Li 合金锂的质量分数不超过 3%，很难满足对轻型合金的要求。

（2）粉末冶金法（PM）

粉末冶金法是一种能制备复杂形状近净成型产品的生产技术，也是生产 Al-Li 合金的重要方法，其基本工序为粉末制取→粉末成型→粉末烧结。为了提高材料的性能，各国科学家已开发出多种不同的生产工艺（如高温烧结、复压复烧、粉末锻造、热等静压、喷射沉积、急冷快速凝固制粉等）。其中快速凝固技术使 Al-Li 合金中的 Li 含量增加，降低了合金的密度。耐高温快速凝固 Al-Li 合金中含有不溶性的过渡族元素和稀土元素，可生成稳定的弥散相，能有效地阻碍平面滑移，有助于合金强韧化。由于冷却速度较高（可达 $103℃\cdot S^{-1}$），大大提高了合金元素的溶解度，使微观组织均匀细小，减少了偏析，从而改善了合金塑性，提高了合金强度。但该工艺存在流程长、粉末易氧化、铸锭尺寸小、成本高等问题。

7.2.5　铝锂合金的应用

从 20 世纪 80 年代起，Al-Li 合金就已成为世界主要工业国家材料研究领域中的重点研究开发课题，我国从"七五"期间也开始将 Al-Li 合金的研究列入国家攻关计划，并取得了重大进展。

苏联对铝锂合金的研究、生产和应用是有计划、有步骤、紧密结合实际进行的。中强、可焊的 1420 合金是苏联研究、使用最成熟的一种铝锂合金。该合金 20 世纪 70 年代用于铆接的直升飞机和军舰上，80 年代以焊接代替铆接结构用于米格 29 超音速战斗机机身，油箱、座舱，共减轻重量 24%。高强度 1450 合金板材，其 σ_b（抗拉强度）达 580MPa，$\sigma_{0.2}$（屈服强度）达 490MPa，延伸率达到 9%，该合金作为非焊接结构用于现代运输机挤压结构件的机身翼外板、肋、门和骨架等部位，与被取代的 1973 合金相比，减重 12%～5%。80 年代用 1460 合金取代 1201 合金（相当于 2219）用于制造大型运载火箭"能源号"低温贮箱，并且该合金制作的液氧贮箱于 1996 年用于美国 DC-XA 运载器，减重 20%。迄今为止，在俄罗斯铝锂合金已用于火箭、航天飞机、军用飞机米格-27，33，29，苏-27、安-70T，民用飞机图 204、144 上。

美国在世界上开创了应用铝锂合金的先例，早在 20 世纪 50 年代就将 2020 合金用在海军 RA-5C 预警飞机主翼上、下表面和垂直尾翼上，使飞机重量减轻 6%。这种飞机生产了 177 架，服役近 20 年，于 1969 年停止生产。美国在经过 20 世纪 80 年代的铝锂合金研究的高潮后，对铝锂合金的应用也进入实际阶段。通用动力公司用 2090-T3 合金制成的 30 根翼梁、3 块搭接蒙皮和三十中间框架作宇宙神有效载荷舱的零件和装配件，和原来所用的 2024-T3 合金相比，减重 8%。麦道公司用 2090-T81 代替 2014-T6 合金制造了 Delta 运载火箭低温贮箱试验件，焊后结构重量减轻 5%～15%。C-17 军用运输飞机上使用了重 2846kg 的 2090-T83 薄板、T86 挤压件，用在飞机的隔框、地板、襟翼蒙皮、垂直尾翼上。洛克西德·马丁公司利用 8090 合金铆接制造了 Atlas 有效载荷舱，使结构减重 182kg。引人注目的是超高强的 2195 合金从定型生产到将 90 吨重的该合金用于航天飞机的液氢、液氧贮箱仅 4 年时间，而且美国还决定单级八轨重复使用的跨世纪运载火箭 x-33 的液氧箱也使用此合金。1997 年 12 月美国"奋进号"航天飞机外贮箱用 2195 合金取代 2219 合金，使航天飞机的运载能力提高了 3.4t。2197 合金比当前战斗机用的 2124 铝合金的疲劳强度高、密度小，已用于 F-16 战斗机的后隔框和大梁。

欧洲各国的铝锂合金研究及应用主要以与其他国家合作的方式进行，未形成自己独特的体系。其中，比较成功的应用是英国和意大利采用 8090 板材、模锻件和 A1-905XL 模锻件制造了 EH101 对潜直升飞机，使飞机减重 200kg。A330/A340 民用飞机上使用了 500kg 的 2090 T84 合金。

我国的铝锂合金研究和应用尽管起步较晚，但经过三个五年计划的材料研究与应用开发后，国产铝锂合金已在航空航天工业中试用，其中 1420 合金深冲模锻件已用于我国最新运载火箭。今后将会在我国新型火箭和飞机中更多地使用铝锂合金。这标志着我国铝锂合金研究将进入更广泛的应用阶段。

7.3 钛铝系金属间化合物基层状复合材料

钛铝系金属间化合物基合金由于具有优异的高温比强度、比刚度、抗蠕变、抗氧化、抗燃烧以及耐磨等优异性能，因而近年来成为高性能轻质结构材料研究的热点之一。和其他几种 Ti-Al 金属间化合物相比，因为 Al_3Ti 低温塑性、韧性最差，所以研究较少。但是 Al_3Ti

的密度最小、比强度最高、高温抗氧化性能最好。为了利用它的这些优点，近年来人们发展了以金属间化合物 Al_3Ti 为基体、由高强度钛合金增强的 Ti/Al_3Ti 层状复合材料。它利用金属间化合物提供高温强度和蠕变抗力，利用韧性金属改善金属间化合物的脆性，使这类层状复合材料具有优异的性能。由于金属间化合物基层状复合材料具有独特的叠层结构和特殊的失效形式，除了具有高强度、高模量、低密度的优异性能，它还具有强大的吸收冲击能的能力。因此，金属间化合物基层状复合材料除了用作高温结构材料以外，发达国家已考虑将这种新型的结构材料用于航空航天、武器装备及地面军用车辆的装甲防护系统，并开展了相应的基础和应用基础研究。

本节介绍了高性能金属间化合物基层状复合材料 Ti/Al_3Ti，重点分析了金属间化合物基层状复合材料 Ti/Al_3Ti 的发展历史、各种制备技术和金属间化合物的力学性能、增韧机制等。

7.3.1　金属间化合物基层状复合材料的发展

金属间化合物基层状复合材料的发展是基于天然生物材料贝壳强韧化机理的研究成果。对贝壳进行力学性能测试的结果表明：贝壳虽然主要是由脆性材料碳酸钙组成的，但是其力学性能却十分优异。贝壳的拉伸强度较普通碳酸钙提高了 3～10 倍，断裂韧性提高了 3～7 倍。通过观察贝壳的微观组织结构发现，贝壳是由三级不同的层状材料构成的，由单晶碳酸钙（纳米级）铺层而成的块状结构（微米级）又构成了 0.2mm 厚的层状结构，如图 7.9 所示，在各层之间还有垂直于面层的纳米圆柱形文石晶体结构。贝壳的失效不是灾变性的，而是逐层失效，这主要是由层状结构特殊的能量耗散机理造成的。在研究贝壳微结构和强韧化机理的基础上制备出的 Ti/Al_3Ti 金属间化合物基层状复合材料具备了贝壳逐层失效的特点，使材料的强度对于内部缺陷并不敏感，即使材料中的微小孔洞或微裂纹缺陷会在材料承受外界载荷时引发裂纹扩展，但当裂纹扩展至材料界面时，由于韧性层的存在会阻止裂纹进一步向前扩展，裂纹若想继续向前扩展，则需要在新的脆性层中重新生核，这样就在不降低强度的基础上提高了材料的断裂韧性。

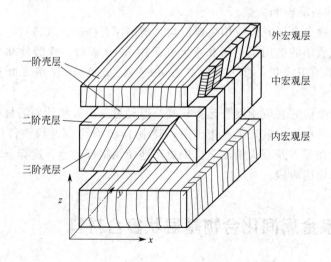

图 7.9　天然生物材料贝壳的微观组织结构

20 世纪 90 年代中期，美国学者首先采用真空烧结的方法最早制备出 Ti/Al_3Ti 金属间化合物基层状复合材料。本世纪初美国加州大学又开发了具有自主知识产权的无真空烧结制备金属间化合物层状复合材料的专利技术。在国内，河北工业大学在这方面较早地开展了类似的研究工作，他们的研究主要集中在 Ni/Al 系金属/金属间化合物层状复合材料的制备及性质上。

7.3.2　Ti/Al₃Ti 系金属间化合物基层状复合材料制备技术

迄今为止，人们发展了各种各样的技术来制备金属间化合物基层状复合材料，主要有：冷轧、热轧、脉冲电流加工、真空烧结、无真空烧结和爆炸焊接等。下面简单介绍几种常用的层状复合材料的制备技术。

（1）轧制复合法

轧制复合工艺是指两种或多种表面洁净的金属相互接触，在压力的作用下，通过加热和塑性变形使原子间通过扩散作用实现冶金结合的复合方法。轧制复合技术一般按轧制次数可分为单道次轧制法和累积叠轧复合成型两种，单道次轧制又包括冷轧复合＋热处理和热轧复合两种成型方式。

冷轧复合法是将金属坯料在常温下对其施加压力进行轧制变形，在压力的作用下使不同金属复合的工艺方法。利用 Ti/Al 箔冷轧后热处理的方法制备的复合材料微结构如图 7.10 所示。冷轧复合法生产成本相对低，可以制备出较大长度和宽度的制品，但其对轧机功率要求高，轧制变形大，而且轧制后往往还需对材料进行后续热处理，因此，适用于大批量、卷状连续化生产。

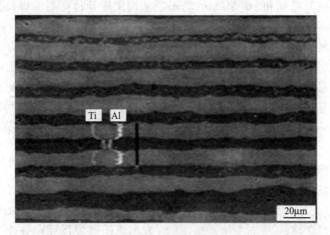

图 7.10　热压后材料的 SEM 照片

热轧复合法是将待复合的金属坯料加热到一定温度，对其施加压力进行塑性变形，在热和力的共同作用下使不同金属接触面相结合的工艺方法。其制造工艺是先将 Ti/Al 箔片表面清洁干净后包套封装处理，加热至 950℃后热轧处理，最后得到 Ti/Al₃Ti 层状复合材料。国内外研究学者在利用轧制处理结合后续热处理制备 Ti-Al 系金属间化合物基层状复合材料方面做了大量研究工作，从不同角度进行了大量有益的探索，取得了显著成果。

累积叠轧复合法其主要过程是将板材叠合在一起，在一定温度下进行轧制，并使板材结合为一个整体，以上过程可重复进行。采用累积叠轧技术，多次轧制引入大的累积应变，一方面使基体金属和强化金属的晶粒超细化，另一方面通过剧烈塑性变形的机械合金化效应，提高异种金属层间的结合强度，对改善层状复合材料的力学性能大有益处。

（2）热压扩散复合法

热压扩散复合工艺是将异种金属箔片交替叠放，在高温下施加压力进行扩散连接，使层与层之间产生金属键结合，最终形成叠层交替连接的致密组织结构。热压扩散法一般包括真空烧结和无真空烧结两种。20 世纪 90 年代，Rawers 等人真空烧结法首先制备出了 Ti/Al$_3$Ti 层状复合材料。中国科技大学和航空制造工程研究所等也利用热压复合法成功制备了 Ti/Al$_3$Ti 层状复合材料。真空热压方法的优点是所制备板材近净成型、界面结合牢固、无孔洞，是一种低温快速成型技术；同时采用真空条件可以避免加工过程中材料的氧化，获得较为均匀的组织结构，但高温下长时间的烧结会造成晶粒粗化、晶界污染等不利影响，而且真空条件成本较高，制品尺寸受到真空室的限制，在制备大尺寸微叠层复合材料方面受到限制。

为了克服真空烧结的不足，美国加州大学圣地亚哥分校 Vecchio 和他的团队利用无真空热压烧结技术最早制备了 Ti/Al$_3$Ti 层状复合材料。大量实验研究表明，与传统的真空烧结技术相比，无真空烧结法简单易行，而且在很大程度上降低了生产成本，但也存在一定局限性，如制备过程中会发生氧化反应，产生氧化膜，减缓元素 Ti 和 Al 的反应速率，进而影响材料的综合性能。

（3）爆炸焊接法

爆炸焊接法利用炸药的爆炸力，在微秒级时间内，使两块金属板材在碰撞点附近产生高达 $10^6 \sim 10^7 \, \text{s}^{-1}$ 的应变速率和 $10^4 \, \text{MPa}$ 的高压，从而实现异种金属的焊接复合。俄罗斯西伯利亚国立技术大学的 Bataev 等采用爆炸焊接加回火的方法制备出了 Al/Al$_3$Ti/Ti 金属间化合物基层状复合材料。俄罗斯托木斯克国立大学的 Zelepugin 利用爆炸焊接加无压烧结法制备了 Ti/Al$_3$Ti 层状复合材料。爆炸复合法的优点是复合界面上看不到明显的扩散层，产品性能稳定。该制备过程可在空气中进行且无需压力作用，实验设备无特殊要求，节约成本且操作简单。其局限是：生产效率低，不适合大批量、自动化生产；生产过程中噪声大、烟雾大，需采取特殊的环保措施；生产安全性差，需要特殊的措施和严格的操作规程确保生产安全性。

（4）脉冲电流法

脉冲电流复合法是 20 世纪 90 年代发展起来的一种材料快速制备技术，包括放电等离子烧结与焊接、等离子活化烧结与焊接、脉冲大电流扩散焊接等，脉冲大电流可以直接通过模具或样品，使样品温度快速升高，从而实现扩散成型。日本大阪工业技术研究院的 Mizuuchi 等人利用脉冲电流热加工技术制备了 Ti/Ti-Al 化合物的层状复合材料，并研究了反应温度对材料性能的影响以及其微观结构和力学性能。利用该方法制得层状复合材料的扫描电镜照片如图 7.11 所示。与传统的烧结方法相比，脉冲电流烧结法具有以

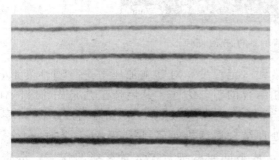

图 7.11　脉冲电流法制备 Ti/Al 层状复合材料

下特点：烧结温度低、烧结时间短，安全可靠、节省能源及成本低。

（5）超声波增材制造技术

为了低成本地制造出高性能的金属基层状复合材料，近年来国际上发展了超声波增材制

造（ultrasonic additive manufacturing）成型工艺。超声波增材制造工艺是利用超声波振动能，通过金属箔材表面相互摩擦而形成分子层粘连在一起，这是近年来发展起来的一种高效能的制备金属复合板材（箔材）的方法。超声波增材制造技术工作温度低，节省能源，是一种低成本的快速制备工艺；金属箔材表面的氧化物易被超声波破碎并去除，形成洁净的界面，因此不需对其进行表面预处理；经超声波固结预处理后的钛铝界面在随后烧结过程中原子的扩散速度加快，反应时间降低，生产效率大幅度提高；利用超声波固结预成型技术制造的层状复合材料毛坯在空气中烧结时复合材料界面不产生氧化物；这种技术可用于制备多种层状材料体系，如层状复合材料、金属蜂窝层合板、金属泡沫夹心结构、电子封装层状复合材料等。

7.3.3　金属间化合物基层状复合材料的力学性能

作为一种新型的轻质高强结构复合材料，在工程上获得广泛应用之前，必须对其不同载荷条件下的力学性能、变形和断裂机理进行系统全面的研究。加州大学的研究人员通过准静态拉伸实验测量了 Ti 体积分数分别为 14%、20%、35% 的 Ti/Al_3Ti 金属间化合物基层状复合材料的屈服强度，结果表明随着 Ti 体积分数的增加，层状复合材料的拉伸屈服强度由 110MPa 增加到 240MPa。美国奥尔巴尼研究中心的研究人员利用相移莫尔干涉技术观测了 Ti/Al_3Ti 层状复合材料在拉伸过程中的裂纹形成、扩展和失效过程：裂纹出现在 Al_3Ti 层中，随着应变的增加，裂纹逐渐增多，在此过程中金属 Ti 层没有出现明显的剪切带；裂纹的长度呈静态分布，大约为层厚度的一半。

由于 Al_3Ti 的压缩性能远远高于其拉伸性能，致使以 Al_3Ti 为基体的 Ti/Al_3Ti 层状复合材料承受压缩载荷的能力要高于其承受拉伸载荷的能力。人们对不同 Ti 体积分数的 Ti/Al_3Ti 层状复合材料进行了压缩试验，发现材料的压缩强度远远高于其拉伸强度，这是基体 Al_3Ti 抗压不抗拉的脆性本质决定的。使用光学显微镜和扫描电镜分别观察试验前后的试样，发现了穿晶裂纹和延晶裂纹两种裂纹形态。当平行于层面加载时，试样的失效形式为界面开裂、Al_3Ti 层沿中线开裂以及 Ti 层屈曲变形。当垂直于层面加载时，试样表现出典型的剪切失效特征。

为了研究 Ti 层厚度、体积分数以及加载方向对于 Ti/Al_3Ti 金属间化合物基层状复合材料疲劳裂纹扩展行为的影响，Raghavendra 等人采用三点弯曲试样与紧凑拉伸试样、L. M. Peng 等人采用三点弯曲试样分别测量了材料在垂直和平行于铺层方向的断裂韧性。研究表明材料的裂纹抗力、断裂韧性与韧性层 Ti 的体积分数有关，即使层状复合材料所包含的韧性金属 Ti 的体积分数相对较低（40% 以下），其在垂直于片层方向的断裂韧性与单相金属间化合物相比 Al_3Ti 也增加了一个数量级，且比断裂韧性（断裂韧性与密度的比值）接近高强钢。当加载方向不同时，层状复合材料表现出各向异性，具有不同的增韧机理：在平行于片层方向，Ti 层整体发生塑性变形并在裂纹尾部发生桥联，减小了裂纹扩展的驱动力；在垂直于片层方向加载时，载荷-位移曲线为阶梯形，表示材料失效呈现出一个逐步失效的过程，这是由于界面的存在阻止了裂纹进一步地扩展，裂纹若要继续扩展需要重新生核。表 7.4 给出了层状复合材料主要的增韧机理：Ti 层可以发生较大的塑性变形以吸收能量，更重要的是 Ti 层的塑性变形会导致裂纹尖端钝化，并在裂纹尾部形成桥联，防止裂纹张开，改善了材料的断裂韧性；当裂纹前端发生层裂或当裂纹扩展至材料界面时，裂纹会发生偏析，从应力最大的平面上移开，而且层裂减小了裂纹尖端的局部应力，使应力重新分配。

表7.4　金属间化合物基层状复合材料增韧机理

机理 （测试方向）	体积分数的影响	增韧机理图示
裂纹偏析 （垂直于片层）	无影响	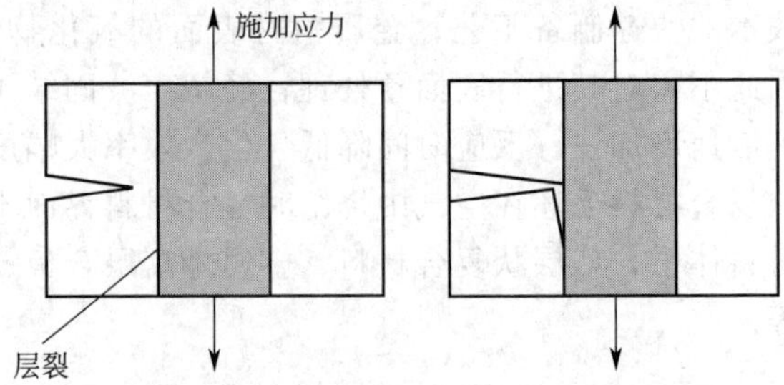
裂纹钝化 （垂直于片层）	无影响	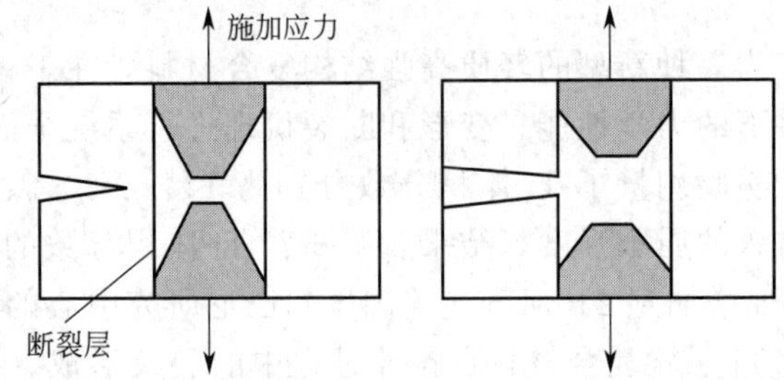
裂纹桥联 （垂直于片层）	有影响	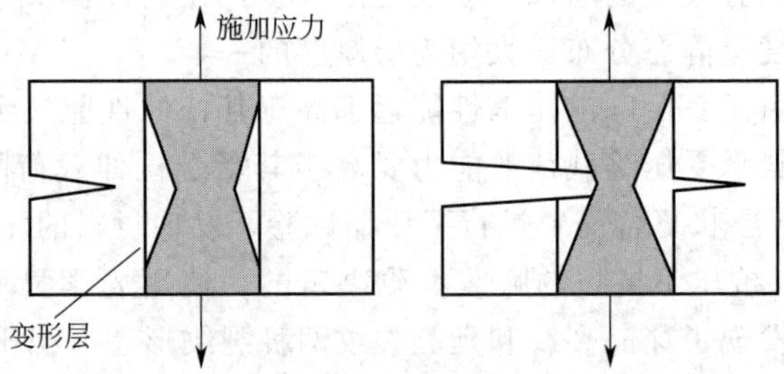
应力重新分布 （垂直/平行于片层）	——	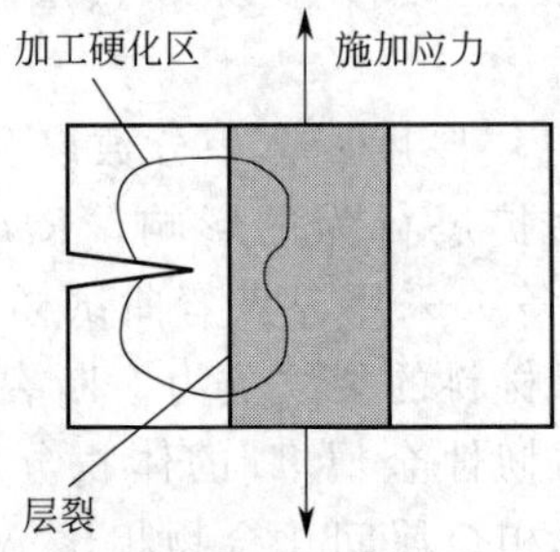
裂纹前缘回旋 （平行于片层）	有影响	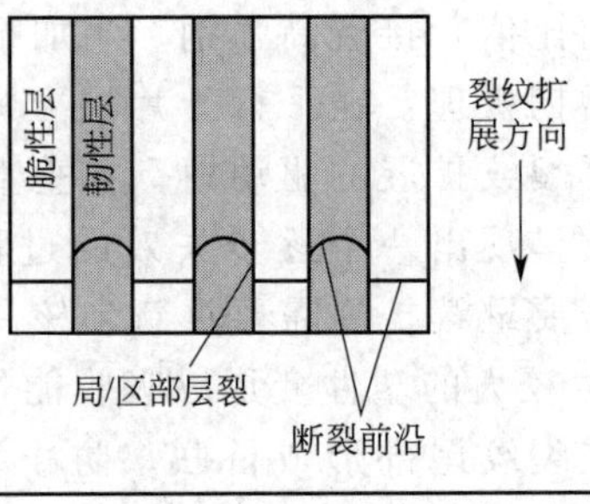

作为先进的高性能复合材料，钛铝系金属间化合物基层状复合材料在航空航天、舰船、

地面武器装备等高技术领域有着广阔的应用前景。发达国家对 Ti/Al₃Ti 金属间化合物基层状复合材料的制备、性能和应用进行了较多的研究，已在某些领域取得了成功的应用。但是国内对金属间化合物基层状复合材料的研究由于起步较晚，有许多方面的工作需要进一步加强，特别是在低成本先进制备技术方面、性能表征、新的增韧机制和推广应用方面还有许多工作要做。另外，对这种材料在不同载荷条件下的力学行为、变形和断裂机理需要进行深入系统的研究，以便推广和应用钛铝系金属间化合物基层状复合材料。

7.4　富铜纳米团簇强化高强低合金钢

近年以来，随着资源、能源和环境压力日益加大，超高强度钢的开发越来越受到世界各国的重视。传统的超高强度钢大都是依赖提高碳含量或合金元素含量而获得较高强度的马氏体或贝氏体钢，此种钢存在着焊接性能差、塑韧性低、钢材尺寸受限制和成本昂贵等问题，严重制约了经济的快速发展和现代国防的建设，因此，开发综合性能良好、成本低廉的新型超高强度钢刻不容缓。众所周知，沉淀强化是合金强化的有效方法之一，沉淀强化合金已经被广泛应用于航空、航天、汽车、核能等众多建设领域。这种低碳低合金钢是以纳米团簇、纳米金属间化合物和纳米碳化物的复合析出强化为主，同时综合利用传统的细晶强化、固溶强化和位错强化等强化机制的新型超高强度钢，从而获得强韧性匹配极佳的性能。多种强化机制复合利用、多种强化效果的叠加是其超高强度的保证机制。

7.4.1　元素铜在钢中的作用及含铜钢的发展

Cu 是一种常见的合金元素。将 Cu 加入钢材中可以得到许多有益的效果，如提高钢的强度、耐腐蚀性、抗疲劳性、抗蠕变强度，同时改善材料的焊接性能、成型性能与机加工性能等。但 Cu 在钢中会导致钢材的热脆、延展性降低等，所以在很长时间内限制了原始铜在钢中的应用。20 世纪 80 年代，美国海军利用以铜代碳的设计思想开发了高强度低合金（HSLA）钢，并成功用于舰船的制造中。利用沉淀强化及具高位错密度的超细贝氏体的组织强化来获得优异的综合性能。HSLA 钢均采用了低碳甚至是超低碳的合金设计以确保钢的优良焊接性和低温韧性，钢中添加了较高含量的铜，依靠铜的时效硬化作用，在对韧塑性没有明显损害的条件下获得高强度。其高强度、良好的低温韧性和优秀的焊接性能对于船体、航海平台以及压力容器的应用至关重要。该钢的高强度来源于时效过程中的沉淀强化。它良好的低温韧性和焊接性则来自于钢中极低的碳含量。含铜低碳时效硬化 HSLA 钢是 HSLA 钢的一类，它集低温韧性和可焊性于一体。通常采用 Mn、Mo、Ni 来增加淬透性，Ni 改善韧性，同时进一步加强析出强化效果。此外，约 1% 或更多的铜的存在使得时效过程中的富铜颗粒促进了沉淀硬化以及好的成型性和优良的抗腐蚀性。同时，由于裂纹扩展路径受到细小的富铜颗粒的阻碍，使得钢具有高的抗疲劳裂纹生长能力。此外，由于碳的含量很低，合金的韧性和可焊性都得到了提高。这些工程机械特性适于满足天然气管道、轮船、航海平台等暴露于极地环境中的作业要求。在此基础上近年来科学家对富铜纳米团簇钢的开发生产进行了大量研究，发现通过微合金化和热机械控制处理（TMCP）可以进一步通过优化微观组织来改善钢的性能。

7.4.2　铜在钢中的沉淀析出与强化

早在 20 世纪 30 年代，就有学者通过强度测试以及 X 光分析的研究结果提出 Cu 在钢中存在"预沉淀"的过程。60 年代 Lahiri 等通过实验证明含铜钢中 Cu 的沉淀分几个阶段，Cu 从 Fe-Cu 合金中经时效脱溶处理过程，首先形成与基体 α-铁素体具有共格关系的 G. P. 原子富集区，呈 BCC 结构，即第一阶段。初始阶段的富集区与母相结构相同呈 BCC 结构的成因，一般认为由于 Cu 原子与 Fe 原子尺寸相差不到 0.3%，形成与母相相同的结构可以获得较低的应变能。实际上也正是这一过程降低了后期 FCC 结构的形核能，使之更容易从基体中析出。当 BCC 结构 Cu 沉淀长大到 5～9nm 达到临界尺寸，逐渐转变成非共格的 FCC 结构，即 ε-Cu，该沉淀早期成球状，当直径长大至 30nm 左右后形状向满足 K-S 取向关系的杆状发展。90 年代，研究者针对 Fe-Cu 合金经等温时效 Cu 析出相的结构变化利用透射电镜（TEM）和高分辨电子显微镜进行了研究，发现在 BCC 结构与 FCC 结构转变之间，析出相颗粒中存在着一种孪生直径转变为 FCC 结构。

虽然人们对 Fe-Cu 合金系统中 Cu 脱溶沉淀相的变化规律达成了一定共识，一般认为其析出过程为：Cu 过饱和固溶体→Cu 偏聚（G. P. 区）→BCC 结构 Cu 析出（小于 4nm）→9R 孪生结构 Cu 析出相（4～17nm）→FCC 结构 ε-Cu 析出（大于 17nm）。然而截至目前，Cu 到底是如何从含铜钢析出的这一过程尚未真正完全明朗。最近有研究者在通过高分辨电镜观察后认为，析出过程中仅存在溶质原子富集的 G. P. 区，并且呈 BCC 结构与基体共格，晶粒中并没有 ε-Cu 颗粒析出。

铜在钢中的弥散析出会造成钢的强化，尤其当钢中铜的含量高于 1%（质量百分数）时，会发生明显强化。析出强化由可动位错与析出相的交互作用产生，因此析出相的形貌、尺寸、分布及与基体相的共格程度决定了析出强化对材料强度的贡献。原来的研究一般认为 ε-Cu 相的析出是造成强化的基本原因，而最新研究认为在时效峰处，析出强化由含铜的析出颗粒造成，其析出强化效果远高于 ε-Cu 相的强化效果。一些人也认为析出过程最主要的强化相并非 ε-Cu，而在与基体共格的偏聚区。Osamura 等人在研究 Fe-Cu 合金中的析出强化机理时，发现合金中的铜偏聚区的长大使其强度升高，析出物与基体失去共格关系后，将进入过时效状态，引起强度下降。析出强化主要来源于共格强化、模量失配强化和化学强化，其中共格强化对材料强化的贡献最大。Militzer 和 Poole 根据铜在钢中的析出贯序，在 Shercliff-Ashby 析出强化模型基础上，提出了铜在 IF 钢中的析出强化模型，并与实验结果取得了较好地吻合。Charleux 等人利用小角度 X 射线衍射仪和透射电子显微镜观察了螺位错与铜析出相的交互作用。提出螺位错通过析出相示的三维绕过机制，并建立了相应的强化模型。

A. Deschamps 等人对 Fe-0.8%Cu(wt) 在 550℃时效过程中微观结构变化的沉淀动力学和强化机制的研究表明位错的存在促进了沉淀颗粒的晶核形成。单个沉淀颗粒的强化效果随尺寸增加而增大。Osamura 等人研究表明，初始阶段的硬化为共格应变能所控制，峰值硬度后的硬度降低可归因于沉淀粒子共格性的丧失。Russell-Brown 强化模型认为最大初始硬化率与材料的最高强度有关，沉淀颗粒由 BCC 到 9R 的结构转变中的动力学应力诱发相变对于发挥强化潜能与峰值强度塑性有关具有重要作用，这就表明了铜作为硬化元素对于钢的发展极好的潜能。

富铜纳米团簇强化钢克服了传统钢材韧性塑性不可兼得的尴尬局面，通过对钢材中富铜沉淀相的沉淀强化作用控制，可以在保证塑性的前提下大幅度提高材料的强度。同时，由于所含的碳含量较低，保证了材料的焊接性能。富铜纳米相强化钢的主要研究目标是控制富铜纳米相的析出，并对其强化机制与现有沉淀强化理论进行对比分析，发挥纳米相强化的优势，克服合金材料在提高强度的同时塑性降低的问题。

7.5 稀土发光材料的发展及其在生物医学领域的应用

进入 21 世纪，国民经济高速发展，各领域如信息、交通、环境、生命、能源、国防等不断发展进步，不仅对新型材料的需求更加迫切，对材料的使用范围、应用条件、材料的性能及可靠性的要求也更加严格。因此，开展对与新型材料的开发和对材料性能的提高及研究是关乎国民经济发展的一项十分重要的任务。

荧光材料，是指可以吸收能量（光能、电能、热能、机械能等），并将其转换为光（可见光和非可见光）辐射的固体物质。无机固体发光材料是其中研究和使用最广泛的一种，它可以分为纯发光材料和掺杂发光材料两种。纯发光材料的材料基质本身就可以发光，这类材料目前发现的数量不是很多。而最常见的是掺杂发光材料，稀土发光材料便是其中最重要的一种。材料基质本身并不发光，需要在基质中掺杂某种或某几种其他离子，形成发光中心，从而使材料整体具有发光性能。稀土发光材料的核心组成稀土元素是由十五个镧系金属元素以及钪和钇两种元素组成的。这些元素在化合物中通常以三价离子形式存在，它们拥有大量的 f 轨道，可通过内部的 4f - 4f 或 4f - 5d 轨道能量跃迁产生尖锐的荧光发射峰，从而在荧光粉中得以广泛应用和研究。与量子点、稀土离子络合物及有机染料等荧光材料相比，稀土发光材料拥有较大的斯托克斯位移、尖锐的发射峰、较长的荧光寿命、较高的化学/光化学稳定性、低毒性以及较弱的光致褪色等优点，因此在激光、传感器、太阳能电池、显示器、光电器件和生物医学领域应用前景十分广阔。

实际上，基于选择定则，稀土元素 4f 能级间的电偶极跃迁是禁止的，因而通过直接激发稀土离子产生荧光辐射的效率相对较低。基于稀土离子的 Judd-Ofelt 理论，科学家们采用掺杂技术，将低浓度的稀土离子加入宿主晶格（即基质材料）中，形成一种复合材料，从而实现发光材料的设计合成。将稀土离子掺杂到无机材料中，基质材料坚硬的宿主晶格为稀土离子的发射提供了稳定的微环境，有些基质材料或其他具有较高吸收系数的共掺杂离子可将能量转移给发射光的稀土离子，实现荧光发射。事实上，只要选择合适的基质材料，通过适当的掺杂，以及在合适的激发条件下，稀土离子掺杂的无机发光材料能够产生从紫外光区、经过整个可见光区到近红外光区的各种波长的发射光。

在稀土发光材料的合成方面，研究者探索了多种合成路线。早期的传统工艺中，荧光粉主要采用高温固相反应法进行制备。将反应的前驱体物质（如氧化物和无机盐）直接混合，然后经过研磨和高温焙烧实现荧光粉的制备。高温焙烧过程不但反应温度高，时间长，还会在灼烧的过程中带入一些杂质，污染荧光粉的纯度。更重要的是，固体直接混合造成的不均匀会导致最终产品在组成和形态上的不均匀性，影响荧光粉的发光性能。为了提高材料的发光性能，实现对于稀土发光材料的可控合成，研究者们不断发展新的合成路线。诸如热解法、水热或溶剂热法、共沉淀法、溶胶-凝胶法等方法的开发，实现了对稀土发光材料的可控合成，产物不但形态丰富而且尺寸可在纳米到微米范围内任意调控。此外，这些反应方法的合成温度较低，通常都低于 350℃。尽管有些方法需要焙烧等后处理，但焙烧温度也基本低于 1000℃，而且焙烧后的样品仍能保持原样品的规整形貌。

众所周知，新技术的开发将会促进材料性质的提高，并加速新应用的发展。在稀土材料领域，利用不断创新的合成方法，合成了尺度均一，形貌规则，结构最优的稀土离子掺杂的微/纳米发光材料。这些材料的合成为稀土发光材料的应用拓宽了领域和深度。越来越多的研究集中于对稀土发光材料的合成及应用，稀土发光材料的发展也迎来了新的春天。

7.5.1 稀土发光材料概述

基于荧光过程的不同机制，稀土发光的机理可以分为下转换发光过程和上转换发光过程两种类型，相应的也可将稀土荧光粉分为下转换荧光粉和上转换荧光粉。下转换发光过程遵循斯托克斯定律，是将高能量声子转换为低能量的声子发射的荧光过程。上转换发光过程为反斯托克斯过程，是通过吸收两个或多个低能量的声子而发射一个高能量声子的发光过程，对低能量声子的吸收是基于连续吸收和能量转换实现的。而下转换荧光粉和上转换荧光粉可以简单地通过掺杂稀土离子的不同来进行区分。值得注意的是，在稀土离子掺杂的发光材料中，由于掺杂的量通常较低，且所有稀土元素的化学性质非常接近，因此不同稀土离子掺杂的无机材料的晶体结构通常和非掺杂的基质材料可以基本保持一致。对稀土离子掺杂的荧光材料的发光机理和应用潜力方面的深入研究促进了稀土荧光性质的优化，包括多色调整和荧光增强两方面。下面将就上述几点进行详细介绍。

7.5.1.1 下转换发光材料

下转换荧光材料是由无机基质和稀土掺杂离子两部分组成的。下转换的基质材料一方面可以作为宿主晶格容纳稀土掺杂离子，另一方面还具有敏化掺杂离子促使其发光的功能。稀土氧化物、硫氧化物、氟化物、钒酸盐和磷酸盐都是常见的下转换荧光宿主材料。例如，在 Eu^{3+} 掺杂的 YVO_4 纳米/微米晶体中（YVO_4：Eu^{3+}），Eu^{3+} 较强的红色荧光主要是由 VO_4^{3-} 基团到 Eu^{3+} 的高效能量转换产生的。就掺杂离子而言，尽管在理论上下转换荧光对于大多数稀土离子都是成立的，但实际上常用的下转换掺杂离子只包括 Eu^{3+}、Tb^{3+}、Sm^{3+} 和 Dy^{3+}。这四种离子拥有丰富的发射峰，在紫外光激发下发射光颜色能够覆盖整个可见光区。表 7.5 列出了 Eu^{3+}、Tb^{3+}、Sm^{3+} 和 Dy^{3+} 四种离子在不同的发光基质中的特征发射峰及颜色。

表 7.5 Eu^{3+}、Tb^{3+}、Sm^{3+}、Dy^{3+} 四种稀土离子在不同的基质材料中的特征发射峰及颜色

掺杂离子	基质	发射峰位置			发光颜色
Eu^{3+}		$^5D_0 \rightarrow ^7F_1$	$^5D_0 \rightarrow ^7F_2$	$^5D_0 \rightarrow ^7F_3$	
	YVO_4	596 （弱）	619 （强）		红色
	LaF_3	590 （中）	614 （强）		红色
	$NaYF_4$	590 （强）	614 （强）		红色
	Y_2O_3	596 （弱）	610 （强）	625 （弱，强）	红色
	Gd_2O_2S	594 （弱）	615 （中）	625 （强）	红色
Tb^{3+}		$^5D_4 \rightarrow ^7F_6$	$^5D_4 \rightarrow ^7F_5$	$^5D_4 \rightarrow ^7F_4$	
	CeF_3	489 （中）	542 （强）	582 （弱）	绿色
	Y_2O_3	490 （中）	545 （强）	585 （弱）	绿色
	LaF_3	486 （中）	543 （强）	587 （弱）	绿色
	$NaGdF_4$	487 （中）	544 （强）	583 （弱）	绿色
	YPO_4	488 （中）	545 （强）	584 （弱）	绿色
Dy^{3+}		$^4F_{9/2} \rightarrow ^6H_{15/2}$	$^4F_{9/2} \rightarrow ^6H_{13/2}$		
	YVO_4	485 （强）	575 （强）		绿色
	Lu_2O_3	486 （中）	572 （强）		黄色
	$BaGdF_5$	485 （强）	573 （强）		蓝色
	GdF_3	477 （强）	573 （强）		蓝色
Sm^{3+}		$^4G_{5/2} \rightarrow ^6H_{5/2}$	$^4G_{5/2} \rightarrow ^6H_{7/2}$	$^4G_{5/2} \rightarrow ^6H_{9/2}$	
	YVO_4	565 （强）	604 （强）	649 （弱）	橙红色
	Lu_2O_3	569 （中）	606 （强）	655 （弱）	橙色
	$LaVO_4$	567 （中）	605 （强）	648 （弱）	橙红色
	Gd_2O_3	565 （强）	608 （强）	651 （弱）	橙色

　　研究证明，稀土离子掺杂的荧光材料中，荧光强度随着掺杂浓度发生如下变化：随着掺杂离子浓度的增加，荧光发射中心也逐渐增多，导致光致荧光强度随之提高；但当掺杂离子的浓度达到某一最佳浓度 c_{opt} 时，由于浓度猝灭效应的存在，进一步提高掺杂离子的浓度，会导致荧光强度反而降低。因此，为了降低浓度猝灭效应对荧光的消减作用，以及不影响宿主材料的晶体结构，稀土离子的掺杂浓度通常很低，摩尔比一般不超过总体含量 5%。除了稀土离子的掺杂浓度，下转换的光致荧光强度还会受到基质材料以及合成条件等其他因素的影响。除此之外，在稀土离子掺杂的下转换荧光材料中，激活剂离子和敏化剂离子共同掺杂的双掺杂模式也有一定的应用。敏化剂离子一般具有较高的吸收系数，因此利用敏化剂到激活剂离子之间的能量传递可以实现更高效的荧光发射。但由于敏化剂和发射离子的荧光特征必须相互匹配才能实现能量转换，因而在下转换发光过程中，仅有几个特殊的组合实现了这种能量转换，最成功的是 Ce^{3+} 和发光中心离子 Ln^{3+}（Ln = Eu，Tb，Dy 或 Sm）的共同掺杂。该组合中，Ce^{3+} 的发射峰和 Ln^{3+} 的某些 f - f 吸收峰位置相互重叠，因此可以实现 Ce^{3+} 到 Ln^{3+} 的能量转换。例如在 $NaGdF_4$：Ce^{3+}，Ln^{3+}、$BaYF_5$：Ce^{3+}，Tb^{3+}、YPO_4：Ce^{3+}，Tb^{3+}、GdF_3：Ce^{3+}，Ln^{3+} 和 $Sr_3Y_2(BO_3)_4$：Ce^{3+}，Dy^{3+} 纳米/微米晶体中，Ce^{3+} 的加入都极大提高了 Ln^{3+} 的荧光强度。在某些钆的基质材料中（$BaGdF_5$、$KGdF_4$、GdF_3），Ce^{3+} 到 Ln^{3+}（Ln = Eu，Tb，Dy，Sm）的能量转换还可以通过 $Ce^{3+} \rightarrow Gd^{3+}$、$Ce^{3+} \rightarrow Ln^{3+}$、$Gd^{3+} \rightarrow Ln^{3+}$ 和 $Ce^{3+} \rightarrow Gd^{3+} \rightarrow (Gd^{3+})_n \rightarrow Ln^{3+}$ 四个过程实现，从而更大程度地提高荧光效率。

7.5.1.2　上转换发光材料

　　与下转换发光过程使用紫外光为激发光源不同，上转换发光利用低能量的近红外光作为激发光源，十分特殊，因而吸引了更多科学家的研究和探索。上转换荧光过程是一种反斯托克斯效应，按机理不同可以分为图 7.12 所示三种类型：激发态吸收上转换、能量传递上转换以及光子雪崩过程。其中，激发态吸收上转换的发光效率最低；光子雪崩依赖于泵浦光能量，且对激发的响应较为迟缓；而能量传递上转换避免了上述缺点，因而得到了广泛应用。

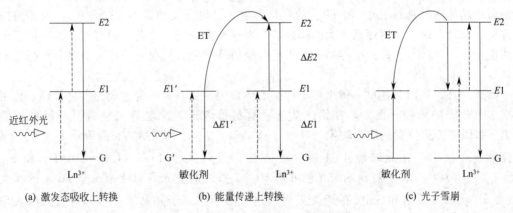

图 7.12　稀土离子上转换发光的三种类型

　　能量传递上转换发光过程主要是由基质材料中敏化剂和激活剂离子之间的相互能量传递过程实现的。而为了得到高效的上转换荧光，基质、敏化剂和激活剂三种组分的选取都是十分关键的。首先，对于基质材料的选择需要考虑到晶格稠密度和声子能量两个方面。稀土离子和碱土金属离子（Ca^{2+}、Sr^{2+}、Ba^{2+}）具有相似的离子半径，因此它们的无机化合物都能够减少晶格杂质并提高荧光强度，是良好的上转换基质材料。而基质材料的声子能量越低，越有利于减小非辐射传递造成的损失，增强辐射发射，提高荧光效率。例如，当 Er^{3+} 被掺杂到具有高声子能量的基质材料中时，$^4I_{13/2}$ 激发态的非辐射弛豫被增强，导致 $^4I_{13/2} \rightarrow$ $^4I_{15/2}$ 转换的荧光寿命和量子产率均被降低。具有低声子能量（大约 $350\ cm^{-1}$）和高化学稳定性的稀土氟化物能够通过抑制非辐射弛豫过程，增强上转换荧光发射，是上转换荧光最理想的基质材料。上转换发光最常用的敏化剂为 Yb^{3+}。Yb^{3+} 在上转换常用激发光源 980 nm 处的吸收横截面较其他稀土离子大得多，同时 Yb^{3+} 唯一的激发态与基态之间的能级差与激活剂离子的相邻能级差非常接近，极大地促进了能量转换的实现。

为了增强能量转换效率，其在基质材料中的掺杂浓度通常较高，可达 $17\% \sim 30\%$（mol）。而为了避免淬灭引起的荧光削弱，作为激活剂的稀土离子的掺杂浓度一般不高于 3%（mol）。上转换发光中最常用的激活剂离子为 Er^{3+}、Tm^{3+} 和 Ho^{3+}，三种离子均拥有阶梯状能级，相邻能级之间的能量差非常接近，可以与 Yb^{3+} 发生能量传递过程。

7.5.1.3 稀土发光的多色荧光调变

稀土离子掺杂的荧光粉在电子束的轰击下展现了优秀的光输出、显色性、环境友好性和稳定性，因此在现代照明和显示器领域的基础探索和技术应用领域显示了尤为引人注目的优势，例如发光二极管和场发射显示器。而由于稀土离子的发射峰覆盖整个可见光区，因此可以通过改变掺杂的条件来实现稀土离子掺杂晶体的多色荧光发射。对于稀土离子掺杂的荧光材料，发光颜色可通过如下方式调整，包括改变掺杂离子的种类、数目和含量，引入一种非稀土离子掺杂、优化实验条件、改善基质材料、调整粒子的尺寸、结晶度或晶相等。其中，精确地控制和调整掺杂离子的种类和含量既高效又方便，且在上转换和下转换材料中均可以应用。

(1) 下转换发光的多色荧光调变

对于稀土离子掺杂的下转换荧光材料中的多色光调变，最常用的方法为将发射红、绿、蓝、橙的 Eu^{3+}、Tb^{3+}、Dy^{3+} 和 Sm^{3+} 几种下转换发射离子以不同的形式组合。将两种不同的下转换发射离子掺杂到同一基质材料中时，两种离子的发射强度比将随着掺杂浓度的改变而改变。例如在 Eu^{3+} 和 Tb^{3+} 共掺杂的 $GdBO_3$ 和 $NaY(WO_4)_2$ 微米晶体中，发现这种双掺杂微米晶体同时具有 Eu^{3+} 和 Tb^{3+} 的特征发射，且研究发现，当 Tb^{3+}/Eu^{3+} 的相对浓度比逐渐增加时，绿光发射逐渐增大的同时红光发射逐渐降低。因此，通过调整发射离子的相对浓度，Eu^{3+} 和 Tb^{3+} 共掺杂样品的发光色可经历从红色、橙色、黄色、黄绿色到绿色的逐渐转变。

除此之外，利用某些单一稀土离子掺杂的体系中基质材料本身的荧光发射特性，也可以实现多色荧光的调控。例如，在钒酸盐基质材料掺入磷，发现磷元素的引入极大抑制了 VO_4^{3-} 基团在淬灭位置的能量转换，导致 $Y(V_{0.75}P_{0.25})O_4$ 基质材料自身展示了 VO_4^{3-} 基团较强的蓝光发射。在此基质中进一步掺杂稀土发射离子 Ln^{3+}（$Ln=Eu$, Dy 和 Sm），$Y(V_{0.75}P_{0.25})O_4$：Ln^{3+} 材料的荧光色可从 VO_4^{3-} 基团的蓝光发射逐渐调至 Dy^{3+} 的绿光发射、Eu^{3+} 的红光发射和 Sm^{3+} 的橙光发射。这一激活剂离子和基质材料的双发射的现象在 $TbBO_3$：Eu^{3+}、$Tb_2(WO_4)_3$：Eu^{3+}、$Y_2(WO_4)_3$：Eu^{3+} 和 $NaY(WO_4)_3$：Eu^{3+} 等单一离子掺杂系统也得到了实现。

更加特殊的情况是，通过调节掺杂离子的浓度，改变不同位置的发射峰的相对强度，也可得到下转换的多色光调变。例如，改变 $CaYAlO_4$：Tb^{3+} 纳米粒子中 Tb^{3+} 的浓度。当掺杂浓度低于 1%（mol）时，Tb^{3+} 位于蓝光区的 $^5D_3 \rightarrow {}^7F_j$（$j=2\sim6$）转换占主导地位；而掺杂浓度高于 1%（mol）时，Tb^{3+} 位于绿光区的 $^5D_4 \rightarrow {}^7F_5$ 转换占统治地位，这是由于 $^5D_3$

和 $^5D_4$ 能级间的交叉弛豫作用造成的。所以，如果 Tb^{3+} 的浓度从 0.01%（mol）增加到 5%（mol），$CaYAlO_4$：Tb^{3+} 纳米粒子的发光颜色可从蓝光转为绿光。掺杂浓度低至 0.0003%～0.005%（at. 原子百分比）时，Tb^{3+} 的蓝光发射在 $LaGaO_3$：Tb^{3+} 纳米粒子中仍可实现，但浓度高于时 0.01%（at.），Tb^{3+} 的发射光则转为蓝绿色。

（2）上转换发光的多色荧光调变

对于 Yb^{3+} 和 Er^{3+} 共掺杂的微/纳米晶体，不同发射峰的相对强度可通过调整掺杂离子浓度进行调控，且在 $BaYF_5$、Gd_2O_3、Y_2O_3、CeO_2 和 YF_3 等基质材料中均得以实现。最典型的例子为刘晓刚课题组对 $NaYF_4$ 基质中上转换荧光的多色荧光调变，Yb^{3+} 和 Er^{3+} 共掺杂的 $NaYF_4$ 晶体中，荧光颜色可以从绿色经黄色调节至红色，很明显，黄光发射是由绿光和红光发射混合而成。

对于 Yb^{3+} 和 Tm^{3+} 共掺杂的微/纳米晶体，由于 Tm^{3+} 在 440～500 nm 波长范围内的蓝光区发射强度很高，而在 630～670 nm 波长范围内的红光区发射强度很低且实际操作中很难提高，因此，Tm^{3+} 掺杂的上转换纳米粒子总是发射蓝光。

对于 Yb^{3+} 和 Ho^{3+} 共掺杂的微/纳米晶体，发射光谱通常拥有一个较强的绿光发射峰（$^5S_2/^5F_4 \rightarrow {}^5I_8$）和一个相对较弱的红光发射峰（$^5F_5 \rightarrow {}^5I_8$）组成。改变掺杂离子的浓度，同样可以改变发射光的颜色，经历绿色、黄色和红色三种主要的颜色变化。

在此基础上，通过引入非稀土掺杂离子或利用新型基质材料对于上转换荧光的调变也收到了很好的效果。例如当基质中含有 Mn^{2+} 或同时掺杂 Mn^{2+} 时，可以实现材料在近红外光激发下分别发射以 660 nm（红光）、650 nm（红光）和 800 nm（近红外光）为中心的纯单峰发射。由于 Mn^{2+} 的存在，$Er^{3+}/Tm^{3+}/Ho^{3+}$ 蓝光和绿光的能级跃迁以非辐射能量转换的形式将能量传递给 Mn^{2+} 的 $^4T_1$ 能级，这种能量转换的效率极高，保证了单峰发射的纯度。此外，在 Na_xScF_{3+x} 基质中掺杂 Yb^{3+} 和 Er^{3+}，得到了以 660 nm 为中心的红色上转换强光发射。由于 Sc^{3+} 的半径比 Y^{3+} 小，减小了 Er^{3+} 和 Yb^{3+} 之间的距离，交叉弛豫过程得到加强，降低了 Er^{3+} 发射 $^2H_{11/2}$ 和 $^4S_{3/2}$ 能级布居的同时加强了 $^4F_{9/2}$ 能级布居，使上转换的红光和绿光的比例增大。

（3）稀土发光的白光发射

稀土元素发光的区域可以分为蓝光区、绿光区和红光区三基色区。因此，当合理的调节三基色发光的相对强度时，可以得到稀土发光的白光发射。

在下转换体系中，由于改变发光颜色的方法很多，可以调节掺杂离子和基质，因此，获得白色光发射的方式也很多，对这方面的研究也很广泛。例如在 $Y_2(WO_4)_3$：Eu^{3+} 和 $NaY(WO_4)_3$：Eu^{3+} 基质中，调节 WO_4^{2-} 基团的蓝光发射和 Eu^{3+} 的红光发射比例，即可产生白光发射。

相比下转换发光体系，在上转换发光体系中的白光调变的研究较少，调变的方式也相对单一。由于上转换发射的绿光和红光都来自于 Er^{3+} 和 Ho^{3+} 的特征发射峰，蓝光则只来自 Tm^{3+} 的特征发射峰，因此，通过 $Yb^{3+}/Er^{3+}/Tm^{3+}$ 或 $Yb^{3+}/Ho^{3+}/Tm^{3+}$ 在不同基质中的掺杂，并同时调节掺杂的浓度使三基色强度的平衡进而产生白光发射。例如刘晓刚课题组将 $NaYF_4$：Yb^{3+}，Er^{3+}，Tm^{3+} 纳米粒子的发射光从蓝色缓慢调整为白色。

7.5.2　稀土发光微/纳米材料的合成方法

对于稀土离子掺杂的无机微/纳米材料，荧光性质很大程度上依赖于材料自身的组成、结晶度、尺寸和形状等参数，因此选择合适的材料制备方法非常重要。过去的一百五十年里，科学家们合成了大量的稀土荧光粉。然而在早期的工作中，所获得的荧光粉材料大多数都具有形状不规则、尺寸不均匀和形态单一等缺点。只有在过去的十几年中，软化学合成途径经历了突破性发展，现在已经成为制备稀土离子掺杂的无机荧光材料的最佳方法，可以实现产物形状及尺寸的精确控制。软化学方法的合成过程反应条件温和，更接近自然过程，且生产出的纳米颗粒高纯超细。该方法作为一种先进的材料制备手段，已经引起了人们广泛关注。除此之外，该方法还具有如下优点：

第一，软化学途径制备的产物表面通常吸附大量的有机配体，有效抑制了产品在溶剂中的团聚及沉降，利于产品在分散剂中以单一粒子的形式均匀分散；

第二，产物形貌的调控方法简单，只需调整包括原材料种类及浓度、酸度、溶剂、添加剂、反应温度及时间等反应参数即可实现形貌的精确控制；

第三，软化学途径不但反应温度低、设备简单、成本低、后处理方法多样化，且具有大规模生产的潜力。

7.5.2.1　水热/溶剂热合成法

水热/溶剂热法是一种著名的软化学合成方法，该法自 1990 年开始便广泛应用于微/纳米材料的合成。水热/溶剂热法的合成过程是在一个特殊的反应容器——反应釜中进行的。一个典型的反应釜由外部的不锈钢外壳和内部的聚四氟乙烯容器组成，反应时，反应物和溶剂在反应釜内密封，当加热到一定温度时，容器内的压力同时上升，为反应的进行提供了更有利的条件。因此，水热/溶剂热法使在常温常压下难以进行的反应得以进行。除此之外，由于反应在密闭的反应容器中进行，溶剂还可以加热到高于其沸点的温度。这些特性使得水热/溶剂热法在合成无机微/纳米材料方面成为一种简便且有效的方法。

在反应物及溶剂的选择方面，水热/溶剂热法的限制因素极少。除了可以在高温时产生大量气体的溶剂（易引起爆炸），其他均可用以反应。在合成稀土发光材料方面，反应过程中一般需要反应前驱体、溶剂及有机添加剂，每种反应物的变化都可引起最终产物的尺寸及形貌发生变化。

（1）反应前驱体包括阳离子即稀土元素（稀土硝酸盐或氯化物）和阴离子来源物两部分。常用的阴离子来源物有氟化物的 HF、NH_4F、NaF 和 $NaBF_4$，磷酸盐的 Na_3PO_4、$(NH_4)_2HPO_4$ 和 $NH_4H_2PO_4$，钒酸盐的 Na_3VO_4 和 $(NH_4)_3VO_4$，钼酸盐的 Na_2MoO_4 和 $(NH_4)_2MoO_4$ 等。反应前驱体物质的选择及用量会对产物的结构产生很大影响。例如，在合成 $NaYF_4$ 时 F^- 源的选择及用量不同，所得产物的相也会不同。

（2）反应溶剂的物理化学性质对反应过程中反应物的反应能力、溶解性、分散度都有很大影响，从而对最终产物的尺寸及形貌产生影响。例如，乙醇对 RE^{3+} 和 F^- 的溶解性均很低，而乙二醇对离子的分散性很好，两者均被证明可以降低晶核的结晶速度和生长速率，是常用的反应溶剂。当反应溶剂仅为蒸馏水时的反应被称为水热反应法。水热反应法是一种绿色、环保、无毒的反应过程。水热法在合成稀土氢氧化物的一维纳米线、纳米棒及纳米管方面，取得了很好的效果。反应中，由于水分子具有很强的极性，对于产物的生长方向调节发挥很大的作用。

（3）有机添加剂的作用是调节反应产物的尺寸及形貌。一方面，有机添加剂可以与金属离子发生螯合反应，从而影响反应过程中单体的浓度及生长动力学；另一方面，有机添加剂可以吸附在晶体的特定晶面上，从而影响晶体的生长过程，控制产品的形貌。常用的有机添加剂包括亲水型和疏水型两类。亲水型有机添加剂的应用研究十分广泛和深入，包括柠檬酸/柠檬酸钠（Cit^{3-}）、乙二胺四乙酸二钠（EDTA）、聚乙烯吡咯烷酮（PVP）、十六烷基三甲基溴化铵（CTAB）等。最常用的疏水型有机添加剂为油酸和油胺。清华大学的李亚栋课题组在 2005 年提出了一种 LSS 合成方法，利用油酸加入时液体（乙醇-油酸）、固体（金属油酸盐）和溶剂（水-乙醇）之间的相转换控制反应过程。

除此之外，水热转化法也是一种最新发展的合成稀土微/纳米发光材料方法，见图 7.13。该方法首先合成 RE（OH）$_3$、RE$_2$O$_3$ 或 RE（OH）CO$_3$ 作为前驱体，利用化学转化法的过程在水热的环境中进行第二步反应。反应第一步合成的前驱体作为第二步反应的模板，对控制产物的形貌有很大影响。

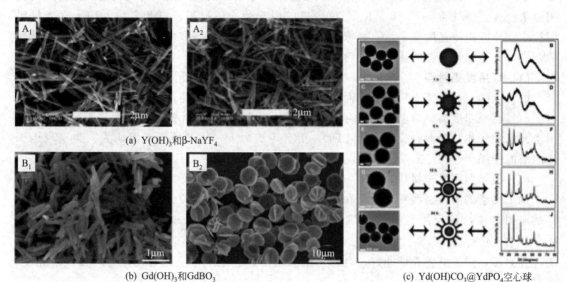

(a) Y(OH)$_3$和β-NaYF$_4$

(b) Gd(OH)$_3$和GdBO$_3$

(c) Yd(OH)CO$_3$@YdPO$_4$空心球

图 7.13　以化学转化法合成的稀土微/纳米发光材料

7.5.2.2　其他合成方法

对于稀土发光材料的合成，科学家们发展了多种合成方法，下面将对几种典型的合成过程进行介绍。

（1）高温热解法

高温热解法是制备单分散性、高结晶度、规则形貌和纯相稀土纳米晶最常用的方法之一。高温热解法的实验一般采用有机金属化合物作为前驱体，在亲油表面活性剂的辅助作用下溶解于高沸点有机溶剂中，再利用高温使前驱体迅速分解并成核，经过生长制备得到纳米粒子，反应氛围要控制为惰性气体保护的无水环境。尽管高温热解法用于制备稀土纳米晶的历史仅有八年，然而前驱体、反应温度和时间对产物晶相、尺寸和形状演变的影响已经得到了较深入的研究。高温热解法也成了目前制备粒径小于 10 nm 的高质量稀土材料最有效的方法。然而，该方法对反应过程中条件的控制十分苛刻，且反应的有机溶剂也会对环境带来污染和毒性作用。但由于该方法非常适合制备尺寸较小的稀土纳米晶，因而也成为科学家们竞相研究的领域。

（2）共沉淀法

共沉淀法是一种较早被使用合成稀土微/纳米发光材料的方法。该方法反应条件温和、操作简单、对反应设备要求低，因而应用也很广泛。

（3）Pechini 型溶胶-凝胶法

Pechini 型溶胶-凝胶法是将反应物在溶液中混合，再通过添加特殊的配体和交联剂，是溶液经过溶胶和凝胶，并干燥得到前驱体，前驱体再经煅烧热处理，得到最终产物。这种方

法被用来合成 $LaOCl$：Ln（$Ln=Dy$，Tb），$LaAlO_3$：Ln（$Ln=Tm$，Tb），$LaGaO_3$：Ln（$Ln=Sm$，Tb）等荧光微/纳米材料。但由于后期要对产物进行热处理过程，可能会对所得最终产品的尺寸及形貌规则度造成影响。

7.5.3 稀土发光材料的应用

由于稀土元素发光的发射光谱范围广（从紫外光到红外光）且颜色十分鲜艳、纯正，稀土离子掺杂的无机发光材料的物理化学性质也十分稳定，因此稀土发光材料在发光方面的应用由来已久。1964 年，Y_2O_3：Eu^{3+} 被最早应用于荧光粉材料，自此之后，稀土发光材料便被广泛地应用于光源、显示、显像、光电子学器件等领域。多种稀土元素被用于发光材料的合成，并不断地有新的稀土荧光粉出现。

（1）灯用发光材料

以稀土的三基色荧光粉为基础而制成的节能灯，白光光色纯正，且光效是白炽灯的三倍以上，具有照明度高、节电性好、寿命长等特点，成为了新一代的光源。而将半导体材料与稀土元素发光相结合而制成的白光 LED，更有望成为下一代的照明光源，为人类实现进一步的节能和绿色照明。

（2）显示器用发光材料

稀土元素的阴极射线发光材料在彩电及计算机显示器方面的应用是稀土在发光材料中最早的应用之一，该应用也一直延续至今。如今使用的彩色电视红色荧光粉便为 YVO_4：Eu^{3+}、Y_2O_2S：Eu^{3+} 等。稀土元素制成的红色荧光粉也成为显示器用发光材料中独一无二的红光来源，因为其发光性能好，色彩鲜艳、稳定，满足了显示器对发光材料提供高亮度、高对比度和清晰度的要求。

（3）长余辉发光材料

稀土长余辉发光材料主要在道路标志、广告、夜光表以及灯塔等场合得到应用。这种特殊的发光材料可以接收日光及各种光源的能量，并将接收的光能量储存，在黑暗中将储存的光发射，之所以称为长余辉是因其能持续发光 $8\sim10h$。

（4）X 射线发光材料

以 Gd_2O_2S：Tb^{3+} 荧光粉为例的 X 射线增感屏材料，作为一种新型的 X 射线发光材料，已日益受到人们的重视并得到不断发展。稀土 X 射线发光材料图像清晰、质量好，在 X 射线激发下效率高，可以使患者所受的 X 射线辐射减少 75%。

（5）电致发光材料

对稀土电致发光材料的合成及应用研究最突出的成果为交流薄膜电致发光和粉末直流电致发光，所制成的固体化的器件体积小、重量轻、响应速度快，在手机等小型平板显示中的应用日益增多。

（6）稀土上转换发光材料

由于稀土的上转换发光可以将人眼看不见的红外光转化为可见光发射，因而它是弥补红外探测器对长波灵敏度差的缺点的最有效途径，也是一种良好的红外光的显示材料，应用在诸如发光二极管、夜视材料以及红外光子计数器等方面。除此之外，稀土掺杂的上转换荧光材料使得紧凑型短波长全固体激光器的功能进一步得以发挥。上转换激光器的主体是稀土离子掺杂的上转换荧光材料，它可以实现在由可见光到紫外光的很宽的一段波段内受激辐射，且在一定波长范围内可调节，从而弥补了半导体激光器向短波长发展的不足与困难。

除此之外，随着稀土掺杂的微/纳米发光材料的可控合成不断进步，稀土掺杂的微/纳米发光材料在生物领域的应用也日渐突出。利用稀土发光材料的低生物体毒性以及良好的生物相容性，通过一定的表面修饰或与介孔氧化硅等特殊材料结合，使稀土发光材料在药物缓释、生物成像、生物诊疗等领域显示了独特的应用前景。尤其是上转换稀土纳米发光材料，由于其激发光源为红外光，对人体危害小，且其对生物体穿透性好，灵敏度高，在疾病的诊疗方面开辟了新的途径。

　　总之，稀土发光材料在诸多领域已被广泛应用，并不断在更多的领域中开辟着新的应用前景。稀土发光材料已经成为了人类生活中不可或缺的重要组成部分。正是由于这些应用的驱使，对稀土发光材料的研究从未中止，人们不断研究探索新型稀土材料的合成及性能提高途径，为稀土发光材料更加广泛深入地应用提供基础。

参　考　文　献

［1］　Technology Utilization Report NASA SP-5028，Technical and Economic Status of Magnesium-Lithium Alloys August，1965.

［2］　T. G. Byrer，E. L. Wbite and P. D. Frost. The Development of magnesium-lithium alloys for structural application. NASA CR-79 June，1964.

［3］　Kalimullin R K，Valuev V V，Berdnikov A T. Effect of surface laser treatment on the creep of the magnesium-lithium alloy MA21［J］. Metal Science and Heat Treatment，1986，28（9-10）：668-670.

［4］　Kalimullin R K，Berdnikov A T. Increasing the corrosion resistance of MA21 magnesiuin-Lithium alloy by surface laser treatment［J］. Protection of Metals，1986，22（2）：223-225.

［5］　Kalimullin R K，Kozhevnikov，Yu Ya. Structure and Corrosion Resistance of an Mg-Li Base Alloy after Laser Treatment［J］. Metal Science and Heat Treatment，1985，27（3-4）：272-274.

［6］　藤谷涉，古城纪雄等. 轻金属，1992，42：125～131.

［7］　R. Wu，Y. Yan，G. Wang，L. E. Murr，W. Han，Z. Zhang and M. Zhang，Recent progress in magnesium‐lithium alloys，International Materials Reviews 2015，60（2），65-100.

［8］　Rioja R J. Materials Science and Engineering A，1998，257：100-107.

［9］　Chung-Hyung J，Y K，M Y. Material Science Forum，2000：1037.

［10］　Westwood A R. Mater Sci Techn，1990，（6）：19.

［11］　尹登峰，郑子樵等中国有色金属学报，2003，13（3）：611.

［12］　J. C. Rawers and D. E. Alman. Fracture Characteristics of Metal/Intermetallic Laminar Composites Produced by Reaction Sintering and Hot Pressing［J］. Composites Science and Technology，1995，54（4）：379-384.

［13］　David J. Harach，Kenneth S. Vecchio. Microstructure Evolution in Metal-Intermetallic Laminate （MIL）Composites Synthesized by Reactive Foil Sintering in Air［J］. Metallurgical and Materials Transactions A，2001，32（6）：1493-1504.

［14］　C. Y. Kong，R. C. Soar and P. M. Dickens. Optimum Process Parameters for Ulotrosonic Consolidation of 3003 Aluminum［J］. Journal of Materials Processing Technology，2004，146：181-187.

［15］　Li T，Grignon F，Benson D J，et al. Modeling the elastic properties and damage evolution in Ti‐Al3 Ti metal‐intermetallic laminate（MIL）composites［J］. Materials Science and Engineering：A，2004，374（1）：10-26.

［16］　Adharapurapu R R，Vecchio K S，Jiang F，et al. Effects of ductile laminate thickness，volume fraction，and orientation on fatigue-crack propagation in Ti-Al$_3$Ti metal-intermetallic laminate composites ［J］. Metallurgical and Materials Transactions A，2005，36（6）：1595-1608.

［17］　V. Maier，H. W. Höppel and M. Göken. Nanomechanical Behaviour of Al-Ti Layered Composites Produced by Accumulative Roll Bonding［J］. Journal of Physics：Conference Series，2010，240（1）：012108.

[18]　I. A. Bataev, A. A. Bataev, V. I. Mali, et al. Structural and Mechanical Properties of Metallic - Intermetallic Laminate Composites Produced by Explosive Welding and Annealing [J]. Materials and Design, 2012, 35 (3): 225-234.

[19]　潘金生, 仝健民, 田民波. 材料科学基础. 北京: 清华大学出版社, 1998. 210-223.

[20]　Yokio T, Takahashi M, Maruyama N, et al. Cyclic stress response and fatigue behavior of Cu added ferritic steels. Journal of Materials Science, 2001, 36: 5757-5765

[21]　Park T W, Kang C Y. The effects of PWHT on the toughness of weld HAZ in Cu-Containing HSLA-100 steels. ISIJ Int, 2000, 40: S49-S53.

[22]　Tian LH, Yang P, Wu H, et al. Luminescence properties of Y_2WO_6: Eu^{3+} incorporated with Mo^{6+} or Bi^{3+} ions as red phosphors for light-emitting diode applications [J]. Journal of Luminescence. 2010, 130: 717.

[23]　Zorenko Y, Gorbenko V, Voznyak T, et al. Luminescence spectroscopy of the Bi^{3+} single and dimer-centers in $Y_3Al_5O_{12}$: Bi single crystalline films [J]. Journal of Luminescence. 2010, 130: 1963.

[24]　Yu M, Lin J, Fang J. Silica spheres coated with YVO_4: Eu^{3+} layers via sol-gel process: a simple method to obtain spherical core: shell phosphors [J]. Chemistry of Materials. 2005, 17: 1783-1791.

[25]　Jia G, Liu K, Zheng Y, et al. Facile synthesis and luminescence properties of highly uniform MF/YVO_4: Ln^{3+} (Ln = Eu, Dy, and Sm) composite microspheres [J]. Crystal Growth & Design. 2009, 9: 3702-3706.

[26]　Boyer J-C, Manseau M-P, Murray JI, et al. Surface modification of upconverting $NaYF_4$ nanoparticles with PEG-Phosphate ligands for NIR (800 nm) biolabeling within the biological window [J]. Langmuir. 2009, 26: 1157-1164.

[27]　Rodriguez-Liviano S, Aparicio FJ, Rojas TC, et al. Microwave-assisted synthesis and luminescence of mesoporous RE-Doped YPO_4 (RE = Eu, Ce, Tb, and Ce+Tb) nanophosphors with lenticular shape [J]. Crystal Growth & Design. 2011, 12: 635-645.

第 8 章 能源与化学

能源是现代社会不可缺少的组成部分，它为人类所从事的各种经济活动提供了原动力。伴随着 21 世纪人口的急剧增长，生活水平的提高，交通运输的发达，为全球能源的发展带来了前所未有的压力。目前，全球能源消耗的主体仍然来源于化石燃料（煤、石油、天然气等），占全球能源总供应量的 80% 以上。在未来新型能源（太阳能电池、燃料电池、二次电池等）的开发利用方面，化学占有得天独厚的优势。

8.1 能源及能量转换

能源是指能够向人们提供能量的自然资源。能源的形式有多种，如燃料、核能、太阳能、水力、地热、风能、潮汐能等；其中燃料的燃烧涉及一般化学反应的热效应，而核能与太阳能则涉及原子核反应的热效应。这里简单介绍有关太阳能和核能的一些情况。

8.1.1 太阳能

太阳辐射能仅有 22 亿分之一到达地球，其中约 50% 又要被大气层反射和吸收，约 50% 到达地面，估计每年 $5 \times 10^{21} kJ \cdot mol^{-1}$ 能量到达地面。只要能利用它的万分之一，就可以满足目前全世界对能源的需求。

应用太阳能不会引起环境污染，不会破坏生态平衡，分布与使用范围很广（对于交通不便的边远地区、山村、海岛具有更大的优越性），是一种理想的清洁能源。专家们预测，太阳能将成为 21 世纪人类的重要能源之一（若技术上能有重大突破的话，可成为主要能源）。太阳能的间歇性（受日夜、季节、地理和气候的影响）和能量密度较低是利用中的难题，因此如何有效地收集和转换太阳辐射能是太阳能利用的关键课题。

直接利用太阳能的方法有下列三种。

（1）**光转变为热能** 这是目前直接利用太阳能的主要方式。所需的关键设备是太阳能集热器。有平板式和聚光式两种类型，在集热器中通过吸收表面（一般为黑色粗糙或采光涂层的表面）将太阳能转换成热能，用以加热传热介质（一般为水）。例如，薄层 CuO，对太阳能的吸收率为 90%，可达到的平衡温度计算值为 327℃；聚光式集热器则用反射镜或透镜聚光，能产生很高温度，但造价昂贵。在我国，太阳能热水器、太阳灶、太阳能干燥器、蒸馏器、采暖器、太阳能农用温室等已被推广使用。

利用太阳能进行热发电（即光-热-电转换），在技术上也是可行的，在世界上已建立了不少试验性的太阳能热发电工厂。

（2）**光转变为电能** 这是人们最感兴趣的应用方式。利用太阳能电池可直接将太阳辐射能转换成电能。其关键是半导体材料，目前用半导体材料制成的光电池已进入实用阶段，如单晶硅、多晶硅、非晶硅、硫化镉、砷化镓等制的太阳能电池，可用作为手表、收音机、计算器、灯塔、边防哨所等的电源，还可用于汽车、飞机和卫星上的电源。我国在 1971 年发射的第二颗人造卫星上开始使用太阳能电池。1996 年 9 月"中国一号"太阳能电动轿车在江苏连云港面世，在轿车的前端盖面和顶盖共装有 $4m^2$ 的太阳能光电板，将光能转换为电能来驱动轿车。

随着空间技术的发展，专家们已在构思在宇宙空间建造太阳能发电站的可能性。

（3）**光转变为化学能** 这是在探索中的一种利用太阳能的方式。光化学转换是利用光和物质相互作用引起化学反应。例如，利用太阳能在催化剂参与下分解水制氢。另外，植物的光合作用对太阳能的利用效率极高，利用仿生技术，模仿光合作用一直是科学家努力追求的目标，一旦解开光合作用之谜，就可使人造粮食、人造燃料成为现实。

应当指出，从太阳到达地球的能量考虑，除直接的太阳辐射能外，风、流水、海流、波浪和生物质中所含的能量也来自太阳辐射能。所以，太阳能的间接利用应包括水力、风力、海洋动力和生物质能等的利用。

8.1.2 核能

8.1.2.1 核裂变

核裂变反应是用中子（^1_0n）轰击较重原子核使之分裂成较轻原子核的反应。能引起核裂变的极好核燃料有铀 235 和钚 239，目前正在运转的核电厂所使用都是铀 235，它是自然界仅有的能由热中子（亦称慢中子，相当于在室温 $T=293K$ 时的中子）引起裂变的核。钚 239 是人工制备的可由热中子引起裂变的核。用慢中子轰击铀 235 时，引起的裂变反应可用通式表示为

$$^{235}_{92}U + ^1_0n(慢) \longrightarrow 较重碎核 + 较轻碎核 + 2.4 中子$$

裂变产物非常复杂，已发现的裂变产物有 35 种元素（从 ^{30}Zn 到 ^{64}Gd），其放射性同位素有 200 种以上。考虑各种可能的裂变方式，平均一次裂变放出 2.4 个中子。

裂变所释放出的巨大能量与质量亏损有关，可用爱因斯坦（Einstein）质能关系式进行计算：

$$\Delta E = \Delta mc^2 \tag{8.1}$$

式（8.1）中，ΔE 表示体系能量的改变量（$\sum E_{生成物} - \sum E_{反应物}$）；$\Delta m$ 表示体系质量的改变量（$\Delta m = \sum m_{生成物} - \sum m_{反应物}$）；$c$ 为光速（$2.9979 \times 10^8 m \cdot s^{-1}$）。若以如下裂变反应为例：

$$^{235}_{92}U + ^1_0n \longrightarrow ^{142}_{56}Ba + ^{91}_{36}Kr + 3^1_0n$$

已知 $^{235}_{92}U$、^1_0n、$^{142}_{56}Ba$ 和 $^{91}_{36}Kr$ 的摩尔质量分别为 235.0439g·mol^{-1}、1.00867g·mol^{-1}、141.9092g·mol^{-1} 和 90.9056g·mol^{-1}，则可求出 $\Delta m = -0.2118g \cdot mol^{-1}$。

$$\Delta E = \Delta mc^2 = -1.9035 \times 10^{10} kJ \cdot mol^{-1}$$

折合成 1.000g 铀 235 放出的能量是 $8.1 \times 10^7 kJ$。而每克煤完全燃烧时放出的热量约为 30kJ。这就是说，1g 铀 235 裂变所产生的能量相当于约 2.7t 煤燃烧时所放出的能量，可见核能是多么巨大。

一个核电厂由两部分组成：核反应堆与非核区。核反应堆是电厂的火热的心脏。核反应堆与一组或者更多的蒸汽发生器及初级冷却体系一起被限制在一个特制的钢制容器中，置于一个分立的拱顶混凝土建筑中。非核区包括驱动发电机的涡轮机。它也包括次级冷却体系。除此之外，非核区必须与将冷却剂的热量带走的设施相连接。一般说来，一个核电厂需有一个或多个冷却塔，或者要靠近区域较大的水体（或二者兼而有之）。

天然铀按质量分数是包含 0.0055％铀 234、0.72％铀 235 和 99.2745％铀 238 三种同位素的"家族"。铀 238 不能直接用做核裂变燃料，如果仅用铀 235 做核燃料，其资源就很少。现代技术已开创了将铀 238 转变成钚 239 的技术：

$$\ce{^{238}_{92}U + ^{1}_{0}n \longrightarrow ^{239}_{94}Pu + 2^{0}_{-1}e}$$

在反应堆里，每个铀 235 或钚 239 裂变时放出的中子，除维持裂变反应外，还有少量的中子可以用来使难裂变的铀 238 转变为易裂变的钚 239。在消耗裂变燃料以产生核能的同时，还能生成相当于消耗量 1.2～1.6 倍的裂变燃料。这样，就可以实行核燃料的增殖，把中子反应堆中所积压的铀 238 充分利用。所以铀 235、钚 239、铀 238 通称做核燃料。

8.1.2.2　核聚变

核聚变是使很轻的原子核在异常高的温度下合并成较重的原子核的反应。这种反应进行时放出更大的能量。以氘（$^{2}_{1}H$）与氚（$^{3}_{1}H$）核的聚变反应为例：

$$\ce{^{2}_{1}H + ^{3}_{1}H \longrightarrow ^{4}_{2}He + ^{1}_{0}n}$$

已知 $^{2}_{1}H$、$^{3}_{1}H$、$^{4}_{2}He$ 和 $^{1}_{0}n$ 的摩尔质量分别为 2.01355g·mol^{-1}、3.01550g·mol^{-1}、4.00150g·mol^{-1} 和 1.00867g·mol^{-1}，所以，

$$\Delta E = \Delta mc^2 = 1.697 \times 10^9 \text{kJ·mol}^{-1}$$

对于 1.000g 的核燃料来说，因 ^{2}H 和 ^{3}H 的摩尔质量分别为 2.01355g·mol^{-1}、3.01550g·mol^{-1}，所以

$$\Delta E = -1.697 \times 10^9 \text{kJ·mol}^{-1} \times \frac{1.000\text{g}}{(2.01355+3.01550)\text{g·mol}^{-1}} = -3.37 \times 10^8 \text{kJ}$$

即 1g 燃料核聚变所产生的能量约为核裂变相应能量的 4 倍。

核聚变的燃料氘（$^{2}_{1}H$）与氚（$^{3}_{1}H$），氘可以从海水中提取，每升海水中约含氘 0.03g，因此是"取之不尽，用之不竭"的能源。燃料氚是放射性核素（半衰期 12.5a），天然不存在，但可以通过中子与 $^{6}_{3}Li$ 进行下列增殖反应得到：

$$\ce{^{6}_{3}Li + ^{1}_{0}n \longrightarrow ^{4}_{2}He + ^{3}_{1}H}$$

$^{6}_{3}Li$ 是一种较丰富的同位素（占天然锂的 7.5％），广泛存在于陆地和海洋的岩石中，海水中也含有丰富的锂（0.174g·m^{-3}），所以相对讲也是取之不尽的。

核聚变反应的发生需要有异常高的温度（例如几千万度以上）。氢弹爆炸（核聚变反应）所需要的这种高温是借核裂变反应触发核聚变而产生的。但欲将核聚变用于发电，就需要提供一种设备，能使这异常高的温度维持足够长的时间（例如 1s 以上）以导致聚变反应的进行。目前这方面的研究工作已向较低温度核聚变反应发展。

8.1.2.3　核电的优势

从人类能源需求的前景来看，发展核能是必由之路，这是因为核能有其无法取代的优势。主要表现在以下几方面。

（1）核能是地球上储量最丰富的高密度能源。地球上已探明的核裂变燃料，即铀矿和钚矿资源，按其所含能量计量，相当于化石燃料的 20 倍。地球上还存在大量的聚变核燃料氘。将来聚变反应堆成功后，人类将不再为能源问题所困扰。

（2）核电是较清洁的能源，有利于保护环境。与发电量相同的火力发电厂相比，核电厂放出的污染物要少得多。核电厂不排放颗粒物、NO_x、CO、SO_2、HC(烃类化合物) 和 CO_2；就连放射性物质的排放也比燃煤电厂低得多，煤烟尘不但含有砷、铅等许多重金属及致癌物质，且含有少量钍、镭等放射性物质，而核电厂周围居民所受剂量大约只有每年天然本底的 1％左右，只相当于一次 X 射线照射所接受的剂量，是毫无危险的。当然放射性废物

的后处理是一个大难题，各国都非常重视，有待研究和改进。核电厂的废热全部从冷却水排出，水体热污染会更大些。

（3）核电的经济性优于火电。虽然核电厂建造费用较高，但燃料费则比火电厂低得多。总的算起来，核电厂的发电成本要比火电厂低 15%～50%。

（4）以核燃料代替煤和石油，有利于资源的合理利用。煤和石油都是化学工业的宝贵原料，作为化工原料使用要比仅做燃料的利用价值高得多。

8.1.3　发电厂能量转化

所有燃料，煤、石油、醇以及垃圾，都是通过燃烧释放出它们的能量的。每种燃料燃烧时产生热，同时生成二氧化碳和水等较简单的分子。在燃烧过程中，储藏在燃料分子化学键中的能量被释放出来。热力学第一定律（又称能量和质量守恒定律）指出，能量既不能创造也不能毁灭。像燃烧反应中的情况一样，能量常常改变它的形式，但是宇宙的能量总是守恒的。

在大多数情况中，热并不是能量的最终使用形式。虽然在寒冷的冬天昼夜供暖是好的，但是热这种能量形式使用起来很不方便。它难于输送，难于驾驭，如果控制不好是危险的。世界经济的工业化（工业经济）是从发明把热转化为功的设备开始的。在这些设备中，为首的是 18 世纪后半叶发明的蒸汽机。燃烧木材和煤产生的热将水变成蒸汽，水蒸气驱动活塞和涡轮机。产生的机械能为抽气（水）泵、粉磨机、纺织机、轮船和火车等提供动力。不久，英格兰中部地区烟雾-喷射机械"巨兽"作为西方世界主要动力源代替了人力和兽力。

随着电力供应的商业化，20 世纪初发生了第二次能源革命。图 8.1 描绘出现代电厂的生产流程。燃料燃烧产生的热能使水沸腾（通常在高压下）。提高压力有两个目的：升高水的沸点和压缩水蒸气。高压热蒸汽对准涡轮机的叶片。当气体膨胀和冷却时，将能量释放给涡轮机，使它像风中的风车一样旋转。涡轮机的轴和在磁场中转动的大线圈连接。这种发电机的转动产生电流——以新的、特别方便的形式代表能量的电子流。其间，水蒸气离开涡轮机继续它的封闭循环。它通过热交换器，在那里冷水流带走了起初从燃料获得的剩余热能。水蒸气冷凝为液态水，重新进入沸腾器，准备继续进行能量循环（转换）。

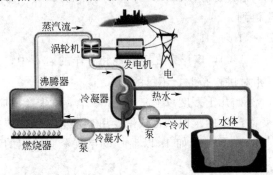

图 8.1　发电厂生产流程示意图：从热到功到电的转化

这种能量转换过程可概括为图 8.2 所示的 3 个步骤。与原子的位置及分子的结构有关并储存于矿物燃料化学键中的能量形式——势能首先转化为热能。燃烧煤或石油等燃料产生热，释放出的热被水吸收，将水转化为高压蒸汽以驱动叶片和涡轮，这种热能在旋转的涡轮机中转化为机械能，涡轮的转轴与在磁场中旋转的大线圈相连接，从而将机械能变为电能。遵循热力学第一定律，在整个转换过程中能量是守恒的。可以肯定，既无新的能量产生，也无能量损失。

图 8.2　电厂中能量的转化

电厂的效率也受限于热力学第二定律。热转化为功的理论效率取决于机组运行所处的最高温度和最低温度。这种热力学上的效率，典型值为 55％～65％，再受其他因素，如机械摩擦、热损失、电阻等影响而进一步大幅降低。

8.2　燃料电池——清洁能源的希望

燃料电池是一种直接将化学能转变为电能，不需要经过热机燃烧过程的高效能源转化装置。燃料电池的优点很多：能量的转换效率很高，理论上可大于 90％；装置简单，无噪音和机械转动部分；燃料容易获得，无污染性废物排放。

目前已问世的几类燃料电池中，一种质子交换膜型 H_2 燃料电池（PEMFC），由于其结构简单，易于实现商品化生产等特点而备受青睐。电池的核心部分是位于中心的质子交换膜，以及两侧与之紧密结合的催化膜，这两部分质量的好坏是决定 PEMFC 能否正常工作和能量转化效率的关键。质子交换膜是采用特殊化学方法制成的，具有多孔结构的全氟磺酸类高分子膜，它独特的孔道结构只允许质子通过，而其他稍大的分子和离子无法通过。由于特殊的制备工艺和成分，这种膜结构还能够在氧化或还原气氛中保持长期的化学稳定性。

H_2 燃料电池虽然具有很多无法取代的优点，但从目前 H_2 燃料的来源主要靠电解 H_2O 获取的角度来看，H_2 燃料电池未来的应用领域也会受到一定的局限。因此，除了以 H_2 为燃料的电池外，近年来，根据能源的种类的不同，国际上还先后开发了以天然气、净化煤气和 CO 等为燃料的熔融碳酸盐燃料电池（MCFC）和固体氧化物燃料电池（SOFC）。与 H_2 燃料电池相比，它们的燃料品种来源更广，电池的输出功率更大，可以在未来的新能源技术革命中发挥更大的作用。

8.3　生物质能

生物质能是蕴藏在生物质中的能量，是绿色植物通过叶绿素将太阳能转化为化学能而储存在生物质内部的能量。生物质能量是可再生能源，通常包括以下几个方面：一是木材及森林工业废弃物；二是农业废弃物；三是水生植物；四是油科植物；五是城市和工业有机废弃物；六是人和动物粪便。

传统的生物质取能方式是直接燃烧，如燃烧薪柴、作物秸秆或牲畜粪便等。农村目前仍是用这种方式取暖、做饭和照明。生物质直接燃烧不但能量的利用率低，其热效率仅为 10％～30％，而且还会污染环境，因此，必须改变传统的用能方式。目前，世界各国正逐步采用如下方法利用生物质能：一是热化学转换法，获得木炭、焦油和可燃气体等品位高的能源产品，该方法又按其热加工方法的不同，分为高温干馏、热解、生物质液化等方法；二是生物化学转换法，主要指生物质在微生物的发酵作用下，生产沼气、酒精等能源产品；三是利用油料植物所产生的生物油；四是把生物质压制成成型燃料（如块形、棒形燃料），以便集中利用和提高热效率。

生物质能蕴藏丰富，据预测，生物质能极有可能成为未来可持续能源系统的组成部分，到 21 世纪中叶，采用新技术生产的各种生物质替代燃料将占全球总能耗的 40％以上。

8.4　可燃冰

可燃冰学名为天然气水合物，主要成分是甲烷，又称气冰或固体瓦斯，是一种白色或浅灰色结晶。这是由于水分子彼此间通过氢键形成的笼中包含有可燃性气体（Cl_2，CH_4，Ar，Xe 等）的水合物（分子晶体），密度接近并稍低于冰的密度，剪切系数、电解常数和热传导率均低于冰。作为燃料能源，可燃冰清洁无污染，燃烧发热量大，$1m^3$ 可燃冰相当于 $164m^3$ 的天然气燃烧释放的热量。可燃冰分布广、储量大，可代替石油及天然气等燃料能源，被誉为 21 世纪具有商业开发前景的战略资源。

参 考 文 献

[1]　浙江大学普通化学教学组编 . 普通化学（第五版）. 北京：高等教育出版社，2005.

[2]　傅献彩编 . 大学化学 . 北京：高等教育出版社，2003.

[3]　曲保中，朱炳林，周伟红 . 新大学化学 . 北京：高等教育出版社，2005.

[4]　王军民，薛芳渝，刘芸，物理化学 . 北京：清华大学出版社，1993.

[5]　天津大学物理化学教研室编 . 物理化学（第四版）. 北京：高等教育出版社，2004.

[6]　Lucy Pryde Eubanks, Catherine H. Middlecamp. 段连运译 . 化学与社会 . 北京：化学工业出版社，2008.

[7]　华彤文，陈景祖等 . 普通化学原理 . 北京：北京大学出版社，2005.

第 9 章　生活与化学

生活中处处有化学，衣食住行样样都离不开化学，日常生活中的吃、穿、住、用无不与化学知识息息相关。化学将成为使人类继续生存的关键科学，因为它对人类的供水、食物、能源、环境及健康问题至关重要。

9.1　酒与化学

世界蒸馏酒最早产生于公元 25～220 年的中国东汉时期，19 世纪中国的酿酒方法传入欧洲。中国白酒是著名的世界蒸馏酒之一。酒精的分子式为 C_2H_5OH。

啤酒是历史最悠久的谷类酿造酒，起源于 9000 年前的中东和古埃及地区，后传入欧美，19 世纪末传入亚洲，目前我国产量世界第二。啤酒酿造过程不可避免地产生杂醇油，以异戊醇为主，其次是戊醇、正丙醇和异丁醇，高级醇与啤酒的风味具有辩证的关系。一方面，高级醇是构成啤酒风味的主要成分，适量高级醇使酒体丰满圆润、口感好，另一方面，高级醇含量过高，饮用时有异杂味，会产生较强的致醉性，饮后头痛、头晕、发坠，俗称"上头"。啤酒素有"液体面包"之称，它内含丰富的维生素和人体必需的氨基酸，但并非人人皆可饮啤酒：肝病患者由于肝脏无法顺利将乙醛转化为乙酸，蓄积的乙醛损害肝细胞，使肝病加重；由于啤酒原料大麦芽有回乳作用，抑制奶汁分泌，哺乳期妇女不宜饮用；剧烈运动后，饮用啤酒会使血液中尿酸浓度增加，聚集于关节、肾脏等处，易诱发痛风及肾结石等。

黄酒由于工艺上的原因，其中还含有极微量的甲醇、醛、醚等有机物，对人体有一定影响。但由于醛、醚的沸点较低，一般在 20～35℃，即使甲醇也不过 65℃，所以如将黄酒隔水烫到 60～70℃再喝，不但可以除去有害物，同时由于黄酒中的脂类芳香物随温度升高而蒸腾，使酒味更加芬芳浓郁。

9.2　食品与化学

(1) 生柿子为什么有涩味？

不管是生在北方，还是南方的人都会有这样的生活经验：柿子树上已经红得像火一样的柿子却还不能吃。一尝，它还很涩口。这是柿子还没有完全成熟吗？是的，但是如果柿子完全熟了，那就不利于人们收摘、运输和储存了。因此，人们往往是在柿子已经变成红色的时候就把它摘下来，放上一段时间，才变成又香又甜的柿子。那么，为什么柿子会涩口呢？原来，这是因为生柿子含有鞣质（又叫单宁），它是使柿子带涩味的原因。为了把生柿子的涩味去掉，人们在不断的生活实践中想出了许多办法。人们有的用稻草或者松针叶子把柿子一层一层盖起来，或者把它和梨一起埋在叶子中，过上一段时间，柿子的涩味就没有了，有的人们就直接用热水把柿子一烫，柿子的涩味也自然除去。现在人们采用了"二氧化碳脱涩法"，实际上就是对以前人们生活经验的总结。人们把柿子密闭在室内，增加室内二氧化碳的浓度，降低氧气的浓度。这样一来，柿子就不能进行正常的呼吸，而是在缺乏氧气的条件下呼吸。生柿子在缺氧条件下呼吸产生乙醛、丙酮等有机物。这些有机物能将溶解于水的鞣质变成难以溶解于水的物质，于是柿子吃起来再没有涩味了，而是又香又甜的了。如果你也有几个生柿子想"脱涩"的话，可将它放在塑料袋内，把袋口扎紧。一般过几天后，就可以达到脱涩的目的。

(2) 金黄色的香蕉怎样来？

生活在遥远北方的同学，也可以吃到南方可口的又香又甜的香蕉了。你知道这是为什么吗？我们知道，香蕉是南方的特产，它生性娇气，碰不得，搞不好就会成批腐烂，而且生摘下来的香蕉又不会自动地成熟，这可怎么办呢？首先香蕉有成熟后易被弄坏腐烂的缺点，所以为了从路途遥远的南疆将香蕉运到四面八方，人们不能等香蕉熟透了再采摘，而是在香蕉未熟透的情况下采收的。这时的香蕉皮是青绿色，体内的大量淀粉还未变成葡萄糖与果糖，所以"身板"很硬朗，碰碰撞撞也不在乎。这种香蕉便于长途运输。运到目的地的香蕉，仍是青皮硬肉，味儿既涩嘴又不甜，当然不能到市场上去卖。等它自己熟嘛，可不行。当然，人们自会找到办法。香蕉已从树上摘下，它自己已经失去了使自己成熟的能力。于是，人们找到了一种办法。他们把气体乙烯（C_2H_4）通入装香蕉的仓库内，它会使香蕉体内的氧化还原酶活性增强，水溶性的鞣质凝固起来。同时，果皮中的叶绿素销声匿迹，青绿色的香蕉变得黄澄澄的惹人喜爱。果肉也变得柔软了，还散发出一种芳香气味。香蕉成熟了！乙烯不仅能催熟香蕉和其他水果，它还能使橡胶多产橡胶乳、烟叶提早成熟。

(3) "醪糟"为什么是甜的？

大米中除了含有 7% 左右的蛋白质外，它的主要营养成分是 77% 的淀粉。这些淀粉是供给人体热能的主要来源。当我们把大米煮成米饭后，趁温热时加上做酒酿用的酒药（俗名叫酒曲），加上盖，保温将近一天后，打开一看，味道变了，味道又甜又醇，十分可口。这就是南方的甜酒了。为什么大米饭加上酒药后就成了甜酒呢？我们知道，淀粉和葡萄糖等糖类物质都属于碳水化合物，它们在分子组成上有共同之处。淀粉的分子是由许许多多的葡萄糖小分子联结而成的。在酒药中含有促使淀粉水解的淀粉酶，它能使淀粉变成有甜味的麦芽糖，淀粉酶在人的唾液中也存在，当我们将米饭在嘴中嚼得久一些，也会觉得有甜味，这就是淀粉转化为麦芽糖了。在做酒酿时，麦芽糖又在药酒中含的麦芽糖转化酶的帮助下，转化为葡萄糖，另有一部分发酵成酒精。这样，原来淡而无味的大米饭，就变成了甘甜芳香的甜酒了。

(4) 臭豆腐为什么闻着臭，吃着香呢？

"闻着臭，吃着香"臭豆腐是许多人喜爱的一种食品。"闻着臭，吃着香"是臭豆腐的特有风味。越臭的臭豆腐，吃起来越香。没有吃过臭豆腐的同学一定不可能想象，为什么那么臭不可挡的臭豆腐却有着那么多的食客？你如果捏着鼻子，硬着头皮去勇敢地一尝，那你肯定不会问为什么了。原来臭豆腐虽气味奇臭，但味道却鲜美异常，难怪它的臭味也挡不住许多食客。臭豆腐的制法是：先用大豆加工成含水量较少的豆腐，然后接入毛霉菌种发酵。臭豆腐都是在夏天生产的，此时发酵温度高，豆腐中的蛋白质分解比较彻底。蛋白质分解后的含硫氨基酸进一步分解，产生少量的硫化氢气体。硫化氢有刺鼻的臭味，因而臭豆腐闻起来有浓烈的臭味。由于豆腐中的蛋白质分解得比较多，比较彻底，臭豆腐中就含有了大量的氨基酸。许多氨基酸都具有鲜美的味道，例如味精的成分就是一种氨基酸，叫谷氨酸。因此臭豆腐吃起来就无比的鲜美可口，芳香异常了。

为了增加食品的悦目快感、刺激食欲，在食品生产过程中往往使用添加剂，化学合成的添加剂除了改变色、香、味以外，还会对人体造成危害。硝酸钠和亚硝酸钠作为发色剂被加入香肠中，使其呈鲜艳肉红色，以增加食欲。亚硝酸根可与人体中的仲胺形成甲亚硝酸胺，不但能够诱发癌症，还可以通过胎盘和乳汁进入胎儿和婴儿体内，对后代产生致癌作用。因此，少吃腌制食品，可以多吃新鲜水果和蔬菜，其中的维生素 C 和维生素 E 可以抑制亚硝酸在体内的形成。

食品在储存过程中也会产生有害物质。粮食或油料作物（如花生）在储存过程中如果发霉，会产生黄曲霉素，由于黄曲霉素大量繁殖，食物表面会生成一层黄绿色的菌体，其代谢产物叫黄曲霉素。黄曲霉素是迄今知道的最强的致癌物，它诱发肝癌的能力比二甲基亚硝酸胺大75 倍，可诱发胃癌、肾癌、肠癌；它的急性中毒可置人于死地，毒性比敌敌畏大 100 倍，是砒霜的 68 倍，氰化钾的 10 倍。易被黄曲霉素污染的粮食是玉米和大米，油料作物是花生和花生油，其次是大豆、棉籽和芝麻，另外豆酱、花生酱、啤酒及果酱等发酵制品也易被污染。

9.3　茶与化学

我国是世界上最早种茶、制茶和饮茶的国家。远古时神农"尝百草之滋味，一日而遇七十毒"，相传是用茶解了毒。茶叶被当成了药材，后来人们认识到茶可以作为清热解渴、提神益思的饮料。

茶叶中和人体健康有密切关系的主要成分有六大类：咖啡碱、多酚类化合物、维生素类、矿物质、氨基酸及脂多糖等。茶叶中含咖啡碱 2%～4%；鞣质 3%～13%；富含氟和锰两种元素。咖啡碱：学名 1,3,3-三甲基黄嘌呤，分子式是 $C_8H_{10}N_4O_2 \cdot H_2O$，白色粉末，能溶于水和乙醇，对神经系统有兴奋作用。

9.4　化妆品与化学

(1) 护肤类化妆品

护肤用品一般是指膏霜类化妆品，其主要成分是油、蜡、水和乳化剂。膏霜类化妆品按其乳化的性质可分为 W/O（油包水）和 O/W（水包油）两种。W/O 型乳化体是水分散成微小的水珠被油所包围，水珠的直径一般 1～10μm，水是分散相，油脂是连续相。反之，O/W 型乳化体是油分散成微小的油珠被水包围，油脂是分散相，水是连续相。对于不同类型的皮肤，应该选用不同的护肤用品。干性皮肤应选用 W/O 型乳化体的重油配方。油性皮肤选用 O/W 型的润肤霜。对化妆品的选择还应考虑其酸碱度。因为皮肤的 pH 值通常约为4.5～6.5，呈弱酸性，其原因是汗液中含乳酸和氨基酸及皮脂中含脂肪酸，微弱的酸性抑制皮肤表面的病菌及微生物的繁殖，并能阻止天然润湿因子的流失，若所选的化妆品 pH 值过高，则会破坏由皮脂和汗液共同形成的皮脂膜。

通过乳化作用可以使皮肤隔绝外界干燥，防止水分蒸发，润肤霜的另一个功效是补充皮肤脂类物质，使皮肤中水分平衡，能保持皮肤水分和健康的物质叫天然调湿因子，它们主要是人类表皮角质层脂肪中的一些成分如脂肪酸三甘酯等，在护肤品中做保湿剂。另外还可以加入皮肤营养物质如蜂王浆，人参浸出液，维生素 A、D、E，胎盘组织等成为营养霜。

（2）香水类化妆品

香水是香精的乙醇溶液，香精含量一般为 15%～25%，乙醇浓度为 90%～95%，含有 5% 水分是为了诱发香气。香水类化妆品的质量高低主要取决于香精的质量。香精一般都是选用几种至几十种天然和合成香料，按香型、用途和价格等要求配制成混合体。配制香精用的各种香料，按照其在调香时的作用，可分为主体香料和调和香料，如修饰香料、定香香料、香花香料和醛香香料。古龙水香精用量 2%～5%，乙醇浓度 75%～80%，是男用香水，它特殊气味中含有香柠檬油、柠檬油、薰衣草油、橙花油、迷迭香等。另一个产品为花露水，香精以清香的薰衣草为主，加入一些色素，从感官上以加强清凉感觉。

（3）毛发用化妆品

洗发用的洗涤剂俗称香波，也称洗发液、洗发精等。按洗发香波用于不同发质可将其分为通用型、干性头发用、油性头发用和中性头发用香波等产品。按产品形态分类，可分为液体、膏状、粉状、块状、胶冻状香波及气雾剂型产品。按功效分，有调理香波、普通香波、药用香波、婴幼儿香波、抗头屑香波、烫发香波、染发香波等。

氧化染发剂主要有两部分：一部分含有形成颜色的原料如对苯二胺、氨基酚或其他成分；另一部分为氧化剂如双氧水。当两部分混合后发生氧化反应，形成颜色物质如苯胺黑。一些染发剂，在空气中可以被氧化成各种有色染料，可以将头发染成各种颜色，如：6-硝基-2,4-二氨基酚盐酸盐在 pH=8.8 时可以被空气氧化为红棕色。染发剂中均含有对苯二胺类物质，特别容易通过头皮渗透到人体中，不仅容易引起过敏，还会导致各种癌症，是医学界公认的致癌凶手。虽然国家对其含量制定了标准，并规定使用时必须严格按产品说明进行调配，不得任意增加浓度，但即使在允许的标准范围内使用此类染发剂，仍有少数人发生过敏性皮炎。染发剂接触皮肤，而且在染发的过程中还要加热，通过接触以后再加热使苯类的有机物质通过头发进入毛细血管，然后随血液循环到达骨髓，长期反复作用于造血干细胞，导致造血干细胞恶变，诱发白血病。

室温下使用的烫发剂主要成分为硫基醇酸胺，它可以使头发的组成蛋白——角蛋白链之间的双硫键被还原而打开，使头发变得柔软并易被设计。在发卷卷曲成型后，定型剂中的氧化剂如溴酸钠和焦磷酸钠通过氧化作用又形成双硫键，使变软的头发恢复弹性和刚性，保持卷曲形状。在还原过程中，pH 值必须维持在 8.5～9.5，如果大于 9.5，烫发剂会变成脱毛剂，有使毛发脱落的危险。卷发结束后，用氧化剂使头发的化学结构回复，并去除残留的卷发剂。

9.5　装修与化学

在众多的室内污染源和为数众多的室内污染物中，危害人体健康最严重的是由建筑材料、装饰材料和家具所释放的各类有害气体和蒸气。这些有毒有害物质包括：甲醛、氨、三苯（苯、甲苯和二甲苯）、游离甲苯二异氰酸酯、氯乙烯单体、苯乙烯单体及可溶性的铅、镉、铬、汞、砷等有害金属。

（1）甲醛

甲醛为无色、具有强烈刺激性气味的气体，是室内环境的主要污染物，经常吸入会引起慢性中毒，若浓度过高，会直接引起呼吸系统等诸多身体不适症状。甲醛是一种强还原性毒物。它能与蛋白质中的氨基结合生成甲酰化蛋白而残留体内，也可能转化成甲酸，强烈刺激黏膜，并逐渐排出体外。甲醛的主要来源为各种人造板（刨花板、纤维板、胶合板、细木工板等）、复合地板、某些化纤地毯、塑料地板和油漆涂料等。

某些不法商贩为牟取高利润而使用福尔马林或吊白粉来加工海鲜、米粉、面条、虾仁、豆芽等食品，以使这些食品外观洁白或肉质结实，这些掺入了甲醛和二氧化硫等毒物的食品，严重危害了消费者的健康。

（2）苯和苯系物

苯是一种无色、具有特殊芳香气味的液体，沸点 80.1℃，因此很容易挥发到空气中。室内空气中的苯和苯系物主要来源于各种油漆、涂料和胶黏剂。苯和苯系物的危害性大，为强致癌物质，慢性苯中毒还会引起不同程度的白血病，是室内环境的隐形杀手。而且，对人体的造血机能危害极大，是诱发新生儿产生再生障碍性贫血和白血病的主要原因。

（3）挥发性有机物

已在室内鉴定出 350 种挥发性有机化合物，尤以芳烃类（如甲苯）、脂肪烃类（如正壬烷到正十一烷）为最多。此外，一些清洁剂、除臭剂、杀虫剂也是室内有机蒸气的重要来源。按世界卫生组织所下定义，凡有机化合物（不包括金属有机化合物和有机酸类）其在标准状态下的蒸气压大于 0.13kPa 即归属于挥发性有机物（VOC）类。在居室装修材料中，涂料中 VOC 的污染是比较严重的。

总挥发性有机化合物为任何液体或固体在常温常态下自然挥发出来的所有有机化合物的总称，其特点是成分复杂，有臭味，具有毒性大、刺激性强等特性。挥发性有机物的主要成分有：烃类卤代烃、氧烃和氮烃，它包括：苯系物、氯化物、氟里昂系列、有机酮、胺、醇、醛、醚、酯、酸和石油烃化合物等。无机气体主要有：SO_2、CO、CO_2、NO_2、NH_3、O_3 等气体。

参 考 文 献

[1]　钟平，余小春. 化学与人类. 杭州：浙江大学出版社，2005.

[2]　蔡苹编. 化学与社会. 北京：科学出版社，2010.

[3]　曲保中，朱炳林，周伟红. 新大学化学. 北京：高等教育出版社，2005.

[4]　孟长功主编. 化学与社会. 大连：大连理工大学出版社，2008.

[5]　江元汝. 化学与健康. 北京：科学出版社，2009.

[6]　Lucy Pryde Eubanks, Catherine H. Middlecamp. 段连运译. 化学与社会. 北京：化学工业出版社，2008.

[7]　吴旦主编. 化学与现代社会. 北京：北京大学出版社，2002.

[8]　吴旦，刘萍，朱红. 从化学的角度看世界. 北京：化学工业出版社，2006.

附　录

附录1　国际单位制（简称 SI）和我国法定计量单位及国家标准

表 1.1　国际单位制（简称 SI）的基本单位

量的名称	单位名称	单位符号
长度	米	m
质量	千克[公斤]	kg
时间	秒	s
电流	安[培]	A
热力学温度	开[尔文]	K
物质的量	摩[尔]	mol
发光强度	坎[德拉]	cd

表 1.2　国际单位制（简称 SI）中具有专门名称的导出单位（摘录）

量的名称	单位名称	单位符号	其他表示式
频率	赫兹	Hz	s^{-1}
力；重力	牛[顿]	N	$kg \cdot m \cdot s^{-2}$
压力；压强；应力	帕[斯卡]	Pa	$N \cdot m^{-2}$
能量；功；热	焦[耳]	J	$N \cdot m$
功率；辐射通量	瓦[特]	W	$J \cdot s^{-1}$
电荷量	库[仑]	C	$A \cdot s$
电位；电压；电动势	伏[特]	V	$W \cdot A^{-1}$
电容	法[拉]	F	$C \cdot V^{-1}$
电阻	欧[姆]	Ω	$V \cdot A^{-1}$
电导	西[门子]	S	$A \cdot V^{-1}$
摄氏温度	摄[氏度]	℃	

表 1.3　可与国际单位并用的我国法定计量单位（摘录）

量的名称	单位名称	单位符号	换算关系和说明
时间	分	min	$1min = 60s$
	小[时]	h	$1h = 60min = 3600s$
	天[日]	d	$1d = 24h = 86400s$
平面角	角秒	(′)	$1'' = (\pi/64800)rad$
	角分	(″)	（π 为圆周率）
	度	(°)	$1' = 60'' = (\pi/10800)rad$
			$1° = 60' = (\pi/180)rad$
质量	吨	t	$1t = 10^3 kg$
	原子质量单位	u	$1u \approx 1.6605402 \times 10^{-27} kg$
体积	升	L,(l)	$1L = 1dm^{-3} = 10^{-3} m^3$
能	电子伏	eV	$1eV = 1.60217733 \times 10^{-19} J$

表 1.4　国际单位制（简称 SI）单位的词头

所表示的因数	词头名称	词头符号
10^{24}	尧[它]	Y
10^{21}	泽[它]	Z
10^{18}	艾[可萨]	E
10^{15}	拍[它]	P
10^{12}	太[拉]	T
10^{9}	吉[咖]	G
10^{6}	兆	M
10^{3}	千	k
10^{2}	百	h
10^{1}	十	da
10^{-1}	分	d
10^{-2}	厘	c
10^{-3}	毫	m
10^{-6}	微	μ
10^{-9}	纳[诺]	n
10^{-12}	皮[可]	p
10^{-15}	飞[母托]	f
10^{-18}	阿[托]	a
10^{-21}	仄[普托]	z
10^{-24}	幺[科托]	y

附录 2　一些基本物理常数

物理量	符号	数值
真空中的光速	c	$2.99792458 \times 10^{8}\,\mathrm{m \cdot s^{-1}}$
元电荷(电子电荷)	e	$1.60217733 \times 10^{-19}\,\mathrm{C}$
质子质量	m_p	$1.6726231 \times 10^{-27}\,\mathrm{kg}$
电子质量	m_e	$9.1093897 \times 10^{-31}\,\mathrm{kg}$
摩尔气体常数	R	$8.314510\,\mathrm{J \cdot mol^{-1} \cdot K^{-1}}$
阿伏伽德罗(Avogadro)常数	N_A	$6.0221367 \times 10^{23}\,\mathrm{mol^{-1}}$
里德伯(Rydlberg)常量	R_∞	$1.0973731534 \times 10^{7}\,\mathrm{m^{-1}}$
普朗克(Planck)常量	h	$6.6260755 \times 10^{-34}\,\mathrm{J \cdot s}$
法拉第(Faraday)常数	F	$9.6485309 \times 10^{4}\,\mathrm{C \cdot mol^{-1}}$
波尔兹曼(Boltzmann)常数	k	$1.380658 \times 10^{-23}\,\mathrm{J \cdot K^{-1}}$
电子伏	eV	$1.60217733 \times 10^{-19}\,\mathrm{J}$
原子质量单位	u	$1.6605402 \times 10^{-27}\,\mathrm{kg}$

附录 3　常用的换算因数

表 3.1　能量

项目	J	cal	erg	$\mathrm{cm^3 \cdot atm}$	eV
1J	1	0.2390	10^{7}	9.869	6.242×10^{18}
1cal	4.184	1	4.184×10^{7}	41.29	2.612×10^{19}
1erg	10^{-7}	2.390×10^{-3}	1	9.869×10^{-7}	6.242×10^{11}
$1\mathrm{cm^3 \cdot atm}$	0.1013	2.422×10^{-2}	1.013×10^{5}	1	6.325×10^{17}
1eV	1.602×10^{19}	3.829×10^{-20}	1.60×10^{-12}	1.581×10^{-18}	1

表 3.2　相当的能量

项　目	$J \cdot mol^{-1}$	$cal \cdot mol$	尔格·分子$^{-1}$
1cm^{-1} 的波数	11.96	2.859	1.986×10^{-16}
每分子 1 电子伏特(eV)的能量	9.649×10^4	2.306×10^4	1.602×10^{-12}

表 3.3　压力

项　目	Pa	atm	mmHg	bar（巴）	$dyn \cdot cm^{-2}$（达因·厘米$^{-2}$）	$lbf \cdot in^{-2}$（磅力·英寸$^{-2}$）
1Pa	1	9.869×10^{-5}	7.501×10^{-3}	10^{-5}	10	1.450×10^{-4}
1atm	1.013×10^{-5}	1	760.0	1.013	1.013×10^{-6}	14.70
1mmHg	133.3	1.316×10^{-3}	1	1.333×10^{-3}	1333	1.934×10^{-2}
1bar	10^5	0.9869	750.1	1	10^6	14.50
1dyn $\cdot$ cm^{-2}	10^{-1}	9.869×10^{-7}	7.501×10^{-4}	10^{-6}	1	1.450×10^{-5}
1lbf $\cdot$ in^{-2}	6895	6.805×10^{-2}	51.71	6.895×10^{-2}	6.895×10^{-4}	1

注：0℃（冰点）　　　　273.15K

　　升（L）　　　　　1dm^3（1964 年后的定义）

　　升（L）　　　　　1.000028dm^3（1964 年前的定义）

　　英寸（in）　　　　2.54×10^{-2}m

　　磅（lb）　　　　　0.4536kg

　　埃（Å）　　　　　1×10^{-10} m＝0.1nm

附录 4　一些单质和化合物的热力学函数（298.15K，100kPa）

单质和化合物	状态	$\Delta_f H_m^{\ominus}$ $kJ \cdot mol^{-1}$	$\Delta_f G_m^{\ominus}$ $kJ \cdot mol^{-1}$	$S_m^{\ominus}$ $J \cdot mol^{-1} \cdot K^{-1}$
Ag	s	0.0	0.0	42.6
Ag$_2$O	s	−31.1	−11.2	121.3
AgCl	s	−127.0	−109.8	96.3
AgBr	s	−100.4	−96.9	107.1
AgI	s	−61.8	−66.2	115.5
Ag$_2$S(α,正交)	s	−32.6	−40.7	144.0
AgNO$_2$	s	−45.1	19.1	128.2
AgNO$_3$	s	−124.4	−33.4	140.9
Al	s	0.0	0.0	28.3
Al$_2$O$_3$(α,刚玉)	s	−1675.7	−1582.3	50.92
AlF$_3$	s	−1510.4	−1431.1	66.5
Al$_2$(SO$_4$)$_3$	s	−3440.8	−3099.9	239.3
AlCl$_3$	s	−704.2	−628.8	109.3
B	s	0.0	0.0	5.86
BF$_3$	g	−1136.00	−1119.4	254.4
BCl$_3$	l	−427.2	−387.4	206.3
Ba	s	0.0	0.0	62.5
BaO	s	−548.0	−520.3	72.1
Ba(OH)$_2$	s	−944.7		
BaF$_2$	s	−1207.1	−1156.8	96.4
BaCl$_2$	s	−855.0	−806.7	123.7
BaSO$_4$	s	−1473.2	−1362.2	132.2
Ba(NO$_3$)$_2$	s	−988.0	−792.6	214.0
BaCO$_3$	s	−1216.3	−1137.6	112.1
Br$_2$	l	0.0	0.0	152.2
C(石墨)	s	0.0	0.0	5.7
C(金刚石)	s	1.9	2.9	2.4

单质和化合物	状态	$\Delta_f H_m^\ominus$	$\Delta_f G_m^\ominus$	$S_m^\ominus$
		$kJ \cdot mol^{-1}$	$kJ \cdot mol^{-1}$	$J \cdot mol^{-1} \cdot K^{-1}$
CO	g	−110.5	−137.2	197.7
CO_2	g	−393.5	−394.4	213.8
CH_4	g	−74.6	50.5	186.3
Ca(α)	s	0.0	0.0	41.6
CaO	s	−634.9	−603.3	38.1
$Ca(OH)_2$	s	−985.2	−897.5	83.4
CaF_2	s	−1228.0	−1175.6	68.5
$CaCl_2$	s	−795.8	−748.1	104.6
CaS	s	−482.4	−477.4	56.5
$CaSO_4$（硬石膏）	s	−1434.5	−1322.0	106.5
$CaSO_4 \cdot 2H_2O$	s	−2022.6	−1797.3	194.1
CaC_2	s	−59.8	−64.9	70.0
$CaCO_3$	s	−1207.6	−1129.1	91.7
Cd	s	0.0	0.0	51.8
$CdCl_2$	s	−391.5	−343.9	115.3
CdS	s	−161.9	−156.5	64.9
Cl_2	g	0.0	0.0	223.1
Co(α,六方)	s	0.0	0.0	30.0
$Co(OH)_2$（沉淀）	s	−539.7	−454.3	79.0
$CoCl_2$	s	−312.5	−269.8	109.16
$CoCl_2 \cdot 2H_2O$	s	−923.0	−764.7	188.0
$CoCl_2 \cdot 6H_2O$	s	−2115.4	−1725.2	343.0
Cr	s	0.0	0.0	23.8
Cr_2O_3	s	−1139.7	−1058.1	81.2
$Cr(OH)_3$（沉淀）	s	−1064.0		
$CrCl_3$	s	−556.5	−486.1	123.0
Cs	s	0.0	0.0	85.23
Cs_2O	s	−345.8	−308.1	146.9
CsOH	s	−417.23		
CsCl	s	−443.0	−414.5	101.2
Cu	s	0.0	0.0	33.2
CuO	s	−157.3	−129.7	42.6
Cu_2O	s	−168.6	−146.0	93.1
$Cu(OH)_2$	s	−449.8		
CuCl	s	−137.2	−119.86	86.2
$CuCl_2$	s	−220.1	−175.7	108.07
CuI	s	−67.8	−69.5	96.7
CuS	s	−53.1	−53.6	66.5
$CuSO_4$	s	−771.4	−662.2	109.2
$CuSO_4 \cdot 5H_2O$	s	−2279.7	−1879.7	300.4
F_2	g	0.0	0.0	202.8
Fe	s	0.0	0.0	27.3
FeO	s	−272.0		
Fe_2O_3	s	−824.2	−742.2	87.4
Fe_3O_4	s	−1118.4	−1015.4	146.4
$Fe(OH)_2$	s	−569.0	−486.5	88
$Fe(OH)_3$	s	−823.0	−691.5	106.7
$FeCl_2$	s	−341.8	−302.3	118.0
$FeCl_3$	s	−339.5	−334.0	142.3
FeS	s	−100.0	−100.4	60.3
FeS_2	s	−178.2	−166.9	52.9
$FeSO_4$	s	−928.4	−820.8	107.5
H_2	g	0.0	0.0	130.7
H_2O	l	−285.8	−237.1	70.0
H_2O	g	−241.8	−228.6	188.8

单质和化合物	状态	$\Delta_f H_m^{\ominus}$	$\Delta_f G_m^{\ominus}$	$S_m^{\ominus}$
		$kJ \cdot mol^{-1}$	$kJ \cdot mol^{-1}$	$J \cdot mol^{-1} \cdot K^{-1}$
H_2O_2	l	−187.8	−120.4	109.6
HF	g	−273.3	−275.4	173.8
HCl	g	−92.3	−95.3	186.9
HBr	g	−36.2	−53.2	198.6
HI	g	26.5	1.7	206.6
Hg	l	0.0	0.0	75.9
HgO(红,正交)	s	−90.8	−58.5	70.3
HgO(黄)	s	−90.5	−58.4	71.1
$HgCl_2$	s	−224.3	−178.6	146.0
Hg_2Cl_2	s	−265.4	−210.7	191.6
HgI_2(红)	s	−105.4	−101.7	180.0
HgS(黑)	s	−53.6	−47.7	88.3
HgS(红)	s	−58.2	−50.6	82.4
I_2	s	0.0	0.0	116.1
I_2	g	62.4	19.3	260.7
K	s	0.0	0.0	64.7
KO_2	s	−284.9	−239.4	116.7
K_2O_2	s	−494.1	−425.1	102.1
KOH	s	−424.6	−379.1	78.9
KF	s	−567.3	−537.8	66.6
KCl	s	−436.5	−408.5	82.6
KBr	s	−393.8	−380.7	95.9
KI	s	−327.9	−324.9	106.3
KIO_3	s	−501.4	−418.4	151.5
K_2S	s	−380.7	−364.0	105.0
K_2SO_4	s	−1437.8	−1321.4	175.6
KNO_2(斜方)	s	−369.8	−306.6	152.1
KNO_3	s	−494.6	−394.9	133.1
K_2CO_3	s	−1151.0	−1063.5	155.5
KCN	s	−113.0	−101.9	128.5
KSCN	s	−200.2	−178.3	124.3
$KMnO_4$	s	−837.2	−737.6	171.7
K_2SO_4	s	−1437.8	−1321.4	175.6
$K_2S_2O_7$	s	−2061.5	−1881.8	291.2
Li	s	0.0	0.0	29.1
Li_2O	s	−597.9	−561.2	37.6
LiOH	s	−484.9	−439.0	42.8
LiF	s	−616.0	−587.7	35.7
LiCl	s	−408.6	−384.4	59.3
Mg	s	0.0	0.0	32.7
MgO	s	−601.6	−569.3	27.0
$Mg(OH)_2$	s	−924.5	−833.5	63.2
MgF_2	s	−1124.2	−1071.1	57.2
$MgCl_2$	s	−641.3	−591.8	89.6
$MgSO_4$	s	−1284.9	−1170.6	91.6
$Mg(NO_3)_2$	s	−790.7	−589.4	164.0
$MgCO_3$	s	−1095.8	−1012.1	65.7
$MgSO_4$	s	−1783.6	−1668.9	106.02
Mn(α)	s	0.0	0.0	32.0
MnO	s	−385.2	−362.9	59.7
Mn_2O_3	s	−959.0	−881.1	110.5
$MnCl_2$	s	−481.3	−440.5	118.2
MnO_2	s	−520.0	−465.1	53.1

续表

单质和化合物	状态	$\Delta_f H_m^{\ominus}$	$\Delta_f G_m^{\ominus}$	$S_m^{\ominus}$
		$kJ \cdot mol^{-1}$	$kJ \cdot mol^{-1}$	$J \cdot mol^{-1} \cdot K^{-1}$
MnS(绿)	s	−214.2	−218.4	78.2
MnSO$_4$	s	−1065.3	−957.4	112.1
MnCO$_3$（天然）	s	−894.1	−816.7	85.8
N$_2$	g	0.0	0.0	191.6
NO	g	91.3	87.6	210.8
NO$_2$	g	33.2	51.3	240.1
N$_2$O	g	81.6	103.7	220.0
N$_2$O$_4$	l	−19.5	97.5	209.2
N$_2$O$_5$	g	13.3	117.1	355.7
NH$_3$	g	−45.9	−16.4	192.8
N$_2$H$_4$	g	95.4	159.4	238.5
HNO$_3$	l	−174.1	−80.7	155.6
NH$_4$Cl	s	−314.4	−202.9	94.6
(NH$_4$)$_2$SO$_4$	s	−1180.9	−901.7	220.1
Na	s	0.0	0.0	51.3
Na$_2$O	s	−414.2	−375.5	75.1
NaH	s	−56.3	−33.5	40.0
NaOH	s	−425.6	−379.5	64.5
NaF	s	−576.6	−546.3	51.1
NaBr	s	−361.1	−349.0	86.8
NaI	s	−287.8	−286.1	98.5
NaCl	s	−411.2	−384.1	72.1
Na$_2$CO$_3$	s	−1130.7	−1044.4	135.0
Na$_2$SO$_3$	s	−1100.8	−1012.5	145.9
Na$_2$SO$_4$	s	−1387.1	−1270.2	149.6
NaNO$_2$	s	−358.7	−284.6	103.8
NaNO$_3$	s	−467.9	−367.0	116.5
NaAlO$_2$	s	−1135.1	−1071.3	70.7
Ni	s	0.0	0.0	29.9
NiO	s	−239.7	−211.7	38.0
Ni(OH)$_2$	s	−529.7	−447.2	88.0
NiCl$_2$	s	−305.3	−259.0	97.7
NiS	s	−82.0	−79.5	53.0
NiSO$_4$	s	−872.9	−759.7	92.0
O$_2$	g	0.0	0.0	205.2
P(白)	s	0.0	0.0	41.1
P(红,三斜)	s	−17.6	−12.1	22.8
P(红)	g	316.5	280.1	163.2
H$_3$PO$_4$	s	−1284.4	−1124.3	110.5
PCl$_3$	g	287.0	−267.8	311.8
PCl$_5$	g	−374.9	−305.0	364.6
Pb	s	0.0	0.0	64.8
PbO(红)	s	−219.0	−188.9	66.5
PbO$_2$	s	−277.4	−217.3	68.6
Pb$_3$O$_4$	s	−718.4	−601.2	211.3
PbCl$_2$	s	−359.4	−314.1	136.0
PbS	s	−100.4	−98.7	91.2
PbSO$_4$	s	−920.0	−813.0	148.5
Pb(NO$_3$)$_2$	s	−451.9		
S	s	0.0	0.0	32.1
S	g	277.2	236.7	167.8
SO$_2$	g	−296.8	−300.1	248.2
SO$_3$(β)	s	−454.5	−374.2	70.7

单质和化合物	状态	$\Delta_f H_m^{\ominus}$	$\Delta_f G_m^{\ominus}$	$S_m^{\ominus}$
		$kJ \cdot mol^{-1}$	$kJ \cdot mol^{-1}$	$J \cdot mol^{-1} \cdot K^{-1}$
SO_3	g	−395.7	−371.1	256.8
H_2S	g	−20.6	−33.6	205.8
Sb	s	0.0	0.0	45.69
Sb_2O_5	s	−971.9	−829.2	125.1
Si	s	0.0	0.0	18.82
SiO_2(α,石英)	s	−910.7	−856.3	41.5
SiC(β,六方)	s	−65.3	−62.8	16.6
Sn(白)	s	0.0	0.0	51.55
Sn(灰)	s	−2.09	0.13	44.1
SnO	s	−285.8	−256.9	56.5
SnO_2	s	−577.6	−515.8	49.0
$Sn(OH)_2$	s	−561.1	−491.6	155.0
Sr	s	0.0	0.0	55.0
SrO	s	−592.0	−561.9	54.4
SrS	s	−472.4	−467.8	68.2
$SrSO_4$	s	−1453.1	−1340.9	117
$Sr(NO_3)_2$	s	−978.2	−780.0	194.6
Ti	s	0.0	0.0	30.7
TiO_2	s	−944.0	−888.8	50.6
Zn	s	0.0	0.0	41.6
ZnO	s	−350.5	−320.5	43.7
$Zn(OH)_2$(β)	s	−641.9	−553.5	81.2
$ZnCl_2$	s	−415.1	−369.4	111.5
ZnS(闪锌矿)	s	−206.0	−201.3	57.7
$ZnSO_4$	s	−982.8	−871.5	110.5
$ZnCO_3$	s	−812.8	−731.5	82.4

附录5　一些弱电解质在水溶液中的标准解离常数（298.15K）

弱电解质	解离常数 $K_a^{\ominus}$	解离常数 $K_b^{\ominus}$	$pK_a^{\ominus}$ 或 $pK_b^{\ominus}$
H_3BO_3	7.30×10^{-10}		9.14
H_2CO_3	$(K_{a1}^{\ominus}) 4.30 \times 10^{-7}$		6.37
	$(K_{a2}^{\ominus}) 5.61 \times 10^{-11}$		10.25
HClO	2.95×10^{-5}		4.53
HCN	4.93×10^{-10}		9.31
HF	3.53×10^{-4}		3.45
HNO_2	4.60×10^{-4}		3.37
H_2O_2	2.40×10^{-12}		11.62
H_3PO_4	$(K_{a1}^{\ominus}) 7.52 \times 10^{-3}$		2.12
	$(K_{a2}^{\ominus}) 6.23 \times 10^{-8}$		7.21
	$(K_{a3}^{\ominus}) 2.20 \times 10^{-13}$		12.67
H_2S	$(K_{a1}^{\ominus}) 1.1 \times 10^{-7}$		6.97
	$(K_{a2}^{\ominus}) 1.3 \times 10^{-13}$		12.90
H_2SO_4	$(K_{a2}^{\ominus}) 1.20 \times 10^{-2}$		1.92
H_2SO_3	$(K_{a1}^{\ominus}) 1.54 \times 10^{-2}$		1.81
	$(K_{a2}^{\ominus}) 1.02 \times 10^{-7}$		6.91
HCOOH	1.77×10^{-4}		3.75
CH_3COOH	1.75×10^{-5}		4.76
$NH_3 \cdot H_2O$		1.77×10^{-5}	4.75
$C_6H_5NH_2$		4.6×10^{-10}	9.34

附录 6 一些难溶电解质的溶度积（298.15K）

难溶电解质	$K_{sp}^{\ominus}$	难溶电解质	$K_{sp}^{\ominus}$
AgBr	5.35×10^{-13}	CuS	6.30×10^{-36}
AgCl	1.77×10^{-10}	$Fe(OH)_2$	4.87×10^{-17}
Ag_2CrO_4	1.12×10^{-12}	$Fe(OH)_3$	2.64×10^{-39}
AgI	8.51×10^{-17}	FeS	1.59×10^{-19}
Ag_2S	6.69×10^{-50}（α型） 1.09×10^{-49}（β型）	HgS	6.44×10^{-53}（黑） 2.00×10^{-53}（红）
Ag_2SO_4	1.20×10^{-5}	$MgCO_3$	6.82×10^{-6}
$BaCO_3$	2.58×10^{-9}	$Mg(OH)_2$	5.61×10^{-12}
$BaCrO_4$	1.17×10^{-10}	$Mn(OH)_2$	2.06×10^{-13}
$BaSO_4$	1.07×10^{-10}	MnS	4.65×10^{-14}
$Ca(OH)_2$	6.50×10^{-6}	$PbCO_3$	1.46×10^{-13}
$CaCO_3$	4.96×10^{-9}	$PbCl_2$	1.17×10^{-5}
CaF_2	5.30×10^{-9}	PbI_2	8.49×10^{-9}
$Ca_3(PO_4)_2$	2.07×10^{-33}	$Pb(OH)_2$	1.20×10^{-15}
$CaSO_4$	7.10×10^{-5}	PbS	9.04×10^{-29}
CdS	8.0×10^{-27}	$PbSO_4$	1.82×10^{-8}
$Cd(OH)_2$	5.27×10^{-15}	$Sn(OH)_2$	5.45×10^{-27}
$Cr(OH)_3$	6.0×10^{-31}	$ZnCO_3$	1.19×10^{-10}
$Co(OH)_3$	1.60×10^{-44}	ZnS	2.93×10^{-25}
$Cu(OH)_2$	2.20×10^{-20}	$Zn(OH)_2$（α）	4.27×10^{-17}

附录 7 一些配位化合物的稳定常数

配离子	$K_{稳}^{\ominus}$	配离子	$K_{稳}^{\ominus}$
$[AgCl_2]^-$	1.10×10^5	$[Ag(NH_3)_2]^+$	1.67×10^7
$[CdCl_4]^{2-}$	6.33×10^2	$[Cd(NH_3)_6]^{2+}$	1.38×10^5
$[CuCl_3]^{2-}$	5.01×10^5	$[Cd(NH_3)_4]^{2+}$	1.32×10^7
$[FeCl_4]^-$	1.02×10^0	$[Co(NH_3)_6]^{2+}$	1.29×10^5
$[HgCl_4]^{2-}$	1.17×10^{15}	$[Co(NH_3)_6]^{3+}$	1.58×10^{35}
$[ZnCl_4]^{2-}$	1.58×10^0	$[Cu(NH_3)_2]^+$	7.25×10^{10}
$[AlF_6]^{3-}$	6.94×10^{19}	$[Cu(NH_3)_4]^{2+}$	2.09×10^{13}
$[CuI_2]^-$	7.09×10^8	$[Fe(NH_3)_2]^{2+}$	1.60×10^2
$[PbI_4]^{2-}$	2.95×10^4	$[Hg(NH_3)_4]^{2+}$	1.90×10^{19}
$[Ag(CN)_2]^-$	1.26×10^{21}	$[Mg(NH_3)_2]^{2+}$	20.00
$[Ag(CN)_4]^{3-}$	4.00×10^{18}	$[Ni(NH_3)_4]^{2+}$	9.09×10^7
$[Cd(CN)_4]^{2-}$	6.02×10^{-10}	$[Pt(NH_3)_6]^{2+}$	2.00×10^{35}
$[Fe(CN)_6]^{4-}$	1.00×10^{35}	$[Zn(NH_3)_4]^{2+}$	2.88×10^9
$[Fe(CN)_6]^{3-}$	1.00×10^{42}	$[Al(OH)_4]^-$	1.07×10^{33}
$[Hg(CN)_4]^{2-}$	2.50×10^{41}	$[Cd(OH)_4]^{2-}$	4.17×10^8
$[Ag(SCN)_2]^-$	3.72×10^7	$[Cu(OH)_4]^{2-}$	3.16×10^{18}
$[ZnEDTA]^{2-}$	2.50×10^{16}	$[Fe(OH)_4]^-$	3.80×10^8
$[Ag(en)_2]^+$	5.00×10^7	$[Ag(S_2O_3)]^-$	6.62×10^8
$[Cu(en)_2]^+$	6.33×10^{10}	$[Ag(S_2O_3)_2]^{3-}$	2.28×10^{13}
$[Cu(en)_2]^{2+}$	1.00×10^{21}	$[FeEDTA]^{2-}$	2.14×10^{14}
$[Fe(en)_3]^{2+}$	5.00×10^9	$[FeEDTA]^-$	1.70×10^{24}
$[Zn(en)_3]^{2+}$	1.29×10^{14}	$[Cu(S_2O_3)_2]^{3-}$	1.66×10^{12}

附录 8　标准电极电势

电对 （氧化态/还原态）	电极反应 （氧化态 $+ne^-$ ⟶ 还原态）	标准电极电势 $\varphi^{\ominus}/V$
Li^+/Li	$Li^+(aq)+e^- \Longleftrightarrow Li(s)$	-3.0401
K^+/K	$K^+(aq)+e^- \Longleftrightarrow K(s)$	-2.931
Ca^{2+}/Ca	$Ca^{2+}(aq)+2e^- \Longleftrightarrow Ca(s)$	-2.868
Na^+/Na	$Na^+(aq)+e^- \Longleftrightarrow Na(s)$	-2.71
Mg^{2+}/Mg	$Mg^{2+}(aq)+2e^- \Longleftrightarrow Mg(s)$	-2.372
Al^{3+}/Al	$Al^{3+}(aq)+3e^- \Longleftrightarrow Al(s)(0.1mol \cdot dm^{-3}NaOH)$	-1.662
Mn^{2+}/Mn	$Mn^{2+}(aq)+2e^- \Longleftrightarrow Mn(s)$	-1.185
Zn^{2+}/Zn	$Zn^{2+}(aq)+2e^- \Longleftrightarrow Zn(s)$	-0.7618
Fe^{2+}/Fe	$Fe^{2+}(aq)+2e^- \Longleftrightarrow Fe(s)$	-0.447
Cd^{2+}/Cd	$Cd^{2+}(aq)+2e^- \Longleftrightarrow Cd(s)$	-0.4030
Co^{2+}/Co	$Co^{2+}(aq)+2e^- \Longleftrightarrow Co(s)$	-0.28
Ni^{2+}/Ni	$Ni^{2+}(aq)+2e^- \Longleftrightarrow Ni(s)$	-0.257
Sn^{2+}/Sn	$Sn^{2+}(aq)+2e^- \Longleftrightarrow Sn(s)$	-0.1375
Pb^{2+}/Pb	$Pb^{2+}(aq)+2e^- \Longleftrightarrow Pb(s)$	-0.1262
H^+/H_2	$H^+(aq)+e^- \Longleftrightarrow 1/2H_2(g)$	0
$S_4O_6^{2-}/S_2O_3^{2-}$	$S_4O_6^{2-}(aq)+2e^{2-} \Longleftrightarrow 2S_2O_3^{2-}(aq)$	$+0.08$
S/H_2S	$S(s)+2H^+(aq)+2e^- \Longleftrightarrow H_2S(aq)$	$+0.142$
Sn^{4+}/Sn^{2+}	$Sn^{4+}(aq)+2e^- \Longleftrightarrow Sn^{2+}(aq)$	$+0.151$
SO_4^{2-}/H_2SO_3	$SO_4^{2-}(aq)+4H^+(aq)+2e^- \Longleftrightarrow H_2SO_3(aq)+H_2O$	$+0.172$
Hg_2Cl_2/Hg	$Hg_2Cl_2(s)+2e^- \Longleftrightarrow 2Hg(l)+Cl^-(aq)$	$+0.26808$
Cu^{2+}/Cu	$Cu^{2+}(aq)+2e^- \Longleftrightarrow Cu(s)$	$+0.3419$
O_2/OH^-	$1/2O_2(g)+H_2O+2e^- \Longleftrightarrow 2OH^-(aq)$	$+0.401$
Cu^+/Cu	$Cu^+(aq)+e^- \Longleftrightarrow Cu(s)$	$+0.521$
I_2/I^-	$I_2(s)+2e^- \Longleftrightarrow 2I^-(aq)$	$+0.5355$
O_2/H_2O_2	$O_2(g)+2H^+(aq)+2e^- \Longleftrightarrow H_2O_2(aq)$	$+0.695$
Fe^{3+}/Fe^{2+}	$Fe^{3+}(aq)+e^- \Longleftrightarrow Fe^{2+}(aq)$	$+0.771$
Hg_2^{2+}/Hg	$1/2Hg_2^{2+}(aq)+e^- \Longleftrightarrow Hg(l)$	$+0.7973$
Ag^+/Ag	$Ag^+(aq)+e^- \Longleftrightarrow Ag(s)$	$+0.7990$
Hg^{2+}/Hg	$Hg^{2+}(aq)+2e^- \Longleftrightarrow Hg(s)$	$+0.851$
NO_3^-/NO	$NO_3^-(aq)+4H^+(aq)+3e^- \Longleftrightarrow NO(g)+2H_2O$	$+0.957$
HNO_2/NO	$HNO_2(aq)+H^+(aq)+e^- \Longleftrightarrow NO(g)+H_2O$	$+0.983$
Br_2/Br^-	$Br_2(l)+2e^- \Longleftrightarrow 2Br^-(aq)$	$+1.066$
MnO_2/Mn^{2+}	$MnO_2(s)+4H^+(aq)+2e^- \Longleftrightarrow Mn^{2+}(aq)+2H_2O$	$+1.224$
O_2/H_2O	$O_2(g)+4H^+(aq)+4e^- \Longleftrightarrow 2H_2O$	$+1.229$
$Cr_2O_7^{2-}/Cr^{3+}$	$Cr_2O_7^{2-}(aq)+14H^+(aq)+6e^- \Longleftrightarrow 2Cr^{3+}(aq)+7H_2O$	$+1.232$
Cl_2/Cl^-	$Cl_2(g)+2e^- \Longleftrightarrow 2Cl^-(aq)$	$+1.35827$
MnO_4^-/Mn^{2+}	$MnO_4^-(aq)+8H^+(aq)+5e^- \Longleftrightarrow Mn^{2+}(aq)+4H_2O$	$+1.507$
H_2O_2/H_2O	$H_2O_2(aq)+2H^+(aq)+2e^- \Longleftrightarrow 2H_2O$	$+1.776$
$S_2O_8^{2-}/SO_4^{2-}$	$S_2O_8^{2-}(aq)+2e^- \Longleftrightarrow 2SO_4^{2-}(aq)$	$+2.010$
F_2/F^-	$F_2(g)+2e^- \Longleftrightarrow 2F^-(aq)$	$+2.886$
$Ba(OH)_2/Ba$	$Ba(OH)_2(s)+2e^- \Longleftrightarrow Ba(s)+2OH^-(aq)$	-2.99
$Sr(OH)_2/Sr$	$Sr(OH)_2(s)+2e^- \Longleftrightarrow Sr(s)+2OH^-(aq)$	-2.88
$Mg(OH)_2/Mg$	$Mg(OH)_2(s)+2e^- \Longleftrightarrow Mg(s)+2OH^-(aq)$	-2.690
$Mn(OH)_2/Mn$	$Mn(OH)_2(s)+2e^- \Longleftrightarrow Mn(s)+2OH^-(aq)$	-1.56
$Cr(OH)_3/Cr$	$Cr(OH)_2(s)+3e^- \Longleftrightarrow Cr(s)+3OH^-(aq)$	-1.48
ZnO_2^-/Zn	$ZnO_2^-(aq)+2H_2O+2e^- \Longleftrightarrow Zn(s)+4OH^-(aq)$	-1.215
CrO_2^-/Cr	$CrO_2^-(aq)+2H_2O+3e^- \Longleftrightarrow Cr(s)+4OH^-(aq)$	-1.2
H_2O/H_2	$2H_2O+2e^- \Longleftrightarrow H_2(g)+2OH^-(aq)$	-0.8277
$Ni(OH)_2/Ni$	$Ni(OH)_2(s)+2e^- \Longleftrightarrow Ni(s)+2OH^-(aq)$	-0.72
$Cu(OH)_2/Cu$	$Cu(OH)_2(s)+2e^- \Longleftrightarrow Cu(s)+2OH^-(aq)$	-0.222
O_2/H_2O_2	$O_2(g)+2H_2O+2e^- \Longleftrightarrow H_2O_2(aq)+2OH^-(aq)$	-0.146

元 素 周 期 表

IUPAC 2013

氧化态(单质的氧化态为0,未列入;常见的为红色)

以 $^{12}C=12$ 为基准的原子量(注▴的是半衰期最长同位素的原子量)

图例
- 95 — 原子序数
- Am — 元素符号(红色的为放射性元素)
- 镅▴ — 元素名称(注▴的为人造元素)
- $5f^77s^2$ — 价层电子构型
- 243.06138(2)⁺ — 原子量

s区元素 / p区元素 / d区元素 / ds区元素 / f区元素 / 稀有气体

电子层:K L M N O P Q

主表

周期	1 IA	2 IIA	3 IIIB	4 IVB	5 VB	6 VIB	7 VIIB	8	9 VIIIB(VIII)	10	11 IB	12 IIB	13 IIIA	14 IVA	15 VA	16 VIA	17 VIIA	18 VIIIA(0)
1	1 H 氢 $1s^1$ 1.008																	2 He 氦 $1s^2$ 4.002602(2)
2	3 Li 锂 $2s^1$ 6.94	4 Be 铍 $2s^2$ 9.0121831(5)											5 B 硼 $2s^22p^1$ 10.81	6 C 碳 $2s^22p^2$ 12.011	7 N 氮 $2s^22p^3$ 14.007	8 O 氧 $2s^22p^4$ 15.999	9 F 氟 $2s^22p^5$ 18.998403163(6)	10 Ne 氖 $2s^22p^6$ 20.1797(6)
3	11 Na 钠 $3s^1$ 22.98976928(2)	12 Mg 镁 $3s^2$ 24.305											13 Al 铝 $3s^23p^1$ 26.9815385(7)	14 Si 硅 $3s^23p^2$ 28.085	15 P 磷 $3s^23p^3$ 30.973761998(5)	16 S 硫 $3s^23p^4$ 32.06	17 Cl 氯 $3s^23p^5$ 35.45	18 Ar 氩 $3s^23p^6$ 39.948(1)
4	19 K 钾 $4s^1$ 39.0983(1)	20 Ca 钙 $4s^2$ 40.078(4)	21 Sc 钪 $3d^14s^2$ 44.955908(5)	22 Ti 钛 $3d^24s^2$ 47.867(1)	23 V 钒 $3d^34s^2$ 50.9415(1)	24 Cr 铬 $3d^54s^1$ 51.9961(6)	25 Mn 锰 $3d^54s^2$ 54.938044(3)	26 Fe 铁 $3d^64s^2$ 55.845(2)	27 Co 钴 $3d^74s^2$ 58.933194(4)	28 Ni 镍 $3d^84s^2$ 58.6934(4)	29 Cu 铜 $3d^{10}4s^1$ 63.546(3)	30 Zn 锌 $3d^{10}4s^2$ 65.38(2)	31 Ga 镓 $4s^24p^1$ 69.723(1)	32 Ge 锗 $4s^24p^2$ 72.630(8)	33 As 砷 $4s^24p^3$ 74.921595(6)	34 Se 硒 $4s^24p^4$ 78.971(8)	35 Br 溴 $4s^24p^5$ 79.904	36 Kr 氪 $4s^24p^6$ 83.798(2)
5	37 Rb 铷 $5s^1$ 85.4678(3)	38 Sr 锶 $5s^2$ 87.62(1)	39 Y 钇 $4d^15s^2$ 88.90584(2)	40 Zr 锆 $4d^25s^2$ 91.224(2)	41 Nb 铌 $4d^45s^1$ 92.90637(2)	42 Mo 钼 $4d^55s^1$ 95.95(1)	43 Tc 锝▴ $4d^55s^2$ 97.90721(3)⁺	44 Ru 钌 $4d^75s^1$ 101.07(2)	45 Rh 铑 $4d^85s^1$ 102.90550(2)	46 Pd 钯 $4d^{10}$ 106.42(1)	47 Ag 银 $4d^{10}5s^1$ 107.8682(2)	48 Cd 镉 $4d^{10}5s^2$ 112.414(4)	49 In 铟 $5s^25p^1$ 114.818(1)	50 Sn 锡 $5s^25p^2$ 118.710(7)	51 Sb 锑 $5s^25p^3$ 121.760(1)	52 Te 碲 $5s^25p^4$ 127.60(3)	53 I 碘 $5s^25p^5$ 126.90447(3)	54 Xe 氙 $5s^25p^6$ 131.293(6)
6	55 Cs 铯 $6s^1$ 132.90545196(6)	56 Ba 钡 $6s^2$ 137.327(7)	57~71 La~Lu 镧系	72 Hf 铪 $5d^26s^2$ 178.49(2)	73 Ta 钽 $5d^36s^2$ 180.94788(2)	74 W 钨 $5d^46s^2$ 183.84(1)	75 Re 铼 $5d^56s^2$ 186.207(1)	76 Os 锇 $5d^66s^2$ 190.23(3)	77 Ir 铱 $5d^76s^2$ 192.217(3)	78 Pt 铂 $5d^96s^1$ 195.084(9)	79 Au 金 $5d^{10}6s^1$ 196.966569(5)	80 Hg 汞 $5d^{10}6s^2$ 200.592(3)	81 Tl 铊 $6s^26p^1$ 204.38	82 Pb 铅 $6s^26p^2$ 207.2(1)	83 Bi 铋 $6s^26p^3$ 208.98040(1)	84 Po 钋▴ $6s^26p^4$ 208.98243(2)⁺	85 At 砹▴ $6s^26p^5$ 209.98715(5)⁺	86 Rn 氡▴ $6s^26p^6$ 222.01758(2)⁺
7	87 Fr 钫▴ $7s^1$ 223.01974(2)⁺	88 Ra 镭▴ $7s^2$ 226.02541(2)⁺	89~103 Ac~Lr 锕系	104 Rf 鑪▴ $6d^27s^2$ 267.122(4)⁺	105 Db 𬭊▴ $6d^37s^2$ 270.131(4)⁺	106 Sg 𬭳▴ $6d^47s^2$ 269.129(3)⁺	107 Bh 𬭛▴ $6d^57s^2$ 270.133(2)⁺	108 Hs 𬭶▴ $6d^67s^2$ 270.134(2)⁺	109 Mt 鿔▴ $6d^77s^2$ 278.156(5)⁺	110 Ds 𫟼▴ 281.165(4)⁺	111 Rg 𬬭▴ 281.166(6)⁺	112 Cn 鿔▴ 285.177(4)⁺	113 Nh 鿭▴ 286.182(5)⁺	114 Fl 𫓧▴ 289.190(4)⁺	115 Mc 镆▴ 289.194(6)⁺	116 Lv 𫟷▴ 293.204(4)⁺	117 Ts 鿬▴ 293.208(6)⁺	118 Og 鿫▴ 294.214(5)⁺

镧系

★ 镧系	57 La 镧 $5d^16s^2$ 138.90547(9)	58 Ce 铈 $4f^15d^16s^2$ 140.116(1)	59 Pr 镨 $4f^36s^2$ 140.90766(2)	60 Nd 钕 $4f^46s^2$ 144.242(3)	61 Pm 钷▴ $4f^56s^2$ 144.91276(2)⁺	62 Sm 钐 $4f^66s^2$ 150.36(2)	63 Eu 铕 $4f^76s^2$ 151.964(1)	64 Gd 钆 $4f^75d^16s^2$ 157.25(3)	65 Tb 铽 $4f^96s^2$ 158.92535(2)	66 Dy 镝 $4f^{10}6s^2$ 162.500(1)	67 Ho 钬 $4f^{11}6s^2$ 164.93033(2)	68 Er 铒 $4f^{12}6s^2$ 167.259(3)	69 Tm 铥 $4f^{13}6s^2$ 168.93422(2)	70 Yb 镱 $4f^{14}6s^2$ 173.045(10)	71 Lu 镥 $4f^{14}5d^16s^2$ 174.9668(1)

锕系

★ 锕系	89 Ac 锕▴ $6d^17s^2$ 227.02775(2)⁺	90 Th 钍▴ $6d^27s^2$ 232.0377(4)	91 Pa 镤▴ $5f^26d^17s^2$ 231.03588(2)	92 U 铀▴ $5f^36d^17s^2$ 238.02891(3)	93 Np 镎▴ $5f^46d^17s^2$ 237.04817(2)⁺	94 Pu 钚▴ $5f^67s^2$ 244.06421(4)⁺	95 Am 镅▴ $5f^77s^2$ 243.06138(2)⁺	96 Cm 锔▴ $5f^76d^17s^2$ 247.07035(3)⁺	97 Bk 锫▴ $5f^97s^2$ 247.07031(4)⁺	98 Cf 锎▴ $5f^{10}7s^2$ 251.07959(3)⁺	99 Es 锿▴ $5f^{11}7s^2$ 252.0830(3)⁺	100 Fm 镄▴ $5f^{12}7s^2$ 257.09511(5)⁺	101 Md 钔▴ $5f^{13}7s^2$ 258.09843(3)⁺	102 No 锘▴ $5f^{14}7s^2$ 259.1010(7)⁺	103 Lr 铹▴ $5f^{14}6d^17s^2$ 262.110(2)⁺